Astronomie als Hobby

Detlev Block

Astronomie als Hobby

Sternbilder und Planeten erkennen und benennen

Aktualisierte und ergänzte Auflage

Im FALKEN Verlag sind zahlreiche hobbybegleitende Titel erschienen.
Bitte fragen Sie in Ihrer Buchhandlung.

ISBN 3 8068 0572 5

Umschlaggestaltung: Andreas Jacobsen
Titelbild: Treugesell-Verlag (Celestron-Generalimporteur)
Fotos: Fa. Eckhard Alt, Arbeitsgemeinschaft Astrofotografie (Neustadt a. d.
Weinstraße), Bildarchiv Baader Planetarium KG, Bildarchiv Marburg, Bildar-
chiv Preußischer Kulturbesitz, Rolf Bitzer/Bildarchiv Baader, Detlev Block,
Charles Capen/Bildarchiv Baader, Dornier-System/ Marshal Space Flight
Center, dpa, Heinrich Feindt, Rüdiger Gerndt/ Bildarchiv Baader, Hermann-
Michael Hahn, Hamburger Sternwarte (Universität Hamburg), Hans Lach-
mann, Planetarium Stuttgart, Andreas Retiy/Bildarchiv Baader, Peter Stättmai-
er, US International Communication Agency, US Naval Observatory/Bildarchiv
Baader, Volkssternwarte München.
Zeichnungen: Wally Löw
Nachauflagenredaktion: Monika Staadt-Döge

Die Ratschläge in diesem Buch sind vom Autor und vom Verlag sorgfältig
erwogen und geprüft, dennoch kann eine Garantie nicht übernommen werden. Eine Haftung der Autors bzw. des Verlags und seiner Beauftragten für
Personen-, Sach- und Vermögensschäden ist ausgeschlossen.

Lithographie und Satz: Dinges & Frick GmbH, Wiesbaden
Druck: Neuwieder Verlagsgesellschaft, mbH, Neuwied

08057282X16

Inhalt

Wozu Astronomie?

Die Beschäftigung mit den Sternen ist eine uralte Tätigkeit des Menschen. Heute ist daraus eine umfassende und stark aufgefächerte Wissenschaft geworden, die nur noch zum Teil von der ursprünglichen Bezeichnung »Astronomie« (grch.: astér = Stern, nomos = Gesetz) im Sinne von »Lehre von den Sternengesetzen« gedeckt wird.

Wir unterscheiden heute zwischen den klassischen Zweigen der Astronomie mit **Himmelsmechanik** (Bewegung der Sterne) und **Sternvermessung** und ihren modernen Zweigen unter der Bezeichnung **»Astrophysik«** (Physik der Sterne). Neben den Spezialbereichen der Astronomie gibt es Fachgebiete, auf die die Astronomie direkt oder indirekt Einfluß hat (z. B. Wetterkunde [Meteorologie], Erdgeschichte [Geologie], Kartographie [der Erde], Weltraumfahrt), und Hilfswissenschaften wie Technik und Chemie, ohne die die heutige Arbeit der Astronomie gar nicht denkbar wäre. Die Mathematik ist in so starkem Maße Hilfswissenschaft der Sternforschung, daß man umgekehrt die Astronomie als angewandte Mathematik betrachten kann. Am Beispiel der Optik (vor allem in der Fernrohrforschung) wird deutlich, daß in dieser Hinsicht Geben und Nehmen Hand in Hand gehen: Die beobachtende Astronomie lebt von den Erkenntnissen und Techniken der Optik; sie hat diese andererseits in vielem angeregt und gefördert.

Alles in allem ist die moderne Astronomie eingebunden in ein großes Geflecht vieler Zweige von Wissenschaft und Technik. Die nachstehende Abbildung zeigt die Aufgliederung der Astronomie in Spezial- und Nachbargebiete. Sie vermittelt einen Eindruck der Leistung und des Nutzens der Sternwissenschaft, deren Bedeutung für die Zukunft der Menschheit nicht hoch genug veranschlagt werden kann.

Neben der wichtigen Tätigkeit der Berufsastronomen und anderer Fachwissenschaftler kann die Beschäftigung mit den Sternen auch für uns sinnvoll und lohnend sein, und zwar aus mehreren Gründen:

● Es ist ein natürlicher Drang des Menschen, die Welt, in der er lebt, kennenzulernen und sich eine Vorstellung von ihr zu machen. Wißbegier ist der Anfang aller Bildung. Die Astronomie, mit der sich ein wesentliches Stück Kulturgeschichte der Menschheit verbindet, kommt diesem Bedürfnis nach Erweiterung des Horizonts in besonderer Weise entgegen. Sie lehrt uns die Kunst der Wahrnehmung, schärft die Augen und erzieht zum bewußten Mitleben und Miterleben in der Schöpfung.

● Es bereitet Freude und ist voller Faszination, sich der Weite und Schönheit des Kosmos zu öffnen. In einer Zeit, in der das Sichwundern, das Staunenkönnen immer mehr verlo-

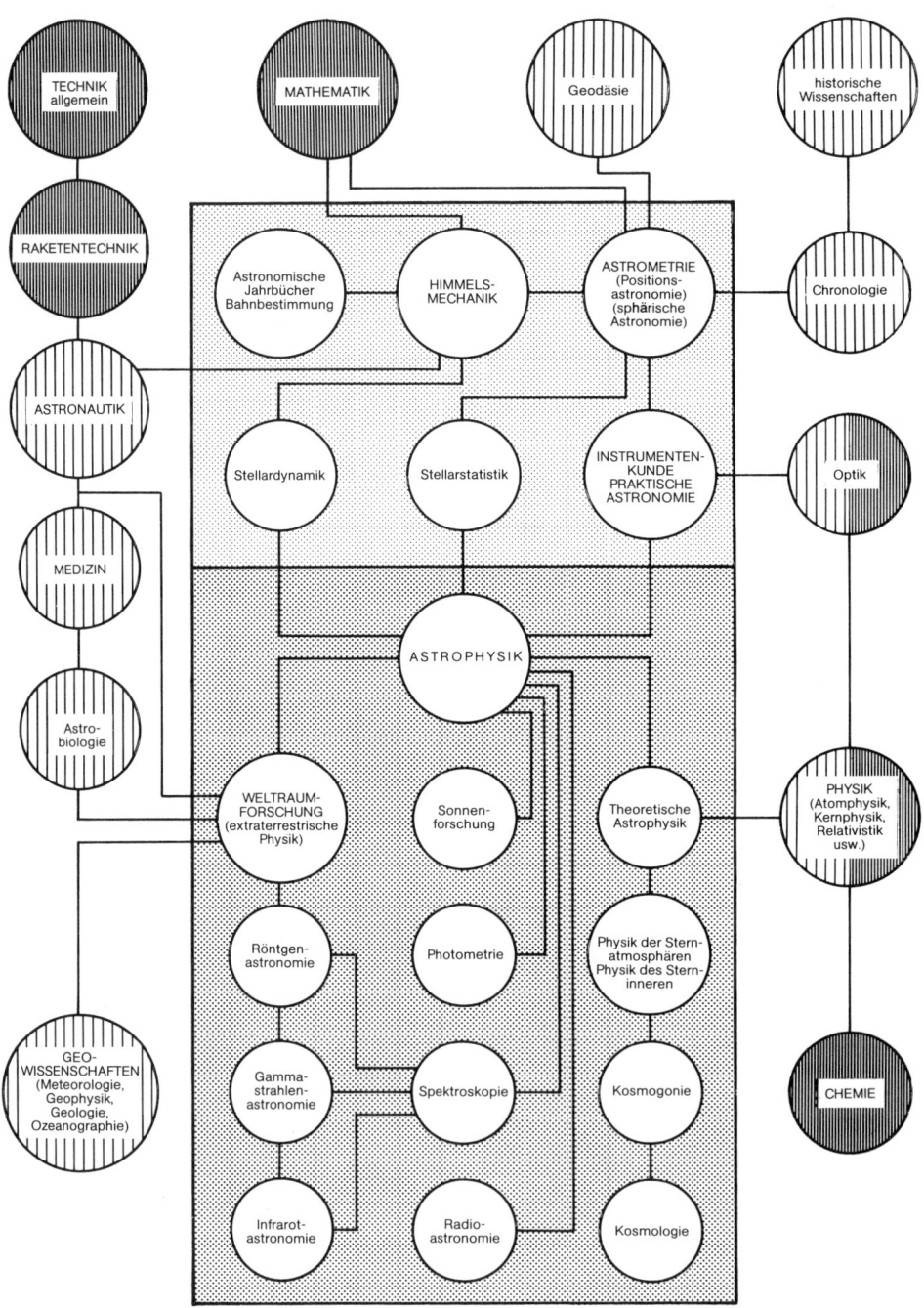

renzugehen scheinen, kann die Beschäftigung mit der Himmelskunde diese Fähigkeit, die zum Wesen des Menschseins gehört, neu zurückgewinnen. **Wilhelm von Humboldt,** Gelehrter und Staatsmann, sagt von der Neigung zum gestirnten Himmel: »Wem dieser innere Sinn nicht erschlossen ist, entbehrt eine sehr große und eine der reinsten Freuden, die es gibt«.

● Im Zeitalter der Hektik und Betriebsamkeit geht von der Begegnung mit der Sternenwelt eine beruhigende Wirkung aus. Es bedeutet Entspannung und führt zu innerer Zufriedenheit, wenn man sich einem größeren Schöpfungszusammenhang aussetzt, in dem sich die Gesetze des Kommens und Gehens in unvergleichlich längeren Zeiträumen abspielen als im menschlichen Alltag. Der Sternenhimmel erscheint uns als ein Sinnbild für ruhiges Gleichmaß und zeitlose Dauer. Ein solcher Hintergrund kann heilsam sein und zu größerer Gelassenheit gegenüber den Ansprüchen des Tages verhelfen.

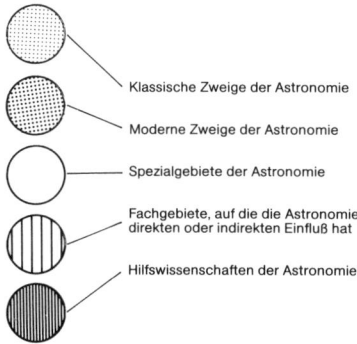

Klassische Zweige der Astronomie

Moderne Zweige der Astronomie

Spezialgebiete der Astronomie

Fachgebiete, auf die die Astronomie direkten oder indirekten Einfluß hat

Hilfswissenschaften der Astronomie

Übersicht über die Aufgliederung der modernen Astronomie (nach: »dtv-Atlas zur Astronomie«).

● Während unser Lebensalltag auf gewohnten Gleisen abläuft und weithin vorprogrammiert ist, lädt der Sternenhimmel ins Unabsehbare ein und hält das Abenteuer zahlloser Überraschungen und Entdeckungen für uns bereit. Sicher ist die Zeit, in der Sternenfreunde und Amateurastronomen wissenschaftlich bedeutsame Entdeckungen am Sternenhimmel machten, so gut wie vorüber; aber auch Neu- und Ersteindrücke, die wir für uns selbst sammeln, mit denen wir sozusagen die Entdeckungen der Astronomie im bescheidenen Rahmen für uns nachvollziehen, haben ihren großen Reiz und Wert. Trotz Weltraumfahrt, trotz Fernseh-Reportagen und hervorragender Bildbände, die es auf sternkundlichem Gebiet heute gibt, werden uns der eigene Blick zum Firmament, die Beobachtungen — live — mit Feldstecher oder Fernrohr nach wie vor entscheidende Eindrücke vermitteln, weil sie Natur- und Schöpfungserleben aus erster Hand sind.

● Die Beschäftigung mit dem unermeßlichen Weltall führt uns so wie keine andere Wissenschaft die Kleinheit des Menschen und die Grenze seines Wissens und Verstehens vor Augen. Sie appelliert an unsere Bescheidenheit und Selbstbesinnung. Damit hat die Astronomie auch eine ethische Bedeutung. **Max Gerstenberger,** der frühere Herausgeber des bekannten Kalenders **»Das Himmelsjahr«,** sagt: »Wer sich mit den Sternen befaßt, sie beobachtet und aufmerksam verfolgt, wer sich einen eigenen Einblick in die Vielfalt der Erscheinungen verschafft und auch immer wieder von Zeit zu Zeit einfach die

Schönheit des nächtlichen Himmels auf sich wirken läßt, der kann gar nicht in die Hybris menschlicher Selbstüberschätzung geraten«. Und **Hans Joachim Störig,** Verfasser von **»Knaurs Buch der modernen Astronomie«,** sagt es so: »Ist es denkbar, daß ein Mensch, der etwas von den Geheimnissen des Alls erahnt hat, ein kleinlicher, egoistischer Mensch bleibt, rechthaberisch im Alltag und ohne Liebe zu den Menschen? Ich meine, die kosmische Perspektive müßte ihn über derartiges hinausheben.«

● Schließlich erhebt sich bei der Beschäftigung mit der Sternenwelt auch die grundsätzliche Frage nach dem Woher und Wohin, nach dem Sinn des Weltalls und des menschlichen Lebens. Hier stoßen wir auf den Grenzbereich zwischen der Sternenwissenschaft auf der einen Seite und der Philosophie bzw. Theologie auf der anderen Seite. Die Frage nach der Schöpfung endet vor der Frage nach dem Schöpfer.

Bruno H. Bürgel, Arbeiterastronom und Schriftsteller, schreibt am Ende seines Buches **»Aus fernen Welten«:** »Der Zweck der Welt und der unseres kleinen Seins liegt verborgen, aber wer wäre so vermessen, nicht doch anzuerkennen, daß ihr ein tiefer, ein erhabener Sinn innewohnen muß, dieser Unendlichkeit in Raum und Zeit, die voller Glanz, Zauber, Unbegreiflichkeit und Beglückung ist!« Und in Diesterwegs klassischer **»Himmelskunde«** steht das schöne und noch immer gültige Wort: »Eine erhebende Gewißheit erlangen wir immer wieder von neuem durch unsere Forschungen: daß das gewaltige Universum von großen, ewigen Gesetzen beherrscht wird. Wer sie gemacht hat und welchen Zweck diese Welt erfüllt, das wissen wir nicht. Aber es kommt doch, wenn wir das Firmament betrachten, wie eine Ahnung über uns, daß ein ewiger Geist uns zielbewußt führt.«

So hält die Astronomie die Frage nach Gott offen, nach einem Schöpfer, dessen Existenz naturwissenschaftlich weder bewiesen noch widerlegt werden kann, dessen Spuren wir aber doch in der Sternenwelt erahnen können.

Aus der Geschichte der Astronomie

Ursprung und Frühgeschichte

Die Astronomie ist eine moderne Wissenschaft, eine Wissenschaft mit Zukunft; zugleich aber ist sie die **älteste** Naturwissenschaft, die die Menschheit kennt. Wer sich mit ihr beschäftigt, sollte sich wenigstens einen kleinen Überblick über ihre Geschichte verschaffen.

Solange es Menschen gibt, werden die geheimnisvollen Lichter des Himmels im Blickfeld ihrer Aufmerksamkeit gestanden haben, vor allem das Tagesgestirn Sonne und das Nachtgestirn Mond. Für die systematische Beobachtung der Sterne gibt es bei den alten Kulturvölkern zwei Beweggründe. Einmal werden in vielen vorchristlichen Religionen die Gestirne wie **Götter** verehrt. Man fühlt sich von ihnen abhängig und versucht ihren Einfluß auf das menschliche Schicksal aus ihren Bewegungen und Stellungen zueinander abzulesen. Hier hat die Sterndeutung (Astrologie) ihre geschichtliche Wurzel. Zum anderen

Stonehenge als Beispiel einer vorgeschichtlichen Sternkultstätte (Stahlstich um 1850).

Astronomische Ausrichtung der Steine von Stonehenge bei Salisbury (Südengland). Der erste Teil der Anlage wurde um 2500 v. Chr. errichtet. Er besteht aus einer kreisförmig verlaufenden Steinreihe, einem Ring von 56 Löchern und dem Schlußstein. Der bekannte, aus hochkant aufgestellten Steinen bestehende Ring (vgl. Abb. S. 11) entstand viel später und hat wohl keine astronomische Bedeutung.

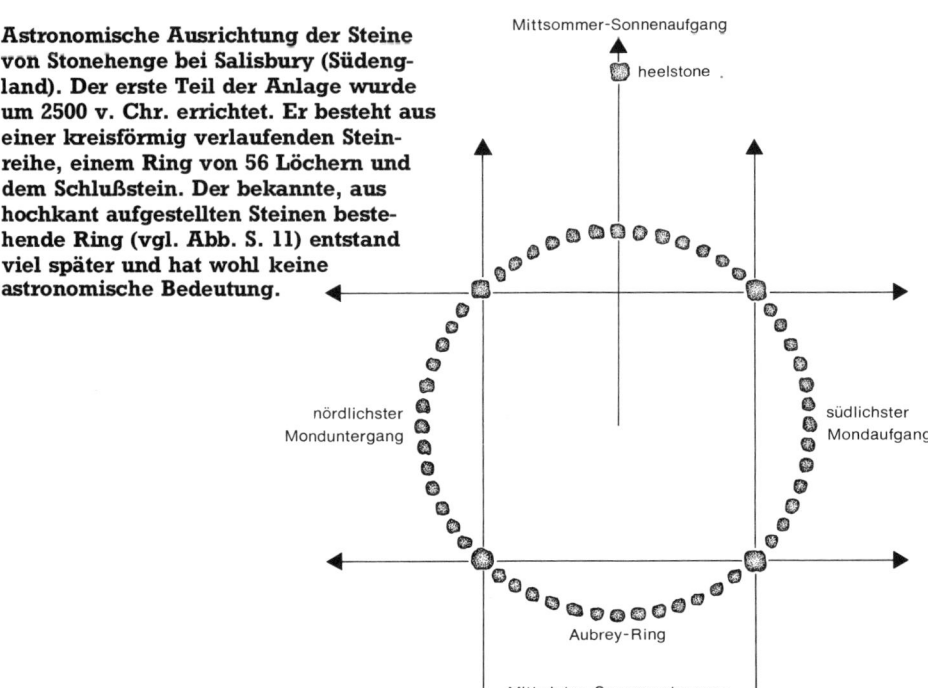

Mittsommer-Sonnenaufgang

heelstone

nördlichster Monduntergang

südlichster Mondaufgang

Aubrey-Ring

Mittwinter-Sonnenuntergang

hängt das ursprüngliche Interesse an den Gestirnen mit dem praktischen Bedürfnis nach einer geordneten **Zeitbestimmung** zusammen. Aus der täglichen Messung der Zeit erwächst der jährliche Kalender. Die anfängliche Beobachtung der Sterne gilt also religiösen und kalendarischen Zwecken. Sie wird demzufolge von Priesterastronomen durchgeführt.

Es gibt frühgeschichtliche **Bauwerke**, die diesen kultischen und astronomischen Doppelzweck erkennen lassen: z.B. den über 4000 Jahre alten Steinring **Stonehenge** bei Salisbury in Südengland, ein gewaltiges, mehrfach ergänztes Steinmonument, das die Hauptauf- und Hauptuntergangsrichtungen von Sonne und Mond markiert und der Bestimmung des Sommeranfangs gedient hat, oder etwa — zur gleichen Zeit er-

baut — die große **Cheopspyramide** in Ägypten, deren Seiten genau in die vier Himmelsrichtungen weisen. Die Frühgeschichte der Astronomie ist geprägt durch die Himmelsbeobachtungen der Babylonier, Ägypter, Chinesen, Inder sowie der Mayavölker in Mittelamerika und der Azteken in Mexiko. Aus Schriften, Steintafeln und anderen Dokumenten geht hervor, daß die mathematischen Kenntnisse und die Beobachtungskunst in dieser Frühzeit bereits eine beachtliche Höhe erreichen. Es gibt eine Auslegung einer alten Handschrift der **Mayas**, die auf eine totale Mondfinsternis am 15. Februar 3379 v. Chr. Bezug nimmt. Im 4. Jahrtausend v. Chr. führen die **Ägypter** das 365tägige Sonnenjahr ein. Im 3. Jahrtausend bestimmen die **Babylonier** die wichtigsten Sternbilder und geben ihnen Namen.

Altertum und Mittelalter

Ganz allmählich löst sich die Menschheit vom mythologischen Verständnis der Sterne (Gestirne als Götter) und findet zu einer wissenschaftlichen Betrachtung der Dinge. Das Altertum, besonders leuchtend durch die von den Griechen betriebene Sternkunde vertreten, versucht die Vorgänge am Sternenhimmel verstandesmäßig zu erfassen; es enthält auch Entwürfe, die das Weltbild philosophisch durchdringen und ordnen.

Thales von Milet sagt eine Sonnenfinsternis voraus, die dann auch termingerecht am 22. Mai 585 v. Chr. eintritt. Schüler des **Pythagoras** verfechten um 500 die Idee von der Kugelgestalt der Erde, wie sie später auch **Platon** (427-347) vertritt. Demokrit erblickt um 400 in der Milchstraße, den Erkenntnissen der Zeit weit vorgreifend, eine Ansammlung zahlloser schwacher Sterne. **Aristarch von Samos** (320-250) lehrt, daß sich die Erde um ihre Achse drehe und im Laufe eines Jahres sich um die Sonne bewege. Aber dieses wirklichkeitsgetreue Modell, für das die Zeit noch nicht reif ist, wird über lange Jahrhunderte hin wieder vergessen. **Eratosthenes** berechnet um 220 zum ersten Mal den Erdumfang, wenn natürlich auch noch ziemlich ungenau. **Hipparch von Rhodos** (190-125) erarbeitet den ersten uns bekannten Sternkatalog.

Mit **Ptolemäus** (85-160 nach Christi Geburt) schließlich, einem Ägypter, der in Alexandria wirkt, erreicht die damalige Sternkunde Vollendung und Abschluß. Er faßt in einem großen Werk, das 13 Bücher umfaßt, alles zusammen, was in der bisherigen Astronomie als anerkannt gilt, und stellt ein Weltsystem auf, in dessen Mittelpunkt die Erde ruht. Dabei findet er durch ein scharfsinnig ausgeklügeltes Miteinander von aufgesetzten Kreisen bzw. Kugeln (sogenannten Epizykeln; griechisch: epizyklos = Beikreis) hinreichende Erklärungen für die verwickelten Bewegungen der Planeten, die mit ihrer veränderlichen Geschwindigkeit, dem scheinbaren Stillstand und der Rückläufigkeit für das damalige Weltverständnis schwer in geordnete Bahnen zu bringen sind. Dieses **geozentrische Weltbild** ist seither mit dem Namen des Ptolemäus verbunden. Es bleibt bis in die Zeit des **Nikolaus Kopernikus** in Geltung.

In den nachfolgenden Zeitabschnitten sind es vor allem die **Araber**, die das astronomische Wissen des Altertums übernehmen und mehren. Berühmte arabische Himmelsforscher sind **Al Battani** (um 900; Festlegung der Sonnenbahn im Jahreslauf), **Ibn Junis** (um 1000; Planetenvermessung in der Sternwarte von Kairo) und **Nasireddin von Tusi** (um 1250; Herstellung von Sternkarten). Aus dieser Zeit rühren auch die arabischen Sternennamen her, die sich in unserer Überlieferung erhalten haben, wie z. B. »Beteigeuze« für den bekannten linken Schulterstern des Orion. Durch die Araber gelangt die antike Himmelskunde in das Abendland.

So wird gewissermaßen die Fackel von einem Kulturbereich an den anderen weitergegeben. Im Abendland gehört die astronomische Wissenschaft bald zu den **Pflichtfächern** des akademischen Werdeganges; unter den sieben freien Künsten, die den Inhalt der Bildung aus-

machen, befindet sich auch die Sternkunde. Mit einem gewissen Recht hat
man die mittelalterliche **Theologie** und
die herrschende Dogmatik der Kirche
als ein Hemmnis für die freie Entfaltung
der Naturwissenschaften angepran-
gert; nur darf man nicht übersehen, daß
es in diesem Zeitraum auch bedeutsame positive Anregungen seitens der
Theologie gibt: Tonangebende Theolo-
gen wie **Albertus Magnus** und **Thomas von Aquin** rühmen und fördern
die Wissenschaft von den Sternen als
Hilfe zur wahren Gottes- und Welter-
kenntnis.

Die kopernikani-sche Wende und die Folgezeit

Die weitere Entwicklung der Astronomie ist gekennzeichnet durch den be-
deutsamen Umschwung vom geozentrischen (Erde im Mittelpunkt) zum **heliozentrischen Weltbild** (Sonne im Mittelpunkt). Er vollzieht sich im 16. Jahrhundert und ist mit dem Namen **Nikolaus
Kopernikus** (1473-1543), Domherr und
Astronom in Frauenburg (Ostpreußen),
verbunden. Kopernikus lehnt das Weltbild des Ptolemäus ab und begreift die
Sonne als Mittelpunkt des Sternsy-
stems, in dem die Erde als **ein** Planet
unter anderen die Sonne umkreist. Erst
am Ende seines Lebens läßt Kopernikus sich dazu bewegen, seine Erkenntnisse in einem sechzehnbändi-
gen astronomischen Werk zu veröffent-
lichen.
Das neue Weltbild, das aus den Überlegungen des Kopernikus erwachsen

Nikolaus Kopernikus.

ist, wird in der Folgezeit durch die
praktischen Beobachtungen von **Tycho
Brahe** (1546-1601) — einem Dänen, der
auf seiner Sternwarte »Uranienborg«
noch ganz ohne Fernrohr vorbildliche
Beobachtungen durchführt —, **Galileo
Galilei** (1564-1642) und **Johannes Kepler** (1571-1630) bestätigt. Trotzdem setzt
es sich in der Allgemeinheit erst allmählich und nur gegen Widerstände
durch und ist von so einschneidender
Bedeutung, daß man sein Aufkommen
als den **Beginn der Neuzeit** auffaßt.
Mit **Galilei**, seit 1592 Professor für Mathematik und Astronomie in Padua und
ab 1610 Hofmathematiker und Philosoph in Florenz, beginnt der für die
künftige Sternkunde entscheidende
Schritt zur Beobachtung mit dem **Fernrohr**. 1609 hört Galilei von der Erfindung des Fernrohrs durch den nieder-

ländischen Brillenmacher **Jan Lipper-hey** ein Jahr zuvor. Er konstruiert es selbständig nach und richtet es als erster auf den Sternenhimmel. Er erkennt mit seinem einfachen, etwa 30fach vergrößernden Rohr das Relief der Mondoberfläche mit Bergen und Tälern, die vier großen Jupitermonde, die ihm als ein kleines Modell des Sonnensystems erscheinen, die Verdickung des Ringplaneten Saturn, die Lichtphasen der Venus und den Sternencharakter der Milchstraße. Damit beginnt die **optische Entschleierung** der Welt um uns herum.

Für Galilei ist es klar, daß die Erde damit nur **ein** Weltkörper unter anderen Weltkörpern und nicht der Mittelpunkt aller Bewegungen ist. Er tritt öffentlich für das kopernikanische Weltbild ein und möchte eine offizielle Billigung der neuen Lehre durch die katholische Kirche herbeiführen. Aber Rom, das an den überlieferten Vorstellungen festhält, stellt in einem Gutachten fest, diese Lehre sei philosophisch töricht und absurd und sei theologisch eine Irrlehre, die der Heiligen Schrift und ihrer Auslegung durch die Kirche widerspreche. So muß Galilei am Ende den Prozeß der Inquisition über sich ergehen lassen und widerrufen. Wenn auch unter tragischem Vorzeichen, so steht doch der Name Galilei dafür, daß die Astronomie sich aus der Verbindung mit einer bestimmten Weltanschauung zu lösen beginnt und mehr und mehr ihrer Eigengesetzlichkeit bewußt wird.

Johannes Kepler, zeitweise kaiserlicher Astronom in Prag, dessen Leben weithin von Krankheit, Not und Armut geprägt ist, hat in einem Punkt Glück im Unglück: Deutschland ist konfessionell zerstritten, und keine obrigkeitliche In-

Johannes Kepler.

Galileo Galilei.

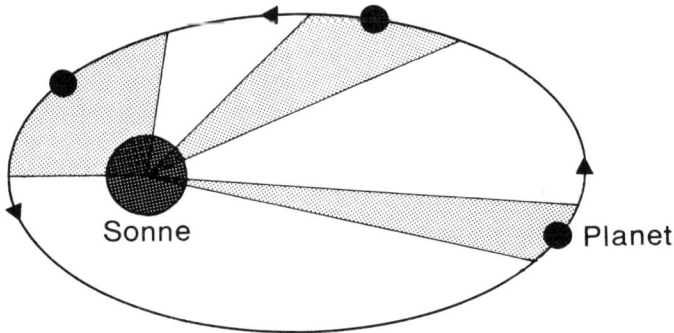

Die Keplerschen Bewegungsgesetze:
1 Ein Planet bewegt sich auf einer Ellipse, in deren einem Brennpunkt die Sonne steht.
2 Der Radiusvektor eines Planeten (die gedachte Verbindungslinie zwischen Planet und Sonne) überstreicht in gleichen Zeiten gleiche Flächen. Ein Planet in Sonnennähe bewegt sich daher schneller als in Sonnenferne.
3 Das Quadrat der Umlaufzeit eines Planeten (Planetenjahr) ist proportional dem Kubus seiner mittleren Entfernung von der Sonne. Kennt man seine Umlaufzeit, so kann man seinen Abstand von der Sonne berechnen.

stanz kann ihn in der Arbeit hemmen, die er ganz zugunsten des kopernikanischen Weltbildes leistet. Antrieb seiner Forschung ist die Überzeugung von einer göttlichen Ordnung und Harmonie, die das Weltsystem durchwalte. Er widmet sich der Untersuchung der **Planetenbahnen** und entdeckt ihre **Gesetzmäßigkeiten,** die er in drei Gesetzen zusammenfaßt. Das **erste** nach ihm benannte Gesetz besagt, daß sich die Planeten in Ellipsen (nicht — wie noch Kopernikus annimmt — in Kreisen) bewegen, in deren einem Brennpunkt die Sonne steht. Das **zweite** Gesetz lautet: Der Leitstrahl (die Verbindungsstrecke zwischen Sonne und Planet) überstreicht in gleichen Zeiten gleiche Flächen. Es erklärt die ungleichförmige Geschwindigkeit der Planetenbewe-

gungen; in Sonnennähe ist sie höher als in Sonnenferne. Die antike Vorstellung von der vollkommen gleichförmigen Geschwindigkeit der Planeten wird damit hinfällig. Im **dritten** Gesetz macht Kepler aufschlußreiche Aussagen über die Beziehungen zwischen Sonnenentfernung und Umlaufzeit um die Sonne: Die Quadratzahlen der Umlaufzeiten zweier Planeten verhalten sich ebenso zueinander wie die Kubikzahlen der Sonnenabstände.

Erforscht Kepler das »Wie« der Planetenbewegungen, so interessiert den Engländer **Isaac Newton** (1643-1727), Professor der Mathematik in Cambridge, das »Warum« dieser Planetenbewegungen. Er widmet sich der Ursache, der Kraft, die die Himmelskörper veranlaßt, ihre Bewegung um die Sonne nach den Keplerschen Gesetzen zu vollziehen und stellt sein **Gravitationsgesetz** auf (Gesetz von der Anziehungskraft). Er ist der Entdecker der Anziehungskraft. Das Gravitationsgesetz besagt: Jeder Körper zieht jeden anderen Körper an, und zwar mit einer Kraft, die einerseits mit der Masse des Körpers zunimmt und andererseits mit zunehmender Entfernung abnimmt. Hat die Anziehungskraft in einer bestimmten Entfernung eine bestimmte Größe, so ist ihr Betrag in der dreifachen Entfernung nur der dreimal dritte = neunte Teil; kurz: die Anziehungskraft nimmt im Quadrat der Entfernung ab. Dieses Gesetz Newtons erklärt alle wichtigen Bewegungsvorgänge im All, wenn auch die eigentliche Natur der Gravitationskraft ein bis heute ungelöstes Rätsel ist.

Das 18. und 19. Jahrhundert

Das 18. und 19. Jahrhundert bringen in mehrfacher Hinsicht einen Aufschwung der Astronomie, vor allem auch der deutschen Astronomie. Die Weiterentwicklung des Fernrohrs in seinen beiden Grundtypen — des **Linsenfernrohrs** (Refraktor) und des **Spiegelfernrohrs** (Reflektor) — sowie der Einsatz vortrefflicher Meß- und Hilfsgeräte sind gute Voraussetzungen für eine verläßliche »Bestandsaufnahme« des Weltraums und Erforschung der Fixsterne. Sie werden genutzt durch eine Reihe hochbegabter Himmelsbeobachter.

Wilhelm Herschel (1738-1822), gebürtiger Hannoveraner und ursprünglich Militärmusiker, macht in England, wo er

Isaac Newton.

Wilhelm Herschel.

**Das Riesenteleskop
Wilhelm Herschels
in Bath bei London.**

sich in Bath bei London ein großes Fernrohr baut, als Astronom Karriere durch die Entdeckung des **Uranus** (1781). Zahlreiche weitere Entdeckungen und eine umfassende Katalogisierung und Vermessung der Fixsterne gehen auf ihn zurück. Herschel erkennt bereits, daß es neben den scheinbaren Doppelsternen, die nur aus der Sicht der Erde zusammenstehen, viele echte Doppelsternsysteme gibt, in denen zwei Sonnen um einen gemeinsamen Mittelpunkt kreisen. Er konstruiert Riesenfernrohre von 12 Meter Brennweite, mit denen er die Milchstraße erforscht.

Giuseppe Piazzi (1746-1826), Astronom in Palermo, entdeckt in der Neujahrsnacht 1800/1801 im Raum zwischen Mars und Jupiter den ersten **kleinen Planeten**, der den Namen Ceres erhält. Zahlreiche andere kleine Planeten (Asteroiden, Planetoiden) werden in der Folgezeit entdeckt. **Friedrich Wilhelm Bessel** (1784-1846) gelingt es 1838 in Königsberg, zum ersten Mal die **Entfernung eines Fixsternes** zu messen. Es handelt sich um den Stern 61 Cygni, einen schwachen Stern im Sternbild des Schwanes (cygnus = Schwan). Bessel errechnet eine Entfernung von 9,3 Lichtjahren, was der Wirklichkeit nahekommt. Damit gewinnt man allmählich ein Bild von der Entfernung der Fixsterne. Bessel sagt bereits die Begleitsonnen des Sirius und des Prokyon voraus, die viele Jahre später tatsächlich optisch nachgewiesen werden können.

Friedrich Wilhelm Argelander (1799-1875), Direktor der Sternwarte in Bonn, erarbeitet die »**Bonner Durchmuste-rung**«, ein verdienstvolles Sternver-zeichnis des Nordhimmels (mit Atlas) und gibt der Erforschung der verän-derlichen Sterne eine wissenschaftliche Grundlage. Der Franzose **Urbain Le-verrier** (1811-1877) berechnet 1846 in Paris aus Bahnstörungen des Uranus den wahrscheinlichen Ort eines weite-ren, noch unbekannten großen Plane-ten, der von dem Berliner Astronomen **J. G. Galle** genau an jener Stelle mit dem Fernrohr erfaßt wird — eine ma-thematische Glanzleistung in der Ge-schichte der Astronomie! Der »neue« Planet erhält den Namen **Neptun**.

Ein besonderes Interesse der Astrono-men des 19. Jahrhunderts gilt den **Ko-meten** und der Berechnung ihrer Bah-nen. Es wird unter anderem durch die Wiederkehr des berühmten Halley-schen Kometen im Jahre 1835 beflügelt. **Schiaparelli** in Mailand entdeckt die Zusammenhänge zwischen Meteor-schwärmen und Kometen. So wachsen Schritt für Schritt die Vorstellungen von unserem Planetensystem und von der Fixsternwelt.

Zwei großartige Erfindungen eröffnen den Astronomen des 19. Jahrhunderts neue Forschungsmöglichkeiten auf bis-her ungeahnten Gebieten: die Fotogra-fie und die Spektralanalyse.

Die **Fotografie** (seit 1830) wird verhält-nismäßig früh der Erforschung des Himmels nutzbar gemacht und ent-wickelt sich zu einem unentbehrlichen Arbeitszweig der Sternkunde. Der Vor-teil ihres Einsatzes liegt in folgendem: Die fotografische Platte kann Lichtein-

Der große Schmidt-Spiegel der Stern-warte Hamburg-Bergedorf. Das Instru-ment bietet ein ungewöhnlich großes Gesichtsfeld und gewährt eine von Abbildungsfehlern freie Beobachtung. Es können damit fotografische »Weitwinkel-aufnahmen« ohne Verzerrung der Sterne auch am äußersten Rand des Himmels-feldes gemacht werden.

Der Lippert-Astrograph der Hamburger Sternwarte. Ein Astrograph ist ein mehr-linsiger Refraktor für fotografische Auf-nahmen größerer Sternfelder.

Blick auf die Anlage der Hamburger Sternwarte, die zur Universität gehört.

drücke ansammeln, so daß bei langen Belichtungszeiten noch Himmelskörper sichtbar werden, die sich der Beobachtung durch das Auge entziehen. Außerdem ist der fotografische Vorgang frei von menschlichen Beobachtungsfehlern und liefert Dokumente, die für lange Zeiträume immer wieder zu Vergleichen und Kontrollen herangezogen werden können. Die Himmelsfotografie bewährt sich vor allem bei der Erforschung von Nebeln, Sternhaufen und der Milchstraße, aber auch bei der Entdeckung der kleinen Planeten. **Max Wolf** in Heidelberg (1863-1932) führt 1890 die fotografische Methode zur Erfassung der Asteroiden ein.

Die **Spektralanalyse** (lat.: spektrum = wahrgenommene Erscheinung; grch.: analysis = Auflösung, Untersuchung) untersucht die Erscheinung des bunten Lichtbandes, das sich aus der Brechung des Sonnen- und Sternenlichtes in einem Glasprisma ergibt. Ohne sie wäre die Entfaltung der neueren Astronomie gar nicht vorstellbar. Der Regenbogen kommt bekanntlich dadurch zustande, daß das weiße Sonnenlicht in den unzähligen Wassertropfen einer Regenwand gebrochen wird und als Farbband erscheint. Ganz ähnlich wird ein Sonnenstrahl, künstlich auf ein **Prisma** (Dreikant aus Glas) gelenkt, gebrochen und zu einem breiten Farbband, dem **Spektrum**, auseinandergezogen.

Bereits 1814 entdeckt der Münchner Optiker **Joseph von Fraunhofer** (1787-1826) im Spektrum der Sonne eine große Zahl dunkler Striche, die nach ihm benannten **Fraunhoferschen Linien**. Er untersucht sie und kennzeichnet sie mit Buchstaben, weil er ihre wegweisende Bedeutung ahnt. Man vergleicht nun das Sonnenspektrum mit den Spektren irdischer Lichtquellen (z. B. glühender Gase) und findet heraus, daß jeder Stoff eine andere, nur ihm gemäße Anordnung der Fraunhoferschen Linien zeigt. So gibt es Natrium-, Helium-, Wasserstofflinien usw. An diesen charakteristischen Linien kann jeder Stoff, jedes Element auf der Erde wie im Weltall erkannt werden.

Vor allem die beiden deutschen Gelehrten **Wilhelm Bunsen** (1811-1899) und **Gustav Kirchhoff** (1824-1887) tun sich in der Spektrumsforschung hervor und formulieren die Grundlage der Spektralanalyse. Sie weisen nach, daß die Fraunhoferschen Linien im Sonnenspektrum deshalb dunkel sind — im Gegensatz zu den hellen Linien, die irdische Lichtquellen in ihren Spektren zeigen —, weil das Licht, ehe es die Sonne verläßt, eine kühlere äußere Gasschicht durchwandert, in der es zu einem Teil verschluckt wird. So können mit Hilfe der Spektralanalyse der Zustand und die stoffliche Zusammensetzung der Gestirne erforscht werden. Die Sterne werden nach bestimmten **Spektralklassen** eingeteilt. Das bedeutet den Beginn der **Astrophysik**, die nun der herkömmlichen Astronomie, welche sich der Bewegung und räumlichen Verteilung der Sterne widmet, zur Seite tritt.

Auf dem Weg über die Spektralanalyse wird es auch möglich, festzustellen, ob sich die Fixsterne auf die Erde zubewegen oder ob sie sich von ihr entfernen und mit welcher Geschwindigkeit sie das tun (**Radialgeschwindigkeit**, Geschwindigkeit im Gesichtsradius). Das geschieht durch die Anwendung des Dopplerschen Prinzips auf die Fraunhoferschen Linien. **Christian Doppler** (1803-1853), österreichischer Mathematiker und Physiker, weist nach: Eine

Schallquelle, die sich uns nähert (z.B. ein Motorrad oder ein Flugzeug), sendet mehr Schallwellen in der Zeiteinheit an unser Ohr; darum steigt die Tonhöhe an. Entfernt sich die Schallquelle wieder, erreichen uns weniger Schallwellen in der Zeiteinheit und die Höhe des Tones sinkt (**Dopplersches Prinzip**, Doppler-Effekt).

Diese Überlegung gilt auch für die Lichtwellen. Von einer sich uns nähernden Lichtquelle gehen mehr Schwingungen in der Zeiteinheit aus als von einer sich entfernenden. Da zu jeder Farbe eine bestimmte Schwingungszahl gehört, läßt sich an der Farbveränderung im Sternenspektrum die Annäherung oder Entfernung einer Fixsternsonne ablesen. Im ersten Fall erscheinen die Fraunhoferschen Linien nach der blauen Richtung hin verschoben (**Violettverschiebung**), im zweiten Fall in Richtung des Rot (**Rotverschiebung**). Aus der Größe dieser Verschiebung kann die Geschwindigkeit der Annäherung oder Entfernung pro km errechnet werden. Der englische Astronom **Sir William Huggins** (1828-1910) ist es, der diese Zusammenhänge als erster erkennt und 1868 am Beispiel des Sirius veröffentlicht.

Theorien der Weltentstehung und des Weltaufbaus

Angesichts der vielen neuen Erkenntnisse in der Sternkunde machen Naturwissenschaftler und Philosophen mehr und mehr den Versuch, die schwierige Frage nach der Entstehung der Welt

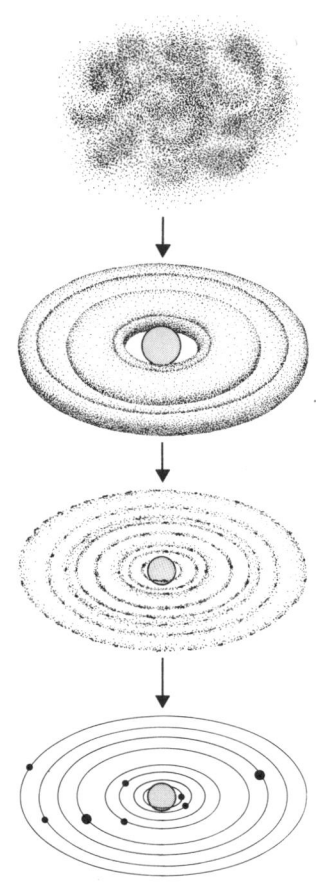

Schematische Darstellung der Entstehung des Sonnensystems. Sonne und Planeten entstanden aus einer Gas- und Staubwolke, die infolge ihrer Eigengravitation kollabierte. Umgeben von einer ballenförmigen Materiewolke bildete sich die Sonne zuerst. Durch den Aufbau und die Verschmelzung massiver Materieballungen wurden die Planeten gebildet. Ein großer Teil des Gases in der Materiewolke verwehte ins All.

(grch.: Kosmogonie = Weltentstehung) zu beantworten. Da zunächst das Planetensystem als unsere unmittelbare astronomische Umwelt ins Blickfeld kommt, handeln die ersten Entwürfe der Weltentstehungslehre nur von ihm.

Der Königsberger Philosoph **Immanuel Kant** (1724-1804) stellt 1755 in der »**Allgemeinen Naturgeschichte und Theorie des Himmels**« seine berühmte **Meteoritenhypothese** (grch.: Meteorit = festes Teilchen; Hypothese = wissenschaftliche Annahme) auf. Danach steht am Anfang eine riesige Urwolke, deren Bestandteilchen in Bewegung sind, zusammenstoßen, an Geschwindigkeit einbüßen und zum Zentrum der Nebelmasse angezogen werden, wo sich schließlich die Sonne bildet. Die Materieteilchen, die eine mehr seitwärts gerichtete Beschleunigung erhalten, ballen sich nach und nach in der Ebene der Sonnenbahn zu Planeten und Monden zusammen. Gegen Einzelheiten der Kantschen Theorie werden später mancherlei Argumente ins Feld geführt; das Grundmodell von einer sich bewegenden Staub- und Gasmasse aber gibt bis in die Gegenwart den Rahmen der Überlegungen ab.

Der französische Astronom und Mathematiker **Pierre Laplace** (1749-1827) entwickelt 1796 seine **Nebularhypothese** (lat.: nebula = Nebel). Sie geht von einer rotierenden Gaswolke aus (Ursonne), die sich durch Abkühlung zusammenzieht und dadurch ihre Rotationsgeschwindigkeit erhöht. Am Äquator der Ursonne wird die Fliehkraft größer als die Anziehungskraft, so daß nach und nach einige Materieringe weggeschleudert werden, aus denen sich die Planeten bilden. Auf gleiche Weise spalten sich von den Planeten Ringe ab, aus denen dann die Monde werden. In diesen Zusammenhang gehören später im 20. Jahrhundert die Theorien von Jeans, Weizsäcker, Kuiper und Alfvén.

Nach Ansicht des englischen Astronomen **James Hopwood Jeans** (1877-1946) geht das Planetensystem aus einer Begegnung der Sonne mit einem fremden Fixstern hervor; dieser Stern zieht sich beim Vorübergang einen Materiearm aus der Sonne heraus, aus welchem sich dann die Planeten bilden. Danach wäre die Entstehung eines Planetensystems ein Ausnahme- und Sonderfall.

Der deutsche Astronom und Physiker **Carl Friedrich von Weizsäcker** (*1912) stellt 1944 seine **Turbulenztheorie** (lat.: turbulentus = unruhig, stürmisch) auf, die die Bildung der Planeten durch Wirbel in der Urwolke erklärt, welche zu Verdichtungen der Materie führen. Sie findet weithin Beachtung.

Der Amerikaner **Gerard Peter Kuiper**

Carl Friedrich von Weizsäcker.

(1905-1973) sieht die Bildung des Planetensystems in engem Zusammenhang mit der Fixsternentstehung. Aus der Urwolke können — je nach ihrer Form und

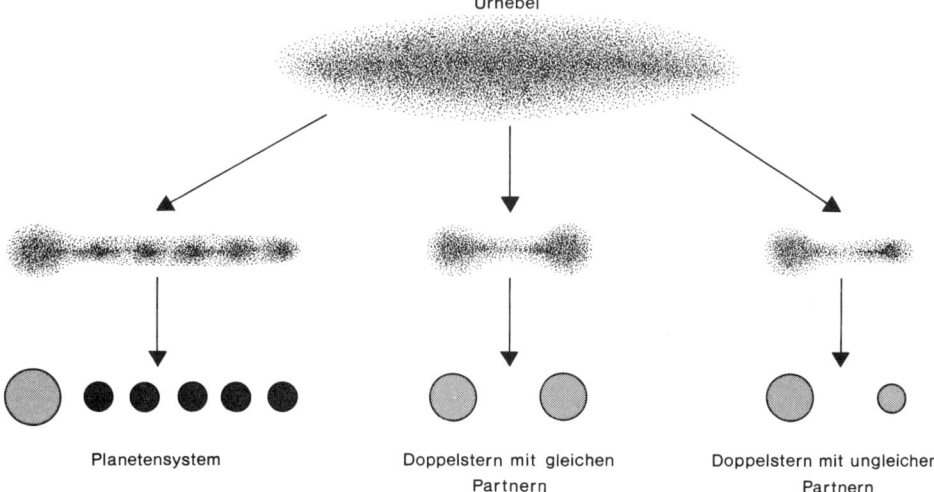

Schema der Entstehung von Doppelsternen und Planetensystemen.

ihren Bewegungsverhältnissen — entweder ein Doppelsternsystem mit zwei etwa gleich großen Fixsternsonnen entstehen oder aber eben eine Sonne und ein Planetensystem. Diese Theorie, die ebenfalls zahlreiche Anhänger findet, wird später nach verschiedenen Seiten hin abgewandelt und ergänzt.

Der schwedische Astronom **Hannes Alfvén** (*1908) schließlich greift 1942 in Stockholm wieder auf die Meteoritenhypothese zurück, verbindet sie aber mit der Wirkung von zwischen den Sternen befindlichen Magnetfeldern. Die Sonne tritt danach in eine kosmische Staubwolke ein und sammelt die festen Teilchen in ihrer magnetischen Äquatorebene, aus denen die Planeten entstehen.

Auch in der Kosmologie (grch.: Kosmos = All, Logos = Lehre) tut sich einiges. Während sich die Kosmo**gonie** den Fragen der Weltentstehung widmet, geht es in der Kosmo**logie** um den Aufbau der Sternsysteme und des Weltalls. Hier ist man — noch ohne die umfassenden Beobachtungsmöglichkeiten der Moderne — weithin auf Denkvorstellungen und Vermutungen angewiesen. Um so erstaunlicher ist es, daß manche Theorien dieser Zeit über den Bau des Weltalls Ansätze zeigen, die sich durch die spätere Forschung als richtig erweisen.

Thomas Wright in Durham veröffentlicht 1750 sein Buch **»Eine neue Theorie oder Hypothese vom Universum«**. Er entwickelt darin bereits die Idee von einer flachen, scheibenförmigen Gestalt der Milchstraße und erläutert, warum die Milchstraße den Eindruck einer Zusammendrängung von Sternen machen muß. **Kant** greift diesen Gedanken auf und erklärt die runden und länglichen

Nebelflecken, die zu seiner Zeit mehr und mehr am Himmel entdeckt werden, als fremde Sternsysteme, die unserer eigenen Milchstraße vergleichbar sind.

Vor allem aber ist es der deutsche Astronom **Johann Heinrich Lambert** (1723-1777), der die Natur der Milchstraße denkerisch erfaßt und ein Modell vom Weltall entwirft, das der Wirklichkeit schon sehr nahekommt. In seinen **»Kosmologischen Briefen«** (1761!) spricht er von Weltsystemen immer höherer, größerer Ordnung: Erde und Mond — Sonne und Planeten — Fixsterne als Sonnensysteme — Sternhaufen als Schwärme von Sonnensystemen — unser Milchstraßensystem als ganz große Ansammlung von Sternen und Sternhaufen — ferne Nebel als fremde Milchstraßensysteme (Welteninseln) — viele solcher Welteninseln wiederum zu einer größeren Ordnung zusammengefaßt. So weiten sich die astronomischen Horizonte ins Unermeßliche, und die Bauelemente des Alls sind nicht mehr Sterne, sondern Sternsysteme verschiedener Größenordnungen.

Geradezu volkstümlich wird die Beschäftigung mit den Sternen, als der Mailänder Astronom **Giovanni Schiaparelli** (1835-1910) 1877 die sogenannten **»Marskanäle«** entdeckt, die sich später als eine optische Täuschung herausstellen, und sie als ein künstlich angelegtes Wasserkanalsystem intelligenter Marsbewohner deutet. Damit bekommt die alte Frage des Menschen nach möglichen Lebewesen auf anderen Sternen neuen Auftrieb, und manche phantasievolle Theorie darüber wird in Vorträgen und Veröffentlichungen verbreitet und diskutiert.

Ein Beispiel für die damalige Marsbe-

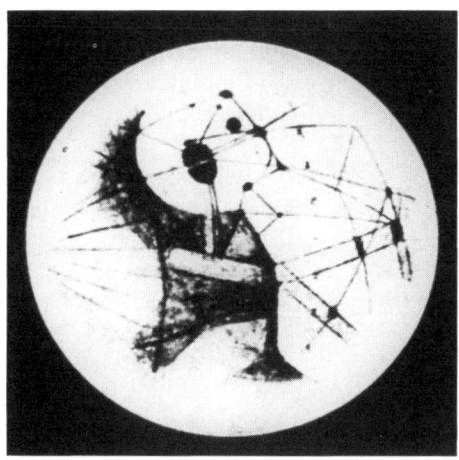

So sah und zeichnete Schiaparelli die »Marskanäle«, die sich später als optische Täuschung herausstellten.

Giovanni Schiaparelli.

geisterung ist der amerikanische Geschäftsmann und Privatastronom **Percival Lowell** (1855-1916). Er ist so vom Geheimnis des Mars fasziniert und von seiner Bewohnbarkeit überzeugt, daß er 1894 in Flagstaff/Arizona eine eigene Sternwarte errichtet (das heutige Lowell-Observatorium), in der er sich vor allem der Erforschung unseres roten Nachbarplaneten widmet. Eine Flut von Marsromanen ergießt sich auf den Büchermarkt, darunter 1897 der noch heute lesenswerte Science-Fiction-Roman »**Auf zwei Planeten**« von **Kurd Laßwitz**.

Das 20. Jahrhundert

Im 20. Jahrhundert nimmt die Sternforschung einen ungeahnten Aufschwung. Sie widmet sich zunächst zwei Themenkreisen: dem Aufbau und der Entwicklung der Fixsterne einerseits und der Sternsysteme (Galaxien und Galaxienhaufen) andererseits. Bei der Erforschung der **Sternentwicklung** erweist sich das **Hertzsprung-Russell-Diagramm** von 1913 (mit späteren Erweiterungen) als besonders aufschlußreich. Der dänische Astronom **Ejnar Hertzsprung** (1873-1967) und der amerikanische Astrophysiker **Henry Norris Russell** (1877-1957) erarbeiten ein Diagramm — d.h. eine zeichnerische Darstellung zahlenmäßiger Beziehungen — über den Zustand der Sterne. Es setzt die Oberflächentemperatur bzw. den Spektraltyp und die Leuchtkraft der Sterne zueinander in Beziehung. Dieses Diagramm wird zum Schlüssel für die

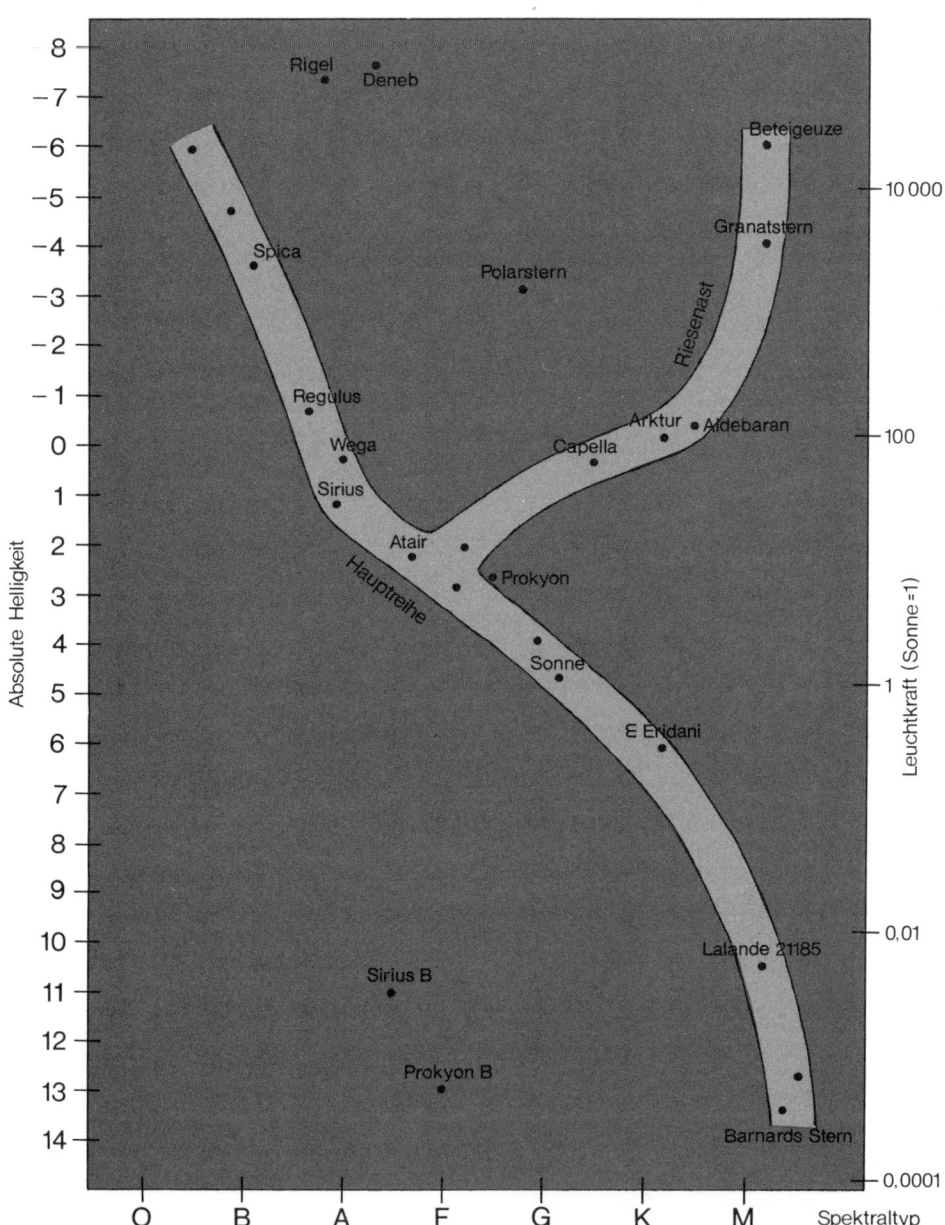

Das Hertzsprung-Russell-Diagramm läßt Rückschlüsse auf die physikalische Beschaffenheit der Sterne zu: »Normale« Sterne befinden sich auf der von links oben nach
rechts unten verlaufenden Hauptreihe; ihre genaue Position hängt im wesentlichen
von ihrer Masse ab. Je weiter links ein Stern steht, desto höher ist die Temperatur
seiner Oberfläche, je weiter oben er angesiedelt ist, desto größer ist seine Energie-
abgabe und damit seine Leuchtkraft.

Theorie der Sternentwicklung. Jeder Stern hat seine eigene Geschichte. Sie hängt entscheidend von der Größe seiner Masse ab. Die Farben und Größen der Fixsterne stellen verschiedene Stufen der Entwicklung dar.

Die Reihenfolge der **Lebensstationen** eines Sternes läßt sich — stark vereinfacht — in folgendem zusammenfassen: Ein Stern entsteht — wahrscheinlich immer in Gemeinschaft mit anderen Sternen — durch Verdichtung einer Gas- und Staubwolke. Die Energie durch Zusammenziehung ergibt ein vorübergehendes Aufleuchten. Der Stern tritt dann in die Hauptreihe des Hertzsprung-Russell-Diagrammes ein. Die atomare **Kernverschmelzung** (Umwandlung von Wasserstoff in Helium) setzt ein und liefert dem Stern die notwendige Energie. Der »Aufenthalt« in der Hauptreihe ist der wichtigste Abschnitt im Leben eines Sterns. Seine Dauer ist begrenzt und hängt wiederum mit der Masse eines Sterns zusammen: Je größer die Ausgangsmasse, desto stürmischer und kürzer das Sternendasein. Masseärmere und ruhige Sterne wie unsere Sonne bleiben etwa 10 Milliarden Jahre auf der Hauptreihe. Ist der Vorrat an Wasserstoff erschöpft, geht der Stern zu anderen Kernreaktionen über und verbrennt immer schwerere Elemente. Er bläht sich auf, wird zum **»Roten Riesen«** mit gewaltig gesteigerter Leuchtkraft und wandert damit in den Bereich des Riesenastes, rechts oben im Hertzsprung-Russell-Diagramm.

Das Endstadium — mit gigantischen Katastrophen verbunden — kann sehr verschieden aussehen. Ein Stern vom Typ unserer Sonne endet als **»Weißer Zwerg«**, hundert- bis tausendmal kleiner als unsere jetzige Sonne, aber von ungeheurer Dichte. Er kühlt schließlich aus. Sterne mit einer Restmasse von mehr als 1,4facher Sonnenmasse können noch weiter zusammenstürzen. Sie enden als **Neutronensterne** mit nur 10-100 km Durchmesser und einer Dichte von 1-10 Millionen t pro cm^3. Weiße Zwerge und Neutronensterne stehen im Hertzsprung-Russel-Diagramm im linken unteren Feld. Schließlich gibt es für Sterne mit einer Restmasse von über 2,2 Sonnenmassen einen vollständigen Zusammenbruch (Kollaps) in Form eines sogenannten **»Schwarzen Lochs«**. Bei diesem Zusammenbruch werden so hohe Energien freigesetzt, daß die äußersten Sternenschichten ausbruchsartig abgestoßen werden (Supernova-Ausbrüche). Ein Schwarzes Loch (engl.: black hole) — optisch und radioteleskopisch nicht nachweisbar — ist ein Restgebilde eines Sterns, das eine so starke Anziehungskraft ausübt, daß es seine eigene Strahlung nicht mehr fortläßt und dazu alle Materie seiner Umgebung an sich reißt und verschlingt.

Aus der Theorie der Sternaufbaues ergeben sich für das Zentrum der Sonne und der artverwandten Sterne auf der Hauptreihe des Hertzsprung-Russell-Diagramms Temperaturen bis zu 20 Millionen °C. In Anlehnung an den deutschen Physiker **Hermann von Helmholtz** (1821-1894) wird die Energieerzeugung im Inneren der Sterne zunächst allein mit der **Kontraktion** (Verdichtung als Wärme- und Strahlungsquelle) des Gasballes erklärt. Man errechnet daraus, daß unsere Sonne auf diese Weise eine Lebensdauer von bis zu 100 Millionen Jahren als strahlender Stern erwarten kann. Als es aber auf Grund radioaktiver Methoden gelingt,

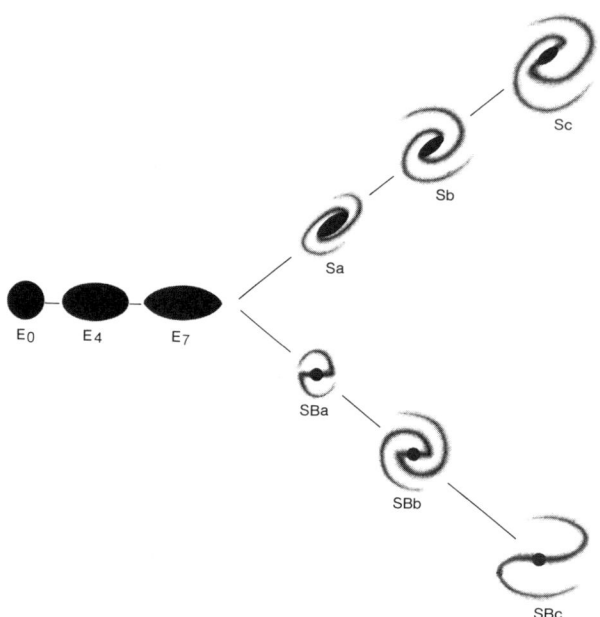

Edwin Powell Hubble, ein Pionier im Bereich der Galaxienforschung, hat die extragalaktischen Systeme nach ihrem Aussehen klassifiziert. Diese behalten wahrscheinlich ihre anfängliche Form über die längste Zeit ihrer Existenz hin bei.

E: elliptische Nebel, kreisrund bis abgeplattet;
S: normale Spiralen;
SB: Balkenspiralen.

eine verläßliche Altersskala der Erdgeschichte zu gewinnen, wonach die ältesten Formationen auf unserem Planeten ein Alter von 2 Milliarden Jahren aufweisen, erkennt man, daß man auch bei der Sonne und den anderen Fixsternen mit viel größeren Zeiträumen rechnen und andere Energiequellen vermuten muß.

Die Entwicklung der Kernphysik kommt diesem Problem zugute. Der deutsche Physiker **Hans Bethe** (*1906) und der schon genannte Carl Friedrich von Weizsäcker finden unabhängig voneinander 1937/38 des Rätsels Lösung: Als hauptsächliche Energiequellen für Wärme und Strahlung sind **Kernprozesse** in der Sonne anzusehen. Im Sonneninneren verschmelzen unter Mitwirkung von Kohlenstoff, Stickstoff und Sauerstoff je vier Wasserstoffkerne zu einem Heliumkern. Die dabei übrigbleibende Masse wird in Strahlung umgesetzt und sichert die Energiebilanz der Sonne.

In der **Erforschung der Spiralnebel** (Galaxien), die Hand in Hand geht mit neuen Erkenntnissen über Größe und Aufbau des Weltalls überhaupt, folgt ein Markstein dem anderen. 1924 gelingt es dem amerikanischen Astronomen **Edwin Powell Hubble** (1899-1953) mit dem großen Spiegelfernrohr des Mount-Wilson-Observatoriums, die Randzonen des Andromedanebels in Einzelsonnen aufzulösen. Damit ist die Gleichartigkeit von Milchstraße und Andromedanebel optisch bestätigt. Darüber hinaus werden immer neue Galaxien in den Tiefen des Weltalls entdeckt und registriert, mit dem Ergebnis, daß die Zahl der Sternsysteme, die mit den größten Fernrohren erkannt werden können, sich auf mehrere hundert Millionen beläuft.

1930 gelingt es wiederum Hubble, mit Hilfe des Dopplerschen Prinzips die **Radialgeschwindigkeit** (die Geschwindigkeit, mit der sich ein Stern oder Sternsystem auf die Erde zu oder von ihr fort bewegt) einer Reihe von Galaxien zu bestimmen. Es ist dasselbe Jahr, in dem der amerikanische Astronom **Clyde William Tombaugh** (*1906) im Lowell-Observatorium den Planeten **Pluto** entdeckt. Aufsehen und vielfache Diskussion über das Für und Wider erregt Hubbles Ergebnis, nach dem die Radialbewegungen der fernen Milchstraßensysteme alle positiv sind, das heißt von uns wegstreben, und zwar mit um so größerer Geschwindigkeit, je weiter die Galaxien von uns entfernt sind. Man spricht von einer **Expansion** (Ausdehnung) des Weltalls, dessen Materie und Sternsysteme wie Splitter ei-

Albert Einstein.

ner explodierenden Granate auseinanderfliegen. Hier rufen Beobachtungen und Berechnungen nach erläuternden, begründenden Theorien und Vorstellungen. Ist die Weltmaterie vor 15-20 Milliarden Jahren zu einem Punkt in ungeheurer Verdichtung zusammengefaßt gewesen? War **das** die Stunde Null? Begann die Schöpfung mit dem »**Urknall**«, dem »Big Bang«, oder hat die Welt vorher schon in anderem Zustand existiert? Kommt die Ausdehnung des Alls irgendwann einmal an ein Ende, wird sie in eine rückläufige Bewegung umkippen?

Ein solches pulsierendes, aus- und einatmendes Universum ist dem modernen physikalischen Denken nicht fremd. Die **Allgemeine Relativitätstheorie,** von **Albert Einstein** (1879-1955) bereits 1916 veröffentlicht, hat für die moderne Kosmologie große Bedeutung. Sie kennt einen in sich gekrümmten Raum, der zwar ohne Grenze, aber nicht unendlich ist (so wie die Oberfläche einer Kugel zwar grenzenlos, aber durchaus berechenbar ist). Einstein entwickelt ein Weltmodell, das die Expansion geradezu verlangt, die Hubble mit der Flucht der Spiralnebel nachweist. 1965 entdecken die beiden Amerikaner **Robert Woodrow Wilson** und **Arno Penzias** mit der Radioantenne in Holmdel/USA die **kosmische Hintergrundstrahlung,** die von den meisten Wissenschaftlern als eine Reststrahlung des Urnalles und damit als Beleg für die Richtigkeit der Theorie des »Big Bang« angesehen wird.

Kopfzerbrechen bereiten der gegenwärtigen Astronomie die sogenannten »**Quasare**« (Zusammenziehung aus der Bezeichnung: Quasi-stellare Radioquellen = sternartige Gebilde mit starker Radiostrahlung). Sie werden 1963 ent-

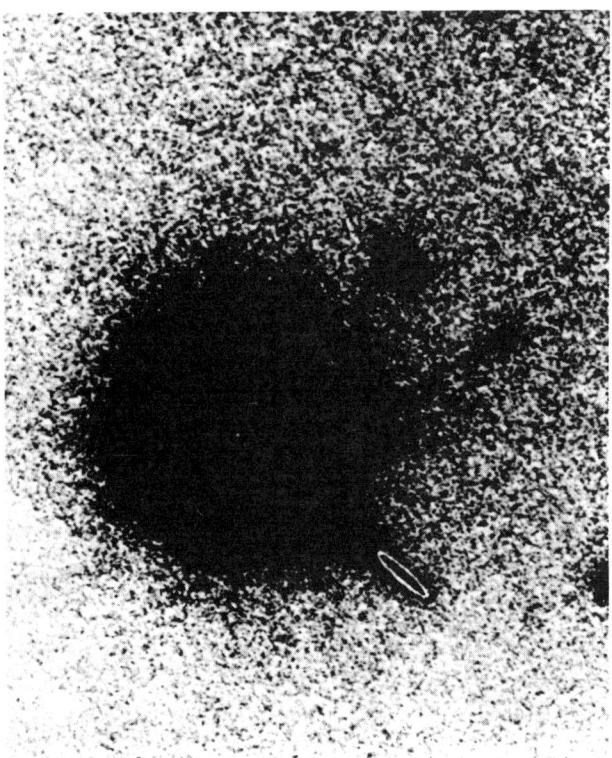

Der Quasar 3C-273 (hier eine Negativaufnahme) sieht aus wie ein blauer Stern, der einen blassen Materiestrom abstößt. Das helle Oval über dem Strom sowie der Punkt im Zentrum markieren die beiden Radioquellen des Objekts.

deckt. Außergewöhnlich an ihnen sind die gewaltige Strahlungsenergie, die von ihnen ausgeht, die überraschenden Entfernungen bis zu 18 Milliarden Lichtjahren sowie die hohe Entfernungsgeschwindigkeit (mehr als 270000 km/s; d.h. über 9/10 der Lichtgeschwindigkeit). Das Alter der Quasare scheint höher zu sein als das Alter der Galaxien.

Die stürmische Entwicklung der Astronomie in unserem Jahrhundert hat vor allem drei Gründe. Einmal stehen immer **wirksamere Forschungsinstrumente** zur Verfügung. So ist das bisher größte Fernrohr der Welt, das Fünf-Meter-Teleskop auf dem Mount Palomar in Kalifornien, inzwischen schon durch den Sechs-Meter-Spiegel im Astrophysikalischen Spezialobservatorium Selentschuk/UdSSR überboten!

Zum anderen tritt die **Radioastronomie** als ein ganz neuer Forschungszweig der herkömmlichen Astronomie zur Seite und öffnet das Fenster zur Radiostrahlung aus dem Kosmos. Der amerikanische Ingenieur und Hochfrequenztechniker **Karl Guthe Jansky** (1905-1950) entdeckt im Jahre 1931 bei der Untersuchung atmosphärischer Funkstörungen eine **kosmische Radiostrahlung**, die vor allem vom Sternbild des Schützen — dem Zentrum der Milchstraße — ausgeht. Aber erst nach dem Zweiten Weltkrieg können diese und

Das Fünf-Meter-Teleskop auf dem Mount Palomar, eines der größten Fernrohre der Erde, verkörpert die enormen Fortschritte in der Entwicklung astronomischer Geräte.

Das Radioteleskop in Effelsberg/Eifel mit einer Höhe von 95 m und einem Spiegeldurchmesser von 100 m. Es ist das größte freibewegliche Radioteleskop der Erde.

weitere radioastronomische Beobachtungen systematisch aufgegriffen werden. Heute gibt es kaum einen Bereich der Sternenforschung, der nicht von der Radioastronomie beeinflußt wäre. So bringt also nicht nur die Lichtstrahlung der Gestirne Kunde aus dem Weltall, sondern auch die kosmische Radiostrahlung.

Neben der Radioastronomie, die Radiostrahlung aus dem Kosmos empfängt und auswertet, ist auch die **Radarastronomie** zu nennen, die Funkimpulse zu nahegelegenen Himmelskörpern sendet und die reflektierten Signale untersucht.

Schließlich trägt natürlich das 1957 mit dem »Sputnik« angebrochene Zeitalter der **Weltraumfahrt** (Astronautik), der künstlichen Erdsatelliten und der Forschungssonden erheblich zur Entwicklung der Astronomie bei. Mit der Landung von »Apollo 11« am 20. Juli 1969 im Mare Tranquillitatis (»Meer der Ruhe«) des Mondes wird zum ersten Mal Wirklichkeit, was die Menschen seit Jahrhunderten in ihren kühnsten Träumen erhofft haben: Der Mensch betritt den Boden eines fremden Himmelskörpers. **Neil Armstrong** spricht einen schon historisch gewordenen Satz aus: »Das ist ein kleiner Schritt für einen Mann, aber ein großer Sprung für die Menschheit.« Zum ersten Mal entnimmt der Mensch einem fremden Himmelskörper eigenhändig Bodenproben und führt an Ort und Stelle eine Vielzahl von Messungen und Untersuchungen durch.

Neben dem sowjetischen und amerikanischen Mond- und Satellitenprogramm erbringen vor allem die verschiedenen Sonden zur **Erforschung der Planeten** und des interplanetarischen Raumes (»Mariner«, »Pioneer«, »Viking« und vor allem »Voyager« von seiten der USA) wichtige Forschungsergebnisse. Sie übertragen Bilder sowie physikalische und atmosphärische Daten und berichtigen und erweitern unsere Vorstellungen über die Planeten unseres Sonnensystems, wie es die Fernrohrastronomie nie vermocht hätte. In unserem Jahrhundert haben wir mehr über die Sterne erfahren als in allen vorangegangenen Jahrhunderten zusammen.

Aber auch die Fernrohrastronomie selbst wird durch die Technik der Astronautik in Kürze beachtliche Fortschritte erzielen. 1990 wurde ein erstes **Weltraumteleskop** in einem Raumtransporter (»Space Shuttle« der USA) in eine Umlaufbahn um die Erde gebracht. Es hat einen Spiegeldurchmesser von 2,4 m und wird außerhalb der irdischen Lufthülle, die durch mannigfaltige Störeffekte die Wirksamkeit der Fernrohre auf der Erde stark begrenzt, sehr viel tiefer und deutlicher in das Weltall blicken lassen als die größten Teleskope der Welt. Man erwartet, daß das »Hubble Space Telescope« einen Raum eröffnet, der Beobachtung zugänglich macht, der 350mal größer ist als der Bereich des Weltalls, den der 5-m-Spiegel auf Mount Palomar erfaßt.

Aufbau des Weltraumteleskops

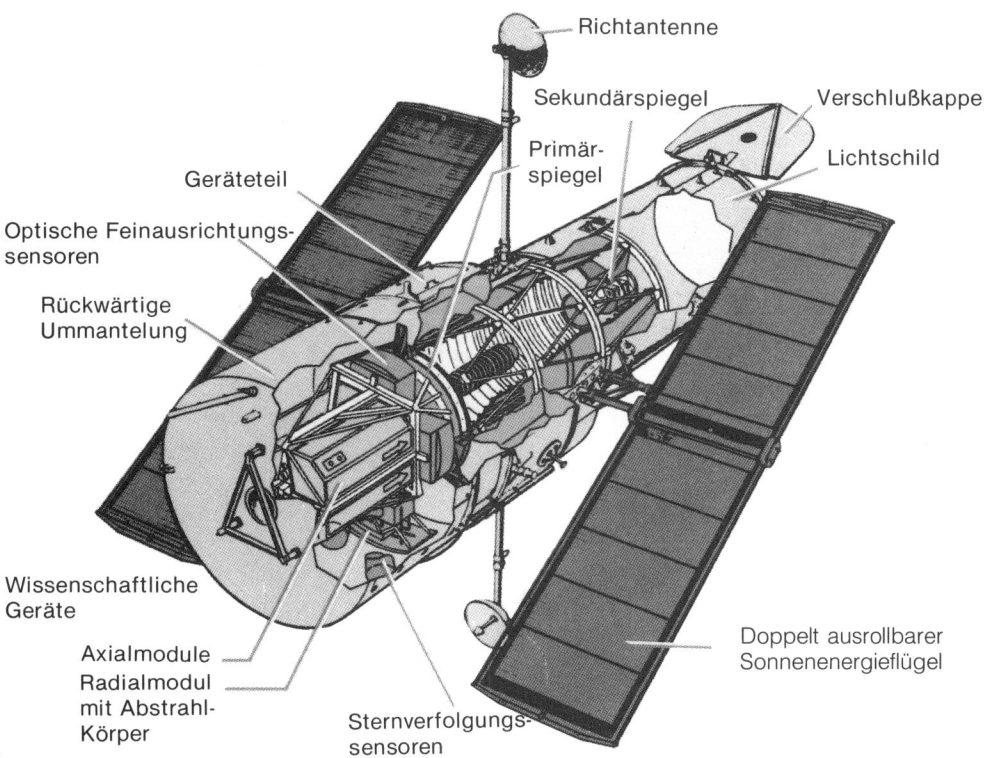

Richtantenne

Sekundärspiegel

Verschlußkappe

Primär-
spiegel

Lichtschild

Geräteteil

Optische Feinausrichtungs-
sensoren

Rückwärtige
Ummantelung

Wissenschaftliche
Geräte

Axialmodule
Radialmodul
mit Abstrahl-
Körper

Sternverfolgungs-
sensoren

Doppelt ausrollbarer
Sonnenenergieflügel

Der Aufbau des »Hubble Space Telescope«. Das Weltraumteleskop, dessen Start im April 1990 stattfand, dürfte von seiner Umlaufbahn im 600 km Höhe mehr als ein Jahrzehnt lang wertvolle astronomische Erkenntnisse liefern.

Astronomische Grundkenntnisse

Tag und Nacht

Die Erde schwebt im Raum und bewegt sich um die Sonne. Dabei dreht sie sich um sich selbst. Zu einer Drehung um die eigene Achse braucht die Erde etwas über 23 h 56 min. Diesen Zeitraum nennen wir einen **Tag**. Daneben gebrauchen wir noch einen anderen Tagesbegriff, nämlich den, der nur die hellen Stunden der fast 24stündigen Erdumdrehung umfaßt, im Gegensatz zu den dunklen Stunden der Nacht.

Wie entstehen **Tag und Nacht?** Unsere Abbildung zeigt es. Die Sonnenstrahlen fallen hier von links ein. Die linke Hälfte der Erdkugel ist besonnt; sie hat Tag. Die rechte Hälfte der Erdkugel ist unbeleuchtet, liegt im Schatten; sie hat Nacht. Durch die Drehung der Erde um sich selbst, deren Richtung der Pfeil anzeigt, findet ein ständiger Wechsel statt: Die Erdbereiche, die Tag haben, werden auf die sonnenabgewandte Seite gedreht, und es wird dort Abend und Nacht; die Bereiche, die Nacht haben, drehen sich auf die sonnenzugewandte Seite, und es wird dort Morgen und danach Tag.

Wir spüren von der Erdumdrehung nichts und haben nur die **scheinbare Drehung der Sonne** um unsere Erde vor Augen — wie sie aufgeht, emporsteigt und wieder untergeht. Derselben Täuschung erliegen wir auch auf der Nachtseite; weil wir nichts von der Drehung der Erde merken, meinen wir, die Sterne drehten sich um die Erde. Wenn wir uns mit Astronomie befassen, müssen wir zuerst lernen, die Welt des geozentrischen Scheins von der heliozentrischen Wirklichkeit zu unterscheiden!

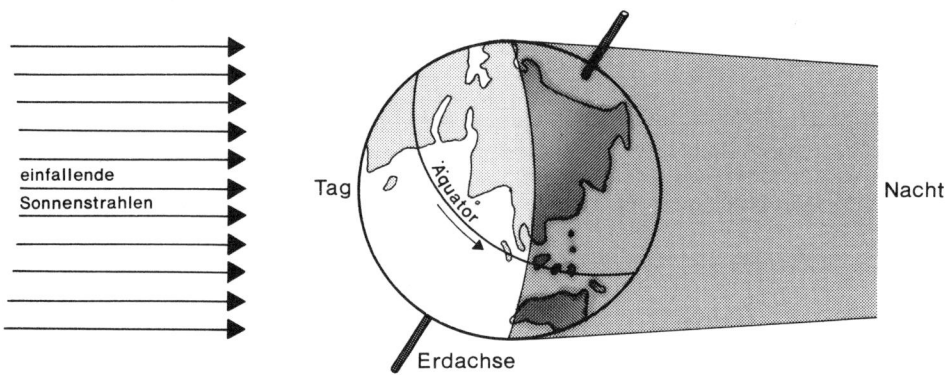

einfallende
Sonnenstrahlen

Tag

Äquator

Nacht

Erdachse

So entstehen Tag und Nacht.

Die Jahreszeiten

Auch die Entstehung der Jahreszeiten, die Klima und Vegetation auf unserem Heimatplaneten so reizvoll und abwechslungsreich prägen, hat eine astronomische Ursache.

Meist kann man auf die Frage, wodurch die Jahreszeiten zustandekommen, die Antwort hören: »Weil die Erde sich im Winter weiter von der Sonne entfernt, wird es kälter; weil die Erde im Sommer der Sonne näherkommt, wird es wärmer.« Diese Antwort ist falsch. Sie enthält zwar insofern ein richtiges Element, als sich die Erde tatsächlich in einer ellipsenförmigen Bahn um die Sonne bewegt, die sich in einem der beiden Brennpunkte befindet, und also

wirklich der Sonne einmal näher und einmal ferner steht. In Wahrheit ist es genau umgekehrt: Im Winter beträgt die Entfernung Erde-Sonne 147 Millionen km und im Sommer 152 Millionen km. Bei einer so großen Entfernung würden 5 Millionen km mehr oder weniger ohnehin keine Rolle für das Zustandekommen der kalten und warmen Jahreszeit spielen.

Welches ist die wahre Ursache? Immer wieder müssen wir uns vorstellen, daß unsere Erde als freischwebende Kugel durch den Weltraum läuft. Dabei »steht« die Kugel nicht ganz aufrecht, sondern ist ein wenig **gegen die Bahn geneigt.** Würden wir uns eine Erdachse vom Nordpol zum Südpol denken, so würde diese Achse schräg verlaufen, so daß

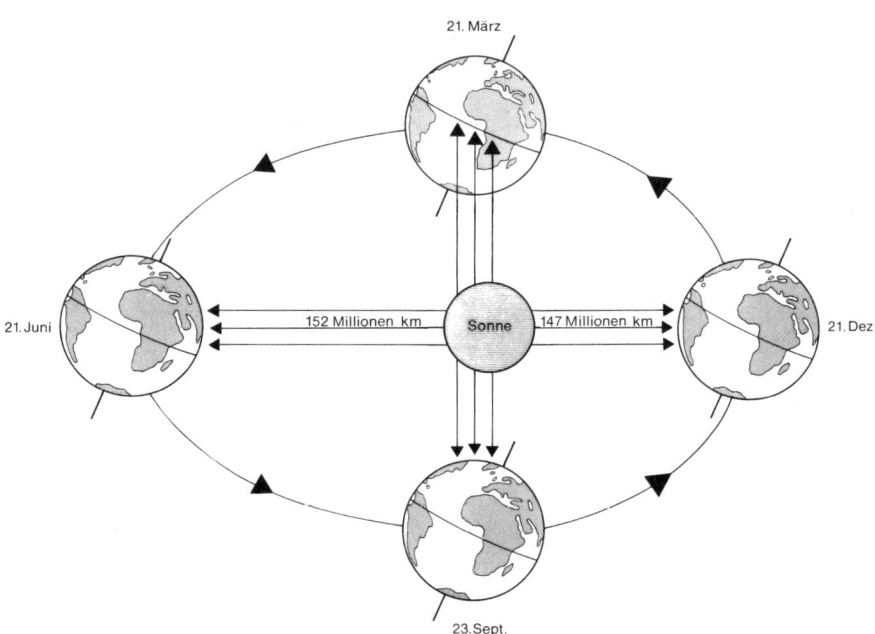

So entstehen die Jahreszeiten.

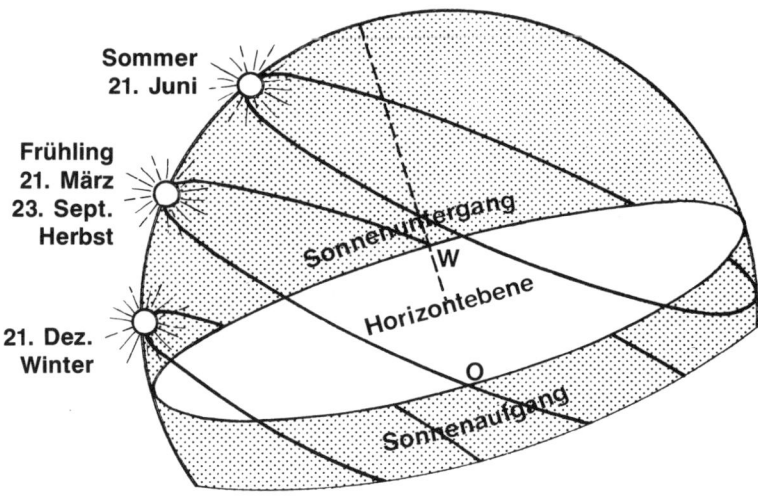

Sommer
21. Juni

Frühling
21. März
23. Sept.
Herbst

21. Dez.
Winter

Sonnenuntergang

W

Horizohtebene

O

Sonnenaufgang

Die Bahn der Sonne über dem Horizont in den verschiedenen Jahreszeiten in unseren Breiten.

der Erdäquator und die Bahnebene einen Winkel von 23$^1/_2$ ° bilden. Ist nun die Nordhalbkugel, auf der wir leben, bei der Reise um die Sonne dem Zentralgestirn zugeneigt (Stellung am 21. Juni), fallen die Sonnenstrahlen aus großer Höhe und mit voller Kraft in unsere Breiten ein, und wir haben Sommerbeginn. Ist unsere Nordhalbkugel der Sonne abgewandt (Stellung am 21. Dezember), fällt das Sonnenlicht bei uns sehr schräg ein, und wir haben Winteranfang. Auf der Südhalbkugel ist es genau umgekehrt.

Den reizvollen Wechsel der Jahreszeiten verdanken wir also der einfachen Tatsache, daß die — gedachte — Erdachse geneigt ist. In der Sommerstellung am 21. Juni ist der Tag auf der Nordhalbkugel am längsten und die Nacht am kürzesten. In der Winterstellung am 21. Dezember ist der Tag am kürzesten und die Nacht am längsten. In den beiden Positionen am 21. März

(Frühlingsbeginn) und am 23. September (Herbstbeginn) ist die Erdachse weder von der Sonne weg- noch zu ihr hingeneigt. Tag und Nacht sind gleich lang: Wir haben die **Frühlings-** und **Herbst-Tagundnachtgleiche.**

Orientierung an der Himmelskugel

Der Himmel ist **keine** Halbkugel, keine »Glasglocke« über der Erde. So ist nur der Augenschein, von dem das Weltbild des Altertums ausgeht. Der Himmel umgibt die Erde von allen Seiten; das Weltall ist unbegrenzt. Auch hier heißt Astronomie betreiben: die Welt des Scheins und der Täuschung von der Welt der Wirklichkeit zu unterscheiden. Aber auf der anderen Seite müssen wir uns nun einmal aus der vorgegebenen Sicht der Erde orientieren und verständigen. Darum ist in der Sternkunde nach wie vor von einer »Himmelskugel« die Rede, an der Orientierungslinien gezogen und Orientierungspunkte gesetzt werden.

Horizont und Zenit, Sternhöhe und Winkelmessung

Wir betrachten zunächst die **auf die Horizontebene bezogenen** Orientierungsmöglichkeiten anhand unserer Abbildung. Der Punkt genau senkrecht über dem Scheitel des Beobachters ist der **Zenit** (Scheitelpunkt). Genau entgegengesetzt dazu befindet sich der **Nadir** (Fußpunkt). Auf der Horizontlinie unterscheiden wir die vier Himmelsrichtungen mit Nord- und Süd-, Ost- und Westpunkt. Verbinden wir den Südpunkt des Horizontes mit dem Zenit, so erhalten wir den **Meridian** (lat.: meridies = Mittag), die Mittags- oder Südli-

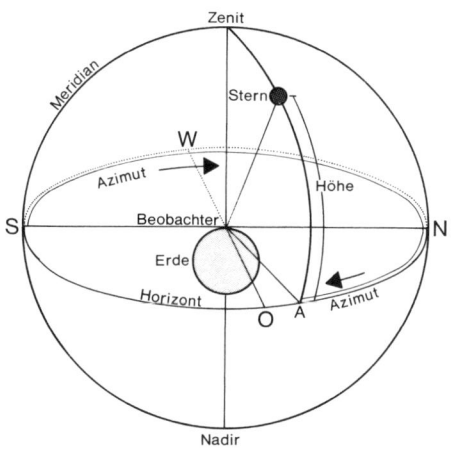

Orientierung von der Horizontebene aus.

nie. Auf dieser Kreislinie haben die Sonne und die Sterne ihren höchsten Stand, sie kulminieren. Die augenblickliche Höhe eines Sternes können wir bestimmen, wenn wir vom Zenit durch den Stern einen Viertelkreis bis zum Horizontpunkt A ziehen. Der Bogen zwischen dem Stern und dem Horizontpunkt A bezeichnet die Höhe. Den Bogen zwischen dem Horizontpunkt A und dem Südpunkt des Horizontes nennen wir das **Azimut** des Sternes. Das Wort »Azimut« stammt wie die beiden Bezeichnungen »Zenit« und »Nadir« aus dem Arabischen.

Mit der Höhe und dem Azimut haben wir ein erstes einfaches **Koordinatensystem** zur Bestimmung eines Sternes. Höhe und Azimut werden auf Grund der Winkelmessung (Bogenmaß) angegeben. Jeder Kreis hat 360°. Jeder Grad wird in 60 Bogenminuten, jede Bogenminute in 60 Bogensekunden eingeteilt. Durch diese Bezeichnung ist eine Verwechslung mit Zeitminute und -sekunde ausgeschlossen. Wenn ein ganzer Kreis 360° hat, hat ein Viertelkreis — wie der Bogen zwischen dem Zenit und dem Horizontpunkt A — 90°. Ein Stern genau im Zenit hat eine Höhe von 90°. Ein Stern auf der Horizontlinie — also ein Stern, der gerade auf- oder untergeht — hat eine Höhe von 0°.

Die **Winkelmessung** können wir uns mit Hilfe einiger Faustregeln zunutzemachen, um scheinbare **Abstände** zwischen zwei Sternen oder zwei Punkten an der Himmelskugel abzuschätzen. Wenn wir unsere geballte Faust am ausgestreckten Arm vor uns halten, bedeckt sie einen Winkel von etwa 8°. Die Spitze unseres Zeigefingers bedeckt im selben Abstand von unseren Augen etwa 1°. Die beiden letzten Kastensterne

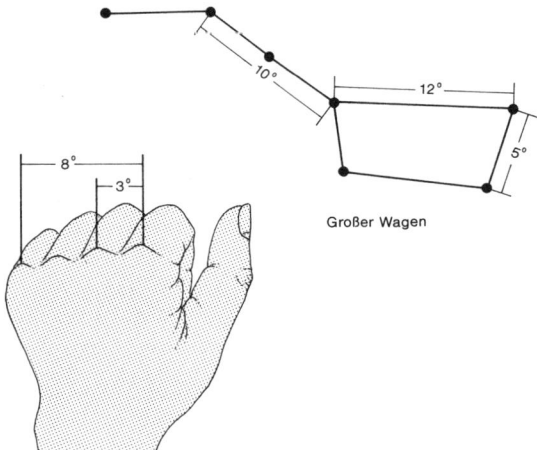

Großer Wagen

Faustregel für die Winkelmessung.

des Großen Wagens sind etwa 5° voneinander entfernt.

Wenn wir uns noch einprägen, daß der scheinbare Durchmesser des Vollmondes (wie übrigens auch der der Sonne!) an der Himmelskugel etwa 1/2°, also 30 Bogenminuten beträgt, werden wir allmählich lernen, mit solchen Winkelmessungen umzugehen. Natürlich sind die astronomischen Winkelmessungen sehr viel genauer, als es eine Schätzung mit Hilfe dieser Faustregeln sein kann.

Die an die Himmelskugel projizierte Erdkugel

Vom Erdglobus und vom Atlas her sind uns der Äquator (der größte Breitenkreis, der die Erdkugel in zwei gleiche Hälften teilt) und der Nordpol und Südpol vertraut, ebenso die Erdachse, die die Pole miteinander verbindet. Das gleiche Einteilungsverfahren wird nun auf den Himmel übertragen. Man stellt sich ihn — dem Augenschein entsprechend — als Kugel vor, die nun aber

von innen gesehen wird, und projiziert das Gradnetz des Erdballs an die himmlische Kugel. Der Erdäquator wird dabei zum **Himmelsäquator** erweitert, die Erdachse zur **Himmelsachse** verlängert. Wo diese die scheinbare Himmelskugel schneidet, befinden sich der **Nordpol** bzw. der **Südpol des Himmels**.

Wichtig ist noch die Bahnebene der Erde, die mit den Erdäquator einen Winkel von 23 1/2° bildet (Schrägstellung der Erdachse!). Diese Bahnebene wird ebenfalls erweitert und als Großkreis an der Himmelskugel eingezeichnet. Sie heißt hier **Ekliptik** (Finsternislinie) und stellt die scheinbare Bahn der Sonne dar.

Breiten- und Längengrade an der Himmelskugel

Die Bestimmung eines Sternes durch Höhe und Azimut hat nur Augenblickswert. Eben haben wir einen Stern unter einem bestimmten Azimut und in einer bestimmten Höhe gesehen. Jetzt rückt

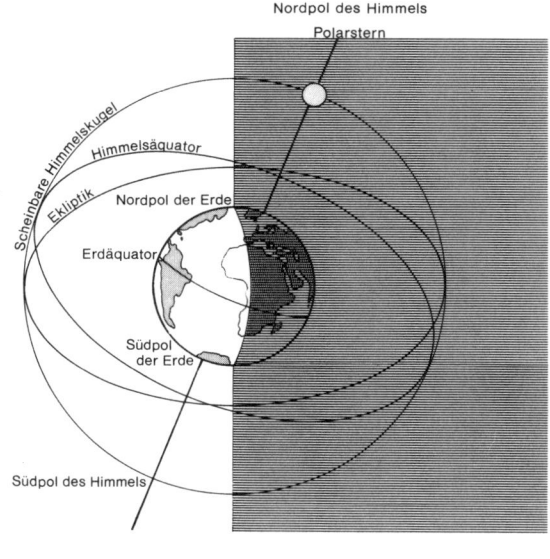

Nordpol des Himmels
Polarstern

Scheinbare Himmelskugel
Himmelsäquator
Ekliptik
Nordpol der Erde
Erdäquator
Südpol der Erde

Südpol des Himmels

Tagseite   Nachtseite

Die Erdkugel in der scheinbaren Himmelskugel.

er, auf Grund der ständigen Drehung der Erde, weiter, und die beiden Werte ändern sich wieder. Daher verwenden die Astronomen zur Feststellung von Sternörtern ein anderes Koordinatensystem.

Es ist ein Gradnetz, das sich auf den **Himmelsäquator** bezieht, und ist vergleichbar mit den Breiten- und Längengraden auf der Erde. Beginnen wir mit den Breitengraden an der Himmelskugel! Sie haben den Namen »**Deklination**« (lat.: declinatio = Abweichung) und sind Parallelkreise zum Himmelsäquator. Bei 0° steht ein Stern direkt im Himmelsäquator, bei 90° im Pol der Himmelskugel, also senkrecht über dem Pol der Erde. Die Parallelkreise nördlich des Himmelsäquators tragen ein Pluszeichen, die südlich des Himmelsäquators ein Minuszeichen. So hat

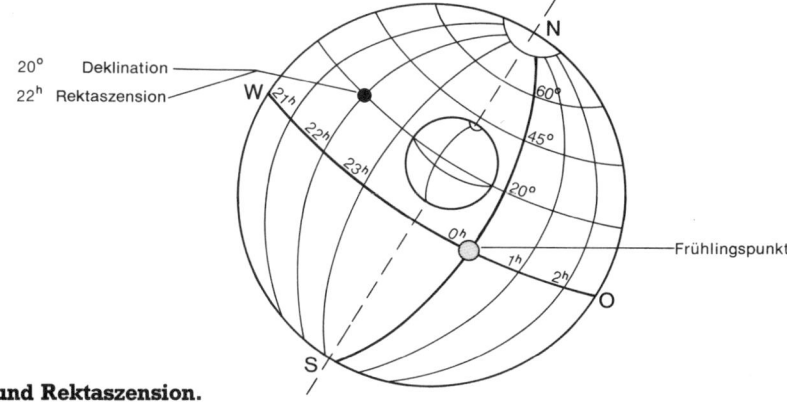

20° Deklination
22ʰ Rektaszension

N
W
60°
45°
20°
Frühlingspunkt
O
S

Deklination und Rektaszension.

der Stern auf unserer Abbildung die Deklination + 20°. Statt des Wortes Deklination wird die Abkürzung Dekl. gebraucht.

Aber erst ein zweites System von Kreisen erlaubt uns die eindeutige Festlegung eines Sternortes. Die Längenkreise an der Himmelskugel heißen »Rektaszension« (lat.: ascensio recta = gerades Aufsteigen). Ausgangspunkt der Zählung und damit Null-Linie der Längenkreise ist die Nordpol-Südpol-Linie, die durch den sogenannten **Frühlingspunkt** verläuft. An diesem Punkt steht die Sonne am Frühlingsbeginn jeden Jahres (21. März). Von dieser Null-Linie zählt man nach Osten um die Himmelskugel herum, und zwar nicht nach Winkelgraden wie bei der Deklination, sondern nach **Zeit**, aufgegliedert von 0-24 Uhr. Diese Zeiteinteilung nach Stunden, Minuten und Sekunden (statt der Gradeinteilung) ist äußerst praktisch; sie läßt uns z.B. gut übersehen, wieviel Stunden und Minuten ein Stern früher oder später als ein anderer Stern aufgeht, kulminiert und untergeht. Der Stern in unserer Abbildung hat die Rektaszension 22 Uhr. Man schreibt diese Angabe mit einem hochgestellten »h« 22^h (lateinisch: hora = Stunde) und kürzt das Wort Rektaszension mit AR (ascensio recta) ab.

Wir verstehen jetzt die **astronomische Ortsangabe** der Sterne und können auf jeder Sternkarte feststellen, daß der Stern, der in AR 6^h 43^m, Dekl. -16° 39′ steht (also Rektaszension 6 Uhr 43 Minuten, Deklination -16 Grad 39 Bogenminuten), kein anderer Stern als der Sirius ist. (Bei Positionsangaben gibt es übrigens immer leichte Abweichungen — je nach Messung bzw. Quelle.)

Zum **Frühlingspunkt** — der auf man-

chen drehbaren Sternkarten eingezeichnet ist — sei noch folgendes nachgetragen: Es handelt sich dabei um den Schnittpunkt von Ekliptik und Himmelsäquator im Bereich des Sternbildes Fische. »Widderpunkt« wird er deshalb genannt, weil die Sonne hier in das **Tierkreiszeichen** Widder (nicht zu verwechseln mit dem **Sternbild** Widder!) eintritt. (Die Tierkreiszeichen und die Sternbilder, nach denen sie benannt sind, haben sich in 2000 Jahren um etwa 30° gegeneinander verschoben.) In natura findet man den Frühlingspunkt, wenn man die Linie Stern β in Cassiopeia — Stern α in Andromeda (Sirrah) um diese selbst verlängert oder indem man die Linie von α Andromedae zum Stern γ in Pegasus (Algenib) um die gleiche Länge fortsetzt.

Astronomische Entfernungsmaße

Astronomische Einheit (AE)

Die mittlere Entfernung der Erde von der Sonne beträgt nach neueren Messungen 149 597 870 km. Diese Strecke, die der halben großen Achse der Erdbahn entspricht, wird als **Astronomische Einheit** (abgekürzt AE) bezeichnet. Sie findet als Entfernungsmaß vor allem innerhalb unseres Planetensystems Anwendung.

Lichtjahr

Um die gewaltigen Entfernungen im Weltall besser bezeichnen zu können und nicht dauernd mit unhandlichen Riesenzahlen umgehen zu müssen, ist in

der Astronomie als Längenmaß das **Lichtjahr** eingeführt. Die Lichtwellen legen in jeder Sekunde 300 000 km zurück (genauer 299 792 km). Sie benötigen vom Mond zur Erde nur 1 1/4 s — und nur 8 1/3 min, um den Raum zwischen Sonne und Erde zu überwinden. Die Raumstrecke, zu deren Durchlaufen das Licht ein ganzes Jahr braucht, heißt Lichtjahr. Ein Lichtjahr ist also kein Zeitmaß, sondern ein **Entfernungsmaß**. Ein Jahr hat 31 556 926 Sekunden. Wenn wir diese Zahl mit 300 000 km multiplizieren, kommen wir auf eine Strecke von 9,467 Billionen km, mit Nullen ausgedrückt:
9 467 077 800 000 km. Ein Lichtjahr bedeutet also eine Entfernung von 9,467 Billionen km.

Parsec, Kiloparsec, Megaparsec

Das Entfernungsmaß **Parsec** (pc), sprachlich eine Abkürzung für das Wort »Parallaxensekunde«, entspricht etwa 3 1/4 Lichtjahren (genauer: 3,26 Lichtjahren). 1 Kiloparsec (kpc) entspricht 1 000 Parsec, 1 Megaparsec (Mpc) 1 Million Parsec.

Die eigentümliche Bezeichnung »Parallaxensekunde« ist eine Zusammensetzung aus »Parallaxe« und »Sekunde«. In der Dreiecksmessung heißt ein bestimmter Winkel **»Parallaxe«** (grch.: parallaxis = Verschiebung, Abweichung). Wenn wir den Ort ein und desselben Sterns im Sommer und im Winter messen, dann stellen wir eine Abweichung gegen den Himmelshintergrund (Ver-

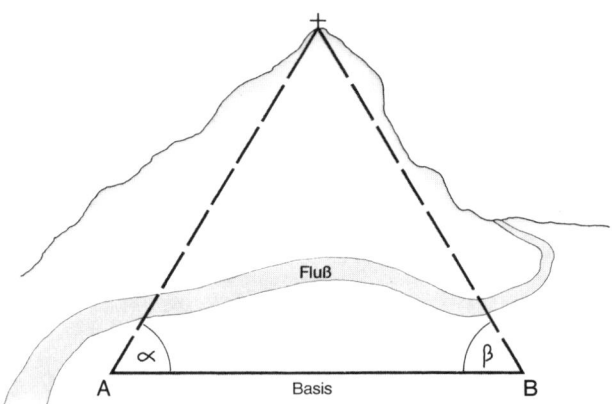

Geodäten (Landvermesser) bestimmen die Strecke zu einem entfernten, unzugänglichen Punkt, indem sie von zwei anderen Punkten aus diesen dritten Punkt anpeilen und dabei die Winkel α und β messen. Wenn sie die Länge der Basislinie — den Abstand der beiden Meßpunkte — kennen, dann lassen sich die übrigen Strecken in diesem Dreieck leicht berechnen, so auch die Entfernung zu dem dritten Punkt.

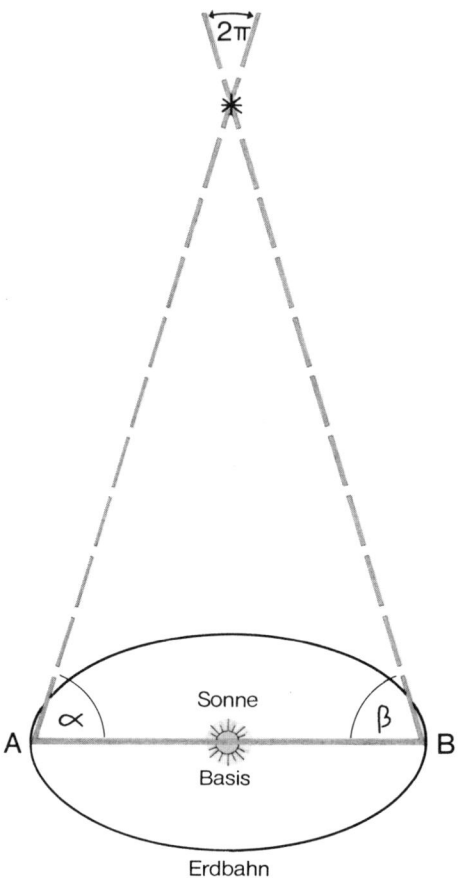

Die Entfernungen zumindest der nähergelegenen Sterne bestimmen die Astronomen wie die Geodäten: Ausgehend vom Erdbahndurchmesser als einer Basis bekannter Länge messen sie die Winkel α und β und somit die Verschiebung des Sterns vor dem »Hintergrund«. Aus dem »Parallaxenwinkel« , der auf den Radius der Erdbahn bezogen wird, läßt sich die Distanz des Sterns ableiten.

schiebung) fest; denn unser Heimatplanet, von dem aus wir beobachten und messen, hat inzwischen die Hälfte seines Weges um die Sonne zurückgelegt! Vergegenwärtigen wir uns das an der folgenden Abbildung! Der Winkel, der vom angepeilten Stern ausgeht und die Entfernung Sonne — Erde (1 AE) einschließt, heißt »Parallaxe«. Ist dieser Parallaxenwinkel nun 1 Bogensekunde groß, dann hat der Stern die Entfernung von 1 Parsec.

Aufbau des Weltalls

Wir wissen heute, daß die Erde, auf der wir leben, nur ein winziger Teil dessen ist, was wir »Weltall« oder »Universum« nennen. Das Weltall ist bis ins Unermeßliche geweitet und dabei nach **bestimmten Ordnungsprinzipien** aufgebaut.

Unser nächster Himmelskörper ist der **Mond**, der in einer mittleren Entfernung von 384 000 km (dieser und alle folgenden Zahlenwerte sind gerundet) die Erde umkreist. Die **Erde** selber ist ein Planet (Wandelstern), der sich im Laufe eines Jahres um die Sonne bewegt, die in einer Entfernung von 150 Millionen km den Mittelpunkt unseres Planetensystems bildet.

Wie die Erde kreisen in verschiedenen Abständen weitere acht **Planeten** um die Sonne. Sie sind sozusagen die »Geschwister« unserer Erde. Die neun Planeten heißen in der Reihenfolge ihres Abstandes von der Sonne: Merkur, Venus, Erde, Mars, Jupiter, Saturn, Uranus, Neptun und Pluto. In der Astronomie werden folgende Zeichen für sie verwendet:

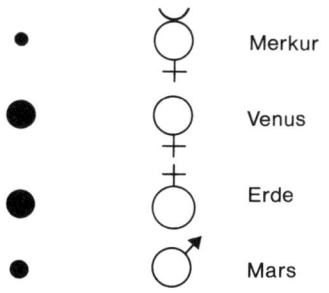

Merkur

Venus

Erde

Mars

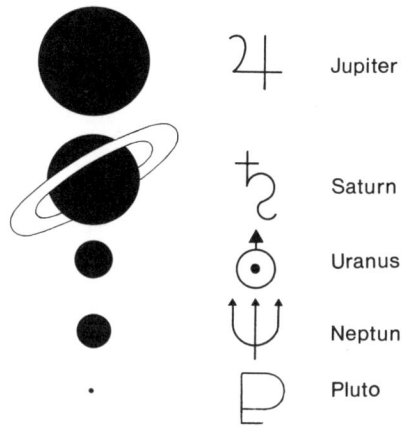

Jupiter

Saturn

Uranus

Neptun

Pluto

Der sonnennächste Planet Merkur ist 58 Millionen km vom Zentralgestirn entfernt, der sonnenfernste Wandelstern Pluto 5 900 Millionen km. Die Planeten sind verschieden groß. Jupiter und Saturn sind die beiden mächtigsten, Merkur und Pluto die beiden kleinsten.

Wir unterscheiden zwischen den inneren Planeten (Merkur bis Mars), die erdartigen Charakter haben, und den äußeren Planeten (Jupiter bis Pluto), welche jupiterartigen Charakter aufweisen.

Die meisten Planeten werden von **Monden** umkreist. Saturn hat wahrscheinlich mindestens 17 solcher Satelliten; bei Jupiter sind bisher 16 entdeckt.

In dem verhältnismäßig großen Freiraum zwischen Mars- und Jupiterbahn befinden sich Schwärme von **kleinen Planeten** (Planetoiden, Asteroiden).

Zum Planetensystem gehören darüber hinaus noch die **Kometen** (Schweif-

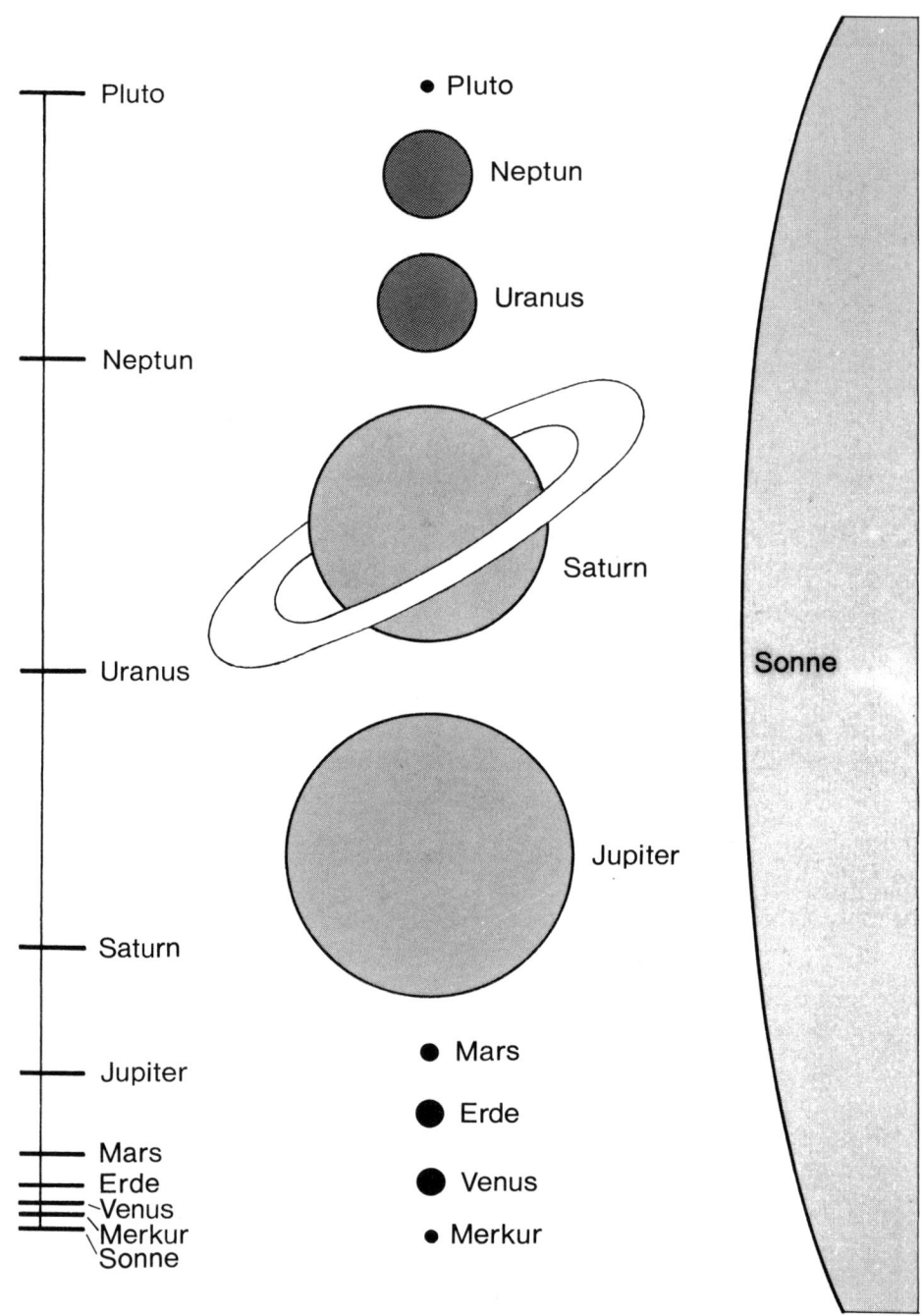

Die Abstände der Planeten von der Sonne und ihr Größenverhältnis zueinander.

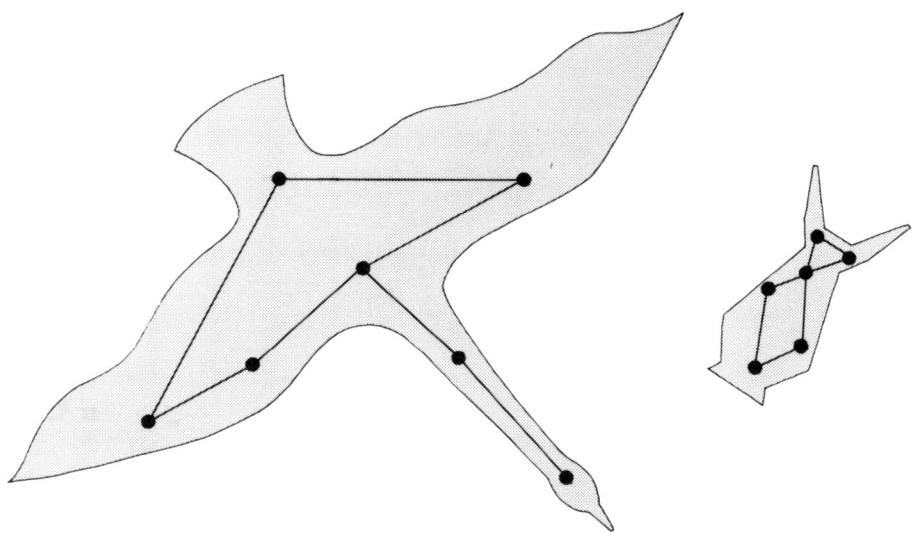

Die Sterne der Sternbilder Schwan und Leier. Alle diese Sterne sind große Sonnen.

sterne aus Eis und Staub) und die **Meteoriten.**

Neben unserer Sonne gibt es viele **Milliarden anderer Sonnen**. Alle Sterne (mit Ausnahme der Planeten), die wir des Abends am Firmament sehen und die die alten Kulturvölker phantasievoll zu Sternbildern zusammengefaßt haben, sind in Wirklichkeit ferne große Sonnen. Sie erscheinen uns nur deshalb als kleine Lichtpunkte, weil sie so unendlich weit von uns entfernt sind.

Die unserer Sonne **am nächsten stehende Nachbarsonne** ist am Sternhimmel der Südhalbkugel zu sehen. Es ist ein Stern im Sternbild des Centaur (griechische Sagengestalt; halb Mensch, halb Pferd), der Proxima Centauri heißt (= der nächste Stern im Centaur). Er ist 4,3 Lichtjahre von uns entfernt.

Ein **Lichtjahr** ist die Strecke, die das Licht in einem Jahr zurücklegt. Das Licht hat die schnellste Geschwindigkeit, die wir überhaupt kennen. Es legt in einer Sekunde 300 000 km zurück. Ein Lichtjahr bezeichnet demnach eine Entfernung von 9,46 Billionen km. Multiplizieren wir diese Zahl mit 4,3, dann ergeben sich für die Entfernung des Proxima Centauri 40,678 Billionen km. Eine wahrhaft astronomische Zahl, die man sich nicht mehr vorstellen kann, und doch bezeichnet sie nur die Entfernung bis zu unserer nächsten Nachbarsonne! Alle übrigen Sterne sind viel weiter von uns entfernt.

Alle diese fernen Sonnen gehören zusammen mit unserer Sonne zu einem großen Sternsystem, das wir **Milchstraße** nennen. Die **bei uns** sichtbare »**Milchstraße**«, die sich als ein matt-

Unser Milchstraßensystem von oben und von der Seite gesehen. Bei seitlicher Sicht zeigt es in der Mitte eine deutliche Verdickung.

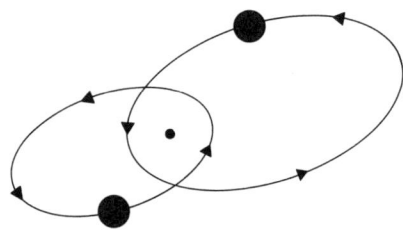

Den beiden Sternen eines Doppelsternsystems ist ein Schwerpunkt gemeinsam. Auf ihren ellipsenförmigen Bahnen nehmen sie stets — vom gemeinsamen Schwerpunkt aus gesehen — eine jeweils entgegengesetzte Position ein.

schimmerndes Band über den Sternenhimmel erstreckt, ist nur ein Teil dieses riesigen Sternensystems. Es hat einen Längsdurchmesser von 100 000 Lichtjahren. Alle Sterne bewegen sich um das Massenzentrum der Milchstraße, auch unsere Sonne, die die Planeten und Monde auf dieser Reise mit sich nimmt.

Unter den Sternen unserer Milchstraße hat man viele **Doppel- und Mehrfachsternsysteme** entdeckt, d.h. Sonnen, die einen oder mehrere Begleiter (nicht Planeten) haben.

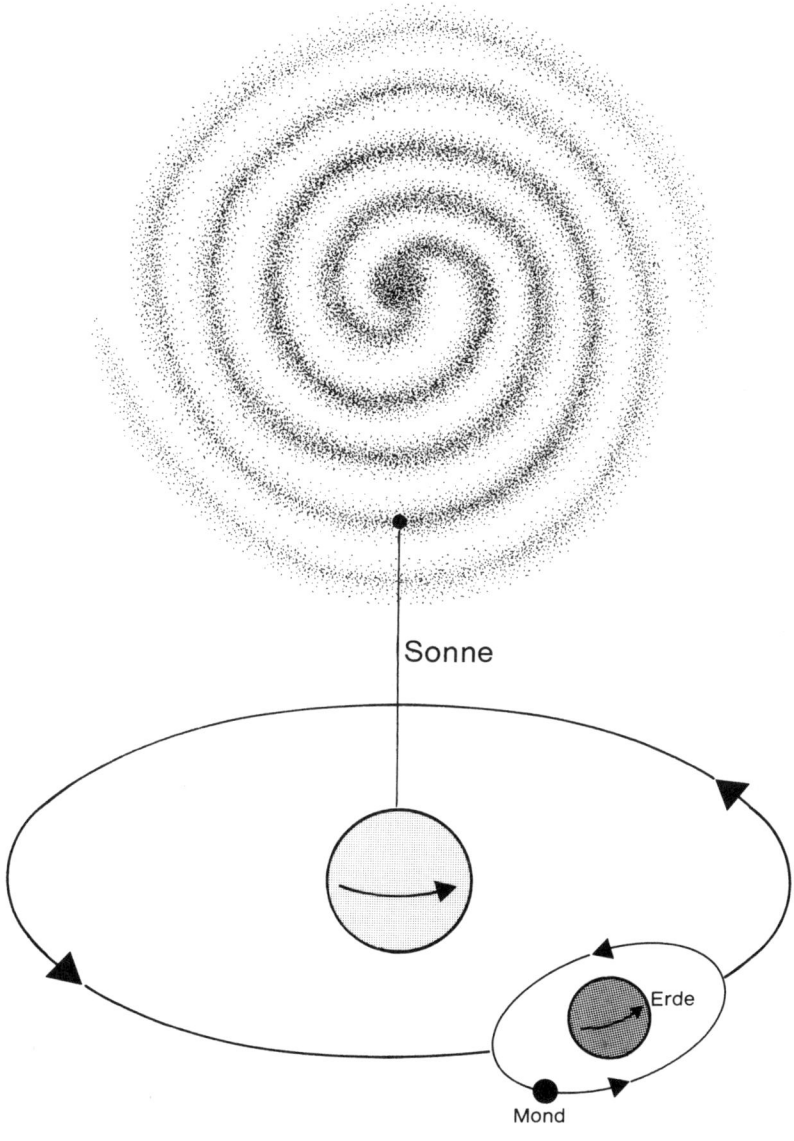

Sonne

Erde

Mond

Nichts im Weltall verharrt im Zustand der Ruhe. Der Mond dreht sich um die eigene Achse und umkreist die Erde. Die Erde dreht sich um ihre Achse und umkreist die Sonne. Diese wiederum rotiert um ihre Achse und kreist um die Milchstraße, die aus 100 Milliarden weiteren Sonnen besteht, einen Durchmesser von 100 000 Lichtjahren aufweist und zusammen mit anderen Galaxien durchs All rast ...

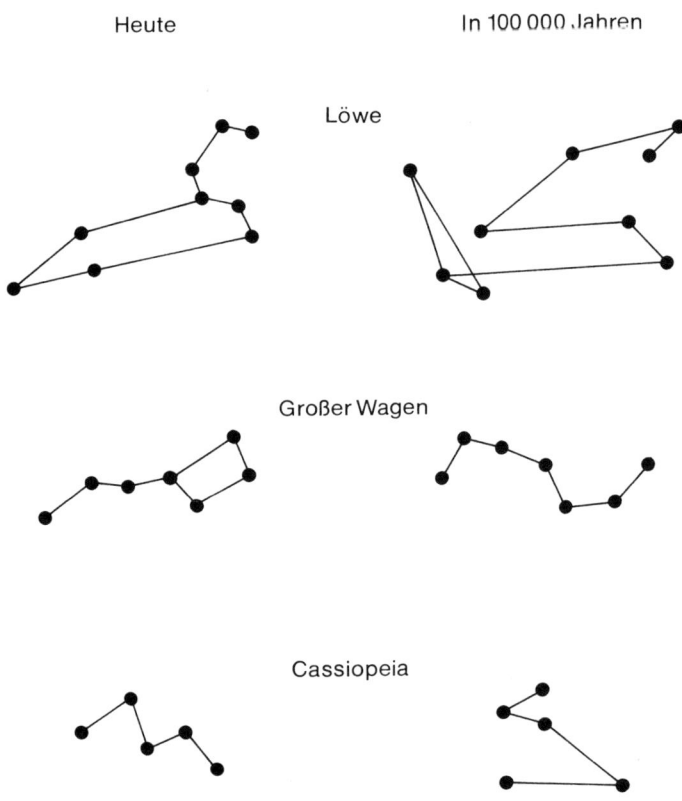

Heute   In 100 000 Jahren

Löwe

Großer Wagen

Cassiopeia

Da sich die Sterne auf ihrer Umlaufbahn in der Galaxie bewegen, ändern die Sternbilder ihre Form. Hier sind drei bekannte Sternbilder zu sehen, wie sie heute zu sehen sind und wie sie voraussichtlich in 100000 Jahren erscheinen werden.

Aus Bahn- und Lichtstörungen einiger Sonnen schließt man auch auf dunkle Begleiter, die möglicherweise Planetencharakter haben. Man hat sie bisher nicht optisch nachweisen können, weil sie zu klein sind und keine Eigenstrahlung haben. Die moderne Theorie von der Sternentstehung hält es für wahrscheinlich, daß Sterne in der Regel in Gruppen entstehen und dabei entweder ein System mit zwei oder mehr Sonnen bilden oder aber ein System mit **Sonne und Planeten**.

Innerhalb der Milchstraße gibt es besondere Gruppierungen von Sternen, die wir **Sternhaufen** nennen. Offene Sternhaufen, wie z.B. die Plejaden (im Stier), sind jüngeren Datums, die wesentlich dichteren Kugelsternhaufen, wie etwa M 13 (im Herkules) älteren Datums. Kugelsternhaufen umgeben das

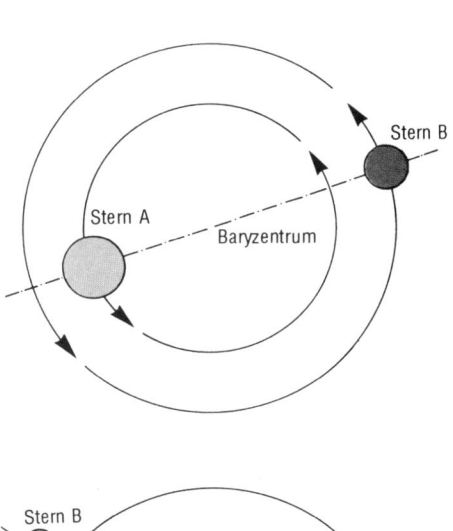

h + χ Persei. Es handelt sich dabei um einen Doppelsternhaufen, der — astronomisch gesehen — mit einem Alter von 3 Mill. Jahren sehr jung ist.

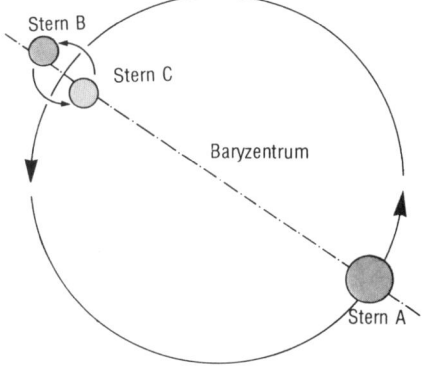

Milchstraßensystem wie ein Gerüst. Ferner werden in unserer Milchstraße als interstellare Materie (= Masse zwischen den Sternen) verschiedene Arten von **Nebeln** beobachtet: z.B. Dunkelnebel (»Kohlensäcke«), die das Licht ver-

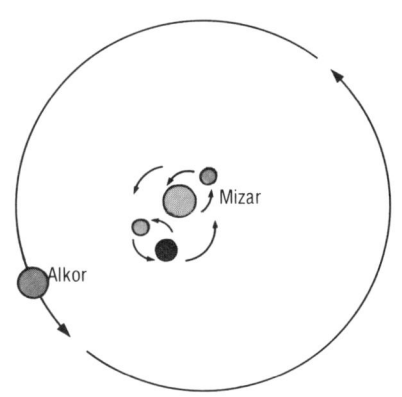

In einem typischen Doppelsternsystem umkreisen die beiden Sterne unterschiedlicher Masse das Baryzentrum, ihren gemeinsamen Schwerpunkt.
In manchen Sternsystemen erweist sich bei näherer Betrachtung eine Komponente selbst als Doppelstern. Dann handelt es sich um ein Dreifachsystem. Mizar und Alkor im Großen Bären bilden eines der bekanntesten, mit bloßem Auge sichtbaren Doppelsternsysteme. In Wirklichkeit umkreisen nicht weniger als fünf Sterne einander.

Ein Dunkelnebel, der Licht verschluckt: der Pferdekopfnebel im Orion. Solche Nebel bestehen aus Gasgemisch und Staub.

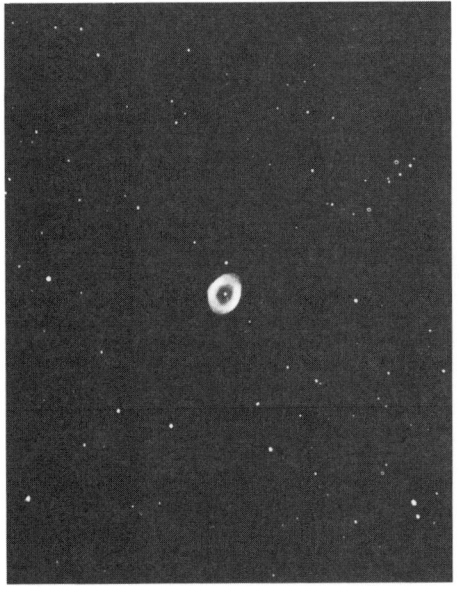

schlucken, oder leuchtende Nebel wie der Orionnebel, in dem neue Sterne entstehen.

Neben unserer Milchstraße gibt es viele **Milliarden anderer Milchstraßensysteme** oder Galaxien (grch: Galaxie = Milchstraße). Anfangs hielt man sie für »Nebel« in unserer eigenen Milchstraße und nannte sie wegen ihrer oft spiralförmigen Struktur »Spiralnebel«. Später erkannte man ihren wahren Charakter als Sternansammlungen, als extragalaktische (= außerhalb unserer Milchstraße befindliche) Welteninseln im Raum. Trotzdem blieb der Aus-

M 57 (Ringnebel im Sternbild Leier), das »Paradebeispiel« für einen planetarischen Nebel.

druck »Spiralnebel« erhalten. Die Entfernungen dieser Fremdgalaxien wachsen ins Gigantische.

Die **Andromedanebel** — eine uns benachbarte Galaxie, die wir im Gebiet des Sternbildes Andromeda beobachten können — ist nach neueren Berechnungen etwa 2,3 Millionen Lichtjahre von uns entfernt. Wir sehen diese Galaxie nicht, wie sie jetzt ist, sondern wie sie vor 2,3 Millionen Jahren war; denn das Licht ist von dort bis zu uns eben eine solche Zeitspanne unterwegs.

Die nächste astronomische Größeneinheit sind **Galaxienhaufen**. Ein Galaxienhaufen ist eine Ansammlung von wenigstens zehn, meistens aber mehreren 100 Milchstraßensystemen, die zusammengehören.

Kleinere Ansammlungen bezeichnet man als **Doppel- oder Mehrfachgalaxien.** Galaxien vergesellschaften sich also ähnlich wie die Sterne innerhalb unseres Milchstraßensystems. Große Galaxienhaufen sind z.B. der Coma-Haufen im Sternbild Haar der Berenice

M 81 und M 82. Die beiden Spiralnebel sind etwa gleich hell. M 81 hat große Ähnlichkeit mit dem Andromedanebel (M 31), M 82 zeichnet sich durch starke Radiostrahlung aus.

(lateinisch: coma = Haar) mit 800 Galaxien und der Vırgo-Haufen im Sternbild der Jungfrau (lateinisch: virgo =
Jungfrau) mit 2 500 Galaxien.

Unser eigenes Milchstraßensystem gehört zu einem kleinen Galaxienhaufen,

**Unsere Galaxie gehört zu einer Gruppe
von etwa 25 anderen Galaxien, der
sogenannten Lokalen Gruppe.
Die Zahlenringe bedeuten die Entfernungen von unserer Galaxie in Millionen
von Lichtjahren.**

der sogenannten **Lokalen Gruppe**. Dazu werden bisher etwa 25 Galaxien gezählt, darunter der Andromedarnebel
und die Große und Kleine Magellansche Wolke, die sich in der Nähe des
südlichen Himmelspoles befinden.

Manche Astronomen sprechen bereits
von einer noch größeren Einheit, die
mehrere Galaxienhaufen zu einem »**Superhaufen**« zusammenfaßt. So wird vermutet, daß unsere Lokale Gruppe zusammen mit anderen Galaxienhaufen
zu einem Superhaufen gehört, dessen
Mittelpunkt im genannten Virgo-Haufen
läge. Schließlich stellen sich manche
Forscher sogar mehrere Universen
neben- oder nacheinander vor, die wie
Blasen aufblühen und wieder in sich zu-
rücksinken.

unregelmäßige Galaxie

elliptische Galaxie

Spiralgalaxie

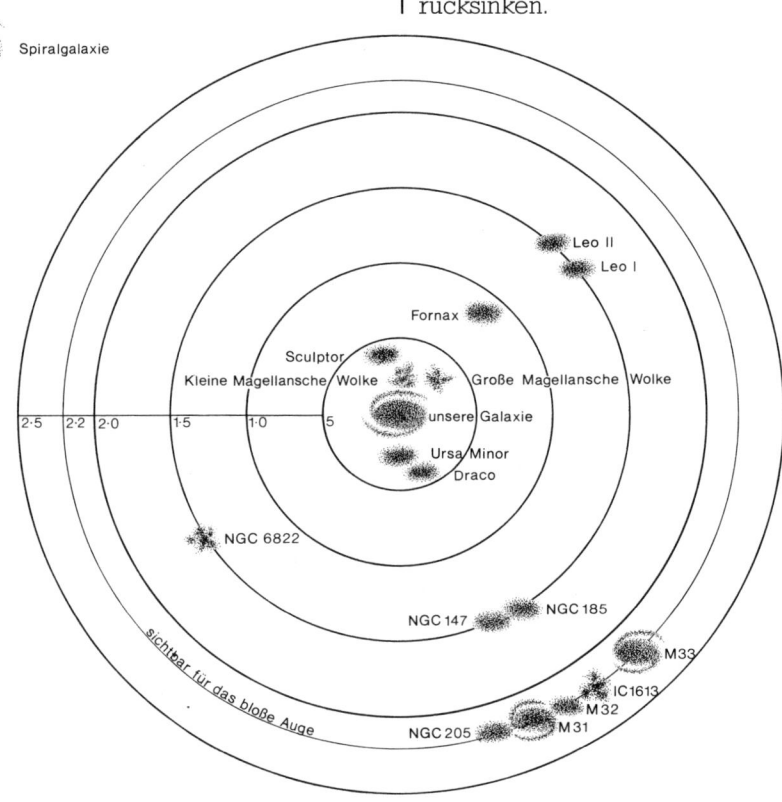

Der Mond

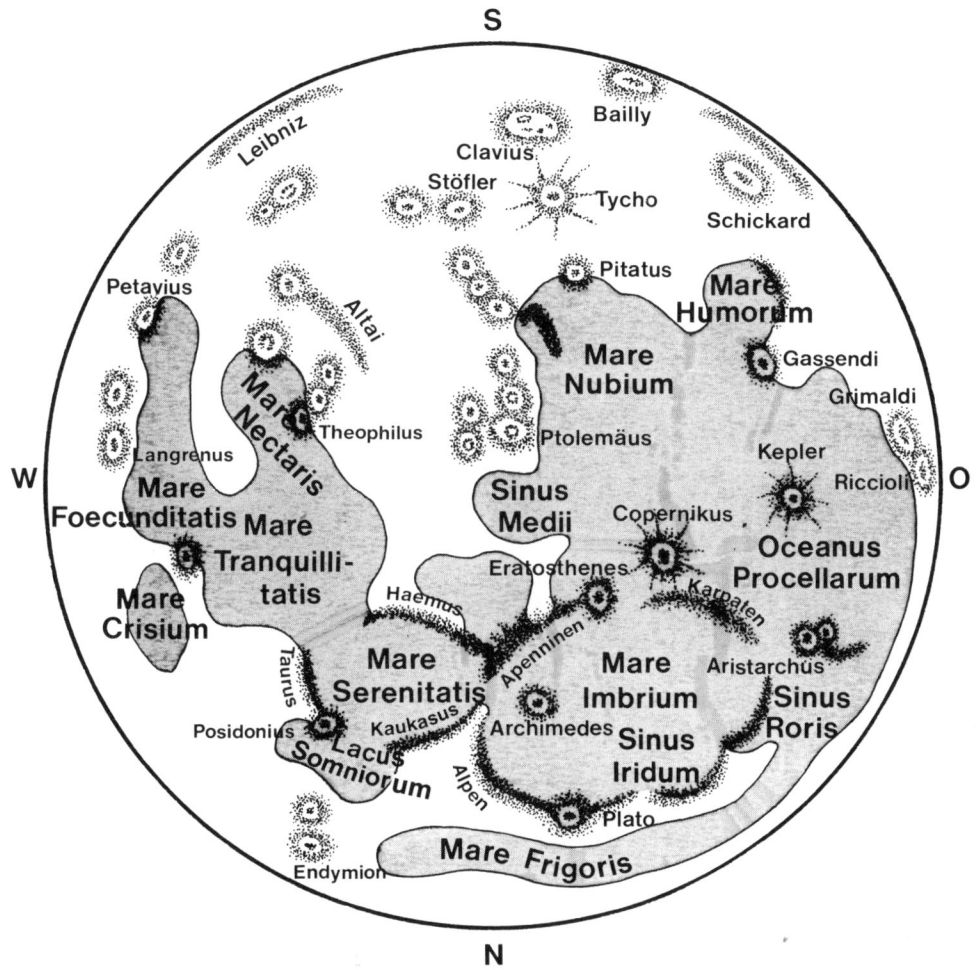

Übersichtskarte des Mondes nach Patrick Moore. Süden ist oben (Umkehrung durch astronomisches Fernrohr)!

Mare Crisium: Meer der Gefahren;
Mare Foecunditatis: Meer der Fruchtbarkeit;
Mare Frigoris: Meer der Kälte;
Mare Humorum: Meer der Feuchtigkeit;
Mare Imbrium: Regenmeer;
Mare Nectaris: Honigmeer;

Mare Nibium: Wolkenmeer;
Mare Serenitatis: Meer der Heiterkeit;
Mare Tranquillitatis: Meer der Ruhe;
Oceanus Procellarum: Ozean der Stürme;
Lacus Somniorum: See der Träume;
Sinus Iridum: Regenbogenbucht;
Sinus Medii: Bucht der Mitte;
Sinus Roris: Taubucht.

Der Mond, der Begleiter unserer Erde, ist für den Sternfreund und Amateurastronomen das lohnendste Beobachtungsprojekt. Er ist der Himmelskörper, der uns am nächsten steht und dessen Oberfläche wir am klarsten und genauesten erkennen können, weil er keine Lufthülle (Atmosphäre) besitzt, die die Sicht verschleiern würde. Schon mit bloßem Auge nehmen wir die **Meere** des Mondes wahr (lat.: mare = Meer; Mehrzahl: maria), große dunkle Gebiete von mehr oder weniger kreisförmiger Gestalt, in denen der Volksmund den »Mann im Mond« gesehen hat. Die Beobachter früherer Zeiten hielten

diese runden Dunkelflächen für **wirkliche** Meere und gaben ihnen phantasievolle lateinische Namen wie »Mare Nectaris« (Honigmeer), »Mare Tranquillitatis« (Meer der Ruhe), »Mare Serenitatis« (Meer der Heiterkeit), »Mare Imbrium« (Regenmeer) oder »Oceanus Procellarum« (Ozean der Stürme). Wir wissen heute, daß der Mond über kein freies Wasser an der Oberfläche verfügt. Trotzdem verwenden wir nach wie vor die historischen Namen der »Maria«. Sie gehen — wie die Namen der meisten anderen Oberflächengebilde des Mondes — auf den italienischen Astronomen **Giovanni Battista Riccioli** (1598-1671) zurück.

Die Mondmeere sind gewaltige **Tieflandbecken,** die wahrscheinlich durch den Aufsturz von Klein- und Kleinstplaneten sowie von »Rohmaterial« aus der Frühzeit unseres Planetensystems (Planetesimal) entstanden sind und dann später von innen durch Lavaströme gefüllt wurden. Auf dem »glatten« Terrain der Meere kommen verhältnismäßig wenig Krater vor, wenn man ihre Zahl mit dem überaus starken Kratervorkommen auf dem Hochland besonders der Südhalbkugel vergleicht. Das größte und interessanteste Mondmeer ist das **Mare Imbrium** (Regenmeer). Es hat einen Durchmesser von 960 km, ist von hohen Bergketten und abwechslungsreichen Buchten umgeben und bietet viele reizvolle Einzelheiten. Das Mare Imbrium ist das Paradebeispiel für den Blick durchs Fernrohr auf den Mond und hat schon viele Menschen für die Beschäftigung mit der Astronomie begeistert.

Neben den Meeren fallen dem Beobachter zwei weitere typische Mondformationen auf, die bereits genannt wur-

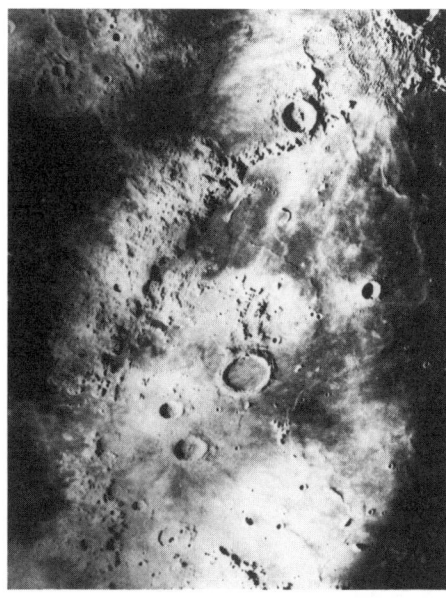

Im Regenmeer. Der lange Gebirgszug der Apenninen mit dem Krater Eratosthenes. Rechts oben Kopernikus. Die Kraterdreiheit in der Mitte: Aristillus, Autolycus und Archimedes (von unten nach oben).

Die große Kratergemeinschaft besteht aus Ptolemäus, Alphonsus und Arzachel (von unten nach oben). Der Krater links mit dem aufgesetzten kleineren Krater heißt Albategnius.

den: die Krater und die Gebirgszüge. Die **Krater** bilden die eigentliche, charakteristische »Mondlandschaft«, die wir inzwischen allerdings auf vielen Planeten und Monden unseres Sonnensystems als vorherrschende Formation entdeckt haben. Wahrscheinlich sind sie **Einschlagkrater** (keine Vulkane, wie man früher annahm!), die durch den Aufsturz von Kleinstplaneten und durch das Bombardement von Meteoriten entstanden sind. Die größten Krater — auch Ringgebirge oder Wallebenen genannt — besitzen einen Durchmesser von 200 bis 300 km. Viele Krater(mit Ausnahme der kleineren) haben in ihrer Mitte einen oder mehrere **Zentralberge**. Der **Wall**, der wegen der Ausdehnung der Krater und der Krümmung der Mondoberfläche meistens verhältnismäßig flach erscheint, fällt nach innen manchmal in Stufen und Terrassen ab, wobei das Innere tiefer liegt als die äußere Oberfläche. Oft sind Boden und Wall der Krater von Kleinkratern durchsiebt. Die kleineren Krater sind durchweg jünger als die größeren. Es gibt sehr alte Kraterformationen, die fast vollständig von Staub bedeckt sind. Die Gesamtzahl aller Krater auf der Vorderseite des Mondes wird auf 33 000 veranschlagt. Etwa 600 davon haben Namen erhalten, und zwar die von bekannten Naturforschern, Astronomen und Philosophen. Ein Witzbold hat den Mond deshalb einen »Gelehrtenfriedhof« genannt.

Größen einiger Mondkrater		
	Durchmesser	Wallhöhe über dem Inneren
Archimedes	100 km	2 000 m
Kopernikus	90 km	3 500 m
Eratosthenes	60 km	5 000 m (Inneres liegt 2 500 m unter der äußeren Umgebung)
Plato	100 km	2 000 m
Ptolemäus	140 km	3 000 m

Krater Aristarch und Umgebung des Landeplatzes von »Apollo 15«. Norden ist unten.

Die **Gebirgszüge** des Mondes, die zum Teil sehr große Höhen erreichen, sind meistens nach irdischen Bergketten benannt. So gibt es auf dem Mond die Alpen, die Apenninen, die Karpaten, den Kaukasus und die Pyrenäen. Der höchste Bergzug ist das Leibniz-Gebirge, im Südwesten der Mondhalbkugel gelegen: seine Spitze erreicht gut 10 000 m und übersteigt damit die Höhe des Mount Everest. Wenn man bedenkt, daß der Durchmesser der Erde den des Mondes um das 3,6fache übertrifft, weist der Mond im Verhältnis 3-4mal so hohe Berge wie die Erde auf. Allerdings fehlt auf dem Mond eine durchgehende Bezugsebene für echte Höhenvergleiche (wie sie auf der Erde der Meeresspiegel darstellt), so daß man lediglich von höheren und tieferen Teilen der Mondoberfläche sprechen kann.

Größen einiger Mondgebirge		
	Länge	größte Höhe
Alpen	400 km	3 800 m
Altai	480 km	4 300 m
Apenninen	1 000 km	6 500 m
Karpaten	450 km	2 300 m
Kaukasus	400 km	6 500 m

Schließlich fallen auf der Mondoberfläche noch die hellen **Strahlensysteme** auf, die von bestimmten Kratern ausgehen, z.B. von den Kratern Tycho, Kopernikus und Kepler, und die »Rillen«, die möglicherweise auf Lavaströme zurückgehen und mitunter eine Länge von mehreren hundert Kilometern haben. Auch Verwerfungen lassen sich an einigen Stellen beobachten.

Durch die Mondlandungen des amerikanischen Apollo-Programms konnten die **Mondoberfläche** und die Mondgesteine näher untersucht werden. Danach besteht die oberste Schicht des Mondes aus feinzertrümmerten Schuttmassen und reicht bis zu einer Tiefe von etwa 20 Metern. In dieser Schicht, die Regolith genannt wird, finden sich größere und kleinere Bruchstücke sowie vor allem feiner Staub, der die ganze Mondlandschaft nach Aussagen der Astronauten wie »überpudert« erscheinen läßt. Wir müssen uns dabei vor Augen halten, daß im Laufe der Jahrmillionen auch kleinste Meteore ungehindert und unverglüht auf den Mondboden aufprallen konnten, weil der Mond keine Lufthülle besitzt und besaß.

Im **Mondgestein** finden wir mitunter glasartige Kügelchen. Durch den Aufsturz der Meteore ist ein Teil der Mondmaterie verdampft. Diese Dämpfe haben sich abgekühlt und zu Glaskügelchen verdichtet. Die Gesteinsproben, die die Astronauten von ihren Mondbesuchen mitbrachten, zeigen, daß die Mondgesteine vielfach dem irdischen Basalt ähneln, wenn auch die chemische Zusammensetzung ein wenig anders aussieht.

Die eigentliche **Mondkruste** (Hochländerzone) reicht bis in eine Tiefe von 65 km. Die Mondbebenforschung, der wir viele neue Erkenntnisse über das Mondinnere verdanken, registriert hier einige wenige Herde von Mondbeben. Es folgt nach einem **äußeren Mantel** ein **innerer Mantel**, der einen Durchmesser von 2 200 km besitzt sowie zahlreiche Mondbebenherde. Vielleicht befinden sich in ihm noch heute Schmelzzonen. Der **Mondkern** schließlich hat einen Durchmesser von 1 400 km und eine Temperatur von 1 500 °C und dürfte in seinem innersten Teil schmelzflüssig sein.

Noch ungeklärt ist die Frage einer, wenn auch nur schwachen, Vulkantätigkeit und von Gasausbrüchen des heutigen Mondes. In der beobachtenden Astronomie gab und gibt es immer wieder Meldungen über Nebel, Wolkengebilde und rötliche Punkte im Gebiet bestimmter Krater (Aristarchus, Alphonsus), die auf solche Erscheinungen hindeuten könnten. Möglicherweise beruhen sie aber auch auf optischen Täuschungen oder auf Leuchterscheinungen, die auf andere Weise erklärbar sind.

Über die **Entstehung des Mondes** gibt es nach wie vor verschiedene Theorien:

● Der Mond hat sich von der Erde abgespalten (Ausschleuderung von der Erde).

● Erde und Mond haben sich gleichzeitig als »Doppelplanet« gebildet.

● Der Mond ist von der Erde eingefangen worden, z.B. nachdem er sich mit dem Mars (beide sind miteinander verwandt!) aus ein und derselben Gaswolke gebildet hatte.

Welche Theorie der Wirklichkeit am nächsten kommt, wird die Forschung der Zukunft zeigen.

Wann können wir den Mond am besten beobachten? Vielleicht denken wir, zum Zeitpunkt des Vollmonds sei dazu die günstigste Gelegenheit. Der Mond sei dann »so schön rund und voll« und biete darum wohl auch den klarsten Anblick und die beste Übersicht. Weit gefehlt! Zur Beobachtung feiner Einzelheiten auf der Mondoberfläche bietet die Zeit des Vollmondes die denkbar geringste Chance. Die Sonnenstrahlen fallen dann so senkrecht auf die Mondoberfläche ein, daß wir keinen Schattenwurf der Berge und Täler wahrnehmen können und die Mondlandschaft völlig unplastisch erscheint.

Der günstigste Zeitpunkt für die **Mondbeobachtung** ist dagegen das erste oder letzte Viertel, wenn »Halbmond« ist, wie der Volksmund sagt. Das Sonnenlicht trifft dann nämlich so schräg auf die Mondoberfläche, daß die Schatten der Krater und Gebirge deutlich zu sehen sind und uns die ganze Mondlandschaft wie ein Relief erscheint.

Am klarsten und eindrucksvollsten zeigen sich die Einzelheiten der Oberfläche an der **Lichtgrenze (Terminator)** — also dort, wo die Grenzlinie zwischen der Tag- und Nachtseite des Mondes verläuft. Von Stunde zu Stunde verändert sich dort das Bild, da der Terminator allmählich wandert und die Krater, Berge und Rillen in immer neuer Beleuchtung zeigt. Es ist gar nicht so einfach, ein und denselben Krater bei unterschiedlichem Schattenwurf auf Anhieb wiederzuerkennen. Gerade das macht die Mondbeobachtung so abwechslungsreich und reizvoll. Manche Amateurastronomen haben Freude daran, bestimmte Mondgebilde unter den verschiedensten Beleuchtungswinkeln zeichnerisch festzuhalten.

Wie entstehen die verschiedenen Lichtgestalten (Phasen) des Mondes? In der Mitte der Bahn des Mondes (vgl. Zeichnung) befindet sich die Erde. Der sie umkreisende Mond ist in verschiedenen Stellungen dargestellt. Die Sonnenstrahlen fallen von oben ein. Die der Sonne zugewandte Erd- und Mondseite ist hell und hat Tag; die der Sonne abgewandte Erd- und Mondseite dagegen liegt im Dunkeln und hat Nacht.

Wir beginnen mit der Position 1 des Mondes. Hier kehrt der Mond der Erde die dunkle Seite zu. Er ist von uns aus nicht zu sehen. Diese Position nennen wir **Neumond.** Der Mond wandert über die Positionen 2 und 3 nach 4. Versetzen wir uns auf die Erde und betrachten den Mond in dieser Stellung, so erscheint er als zunehmender »Halbmond«. Der Astronom nennt diese Stellung das erste Viertel, weil der Mond das erste Viertel seines Weges um die Erde zurückgelegt hat. Der Mond wandert über die Positionen 5 und 6 weiter nach 7. Er wendet hier der Erde seine vollbeleuchtete Halbkugel zu. Diese Position nennen wir **Vollmond.** Nun wandert der Mond über die Positionen 8 und 9 weiter nach 10. Seine Lichtgestalt nimmt wieder ab und hat in 10 wieder die Form eines Halbmondes, jetzt allerdings des abnehmenden Halbmondes. Der Astronom nennt diese Stellung das letzte

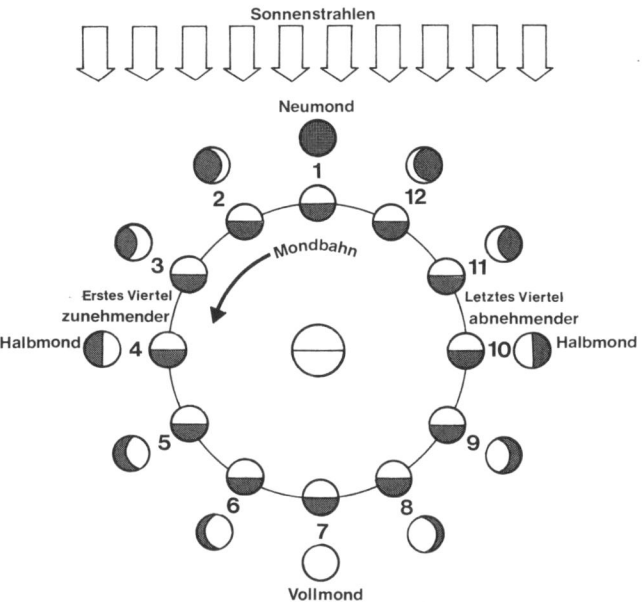

Entstehung der verschiedenen Lichtgestalten (Phasen) des Mondes.

Viertel, weil der Mond von nun an das letzte Viertel seines Weges um die Erde durchläuft. Er wandert über die Positionen 11 und 12 weiter nach 1 und steht wieder in der Stellung »Neumond«.

a= abnehmend   z= zunehmend

Wie man den zunehmenden und den abnehmenden Mond voneinander unterscheiden kann.

Infolge der Wanderung des Mondes und der Drehung der Erde um ihre Achse läuft der Mondschatten bei einer totalen Sonnenfinsternis auf einer geschwungenen Bahn über die Erdoberfläche hinweg. Während die Totalitätszone (dunkler Streifen) eine maximale Breite von 276 km erreicht, kann man die Sonne in einem viele tausend Kilometer breiten Streifen partiell verfinstert sehen.

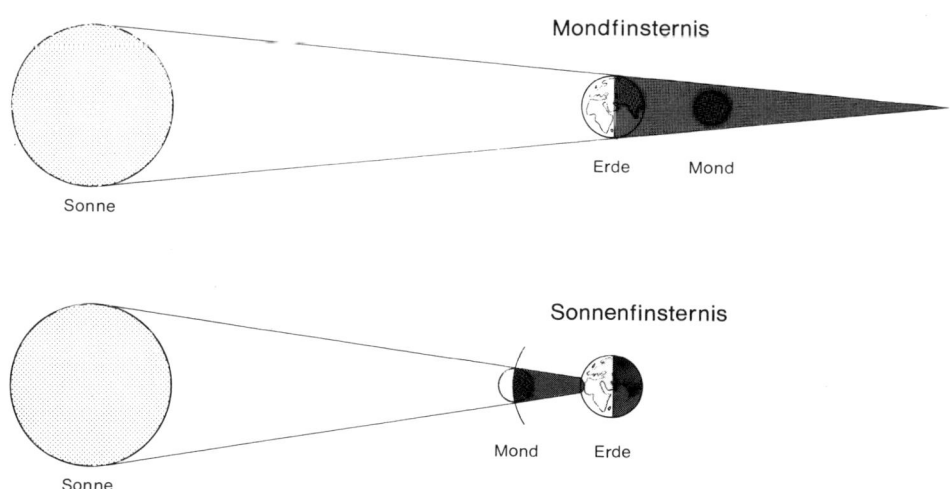

Mondfinsternis

Sonne · Erde · Mond

Sonnenfinsternis

Sonne · Mond · Erde

Entstehung von Mondfinsternis und Sonnenfinsternis.

Der Mond, der am Abendhimmel steht, ist stets der zunehmende Mond. Der Mond, der am Morgenhimmel steht, ist dagegen immer der abnehmende Mond.

Eine **Sonnenfinsternis** kommt dadurch zustande, daß der Mond zwischen Sonne und Erde tritt und in einer bestimmten Region auf der Erde die Sonnenscheibe bedeckt und verdunkelt. Wir lesen dann in der Tageszeitung, ob und wann die Finsternis bei uns sichtbar ist oder welchen anderen Teil der Erde sie betrifft.

Wir unterscheiden zwischen einer ganzen Verdunklung der Sonnenscheibe (**totale Finsternis**), bei der das in Frage kommende Gebiet der Erde vom Kernschatten des Mondes getroffen wird, und einer teilweisen Verdunklung (**partielle Finsternis**), bei der der Mond die Sonnenscheibe nur teilweise verdeckt. Eine Sonnenfinsternis kann nur bei Neumond eintreten.

Eine **Mondfinsternis** kommt dadurch zustande, daß der Mond in den Erdschatten tritt und sich dadurch verdunkelt. Auch hier gibt es eine **totale** und eine **partielle Finsternis**. Bei der totalen Mondfinsternis taucht der Mond in den Kernschatten der Erde ein, bei der partiellen nur in den Halbschatten der Erde. Eine Mondfinsternis kann nur bei Vollmond eintreten.

In jedem Jahr gibt es im Durchschnitt 2 bis 3 Sonnen- und 1 bis 2 Mondfinsternisse.

Nicht nur die Erde übt eine Anziehungskraft auf den Mond aus, sondern es ist auch umgekehrt. Ein Zeichen dafür sind die **Gezeiten** mit Niedrigwasser und Hochwasser, dem Fallen des Wassers (Ebbe) und dem Steigen des Wassers (Flut).

Der Mond bewirkt durch seine Anziehungskraft auf der ihm zugewandten Erdseite einen Flutberg. Dadurch, daß der Mond die »Vorderseite« der Erde stärker anzieht als die Mitte und diese wiederum stärker als die »Rückseite«, entsteht ein zweiter Flutberg. Zwischen diesen beiden Flutbergen liegen »Ebbetäler«. Da sich die Erde in fast 24 Stunden einmal um ihre Achse dreht, geraten in dieser Zeit alle Weltmeere in den Bereich der beiden Flutbergzonen. Das ist der Grund dafür, warum es zweimal am Tag Ebbe und Flut gibt.

Eine **Springflut** entsteht, wenn Mond und Sonne zusammen in **einer** Richtung auf die Erde einwirken, also bei Neumond und Vollmond. Sie ist eine kräftigere Flut. Die besonders schwache **Nippflut** tritt auf, wenn Mond und Sonne im rechten Winkel zueinander stehen und sich in ihren Wirkungen gegenseitig beeinträchtigen, also beim ersten und beim letzten Mondviertel.

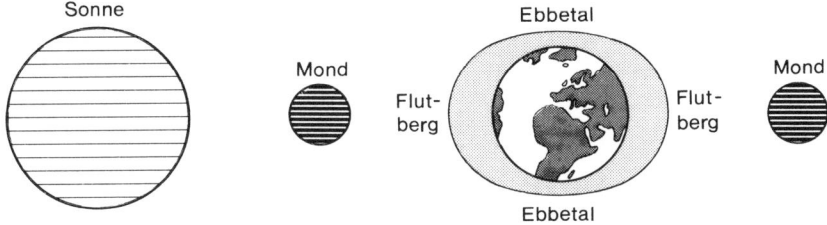

Entstehung von Ebbe und Flut (oben Konstellation der Springflut, unten Konstellation der Nippflut).

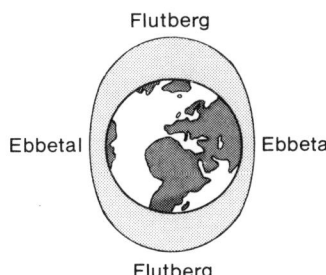

Daten des Mondes

Der Mond wendet der Erde immer dieselbe Seite zu und vollendet damit im Laufe einer Erdumdrehung eine Drehung um sich selbst. Allerdings führt der Mond bei seiner Wanderung um die Erde eine leichte Pendelbewegung aus (**Libration**). So können wir nach und nach 59 % der gesamten Mondoberfläche von der Erde aus wahrnehmen.

Wenn wir wenige Tage vor oder nach Neumond den Mond als schmale Sichel beobachten, machen wir die merkwürdige Feststellung, daß wir nicht nur diese schmale Sichel, sondern darüber hinaus die ganze Mondkugel in einem schwachen Licht erkennen. Dieses Licht nennt man das »**aschgraue Mondlicht**«. Es rührt von der Erde her, die das empfangene Sonnenlicht auf die Mondoberfläche reflektiert. Auf dem Mond erscheint um die Zeit des Neumondes die Erde als »Vollerde« und hat dort eine Leuchtkraft, die etwa 100mal größer ist als die des Vollmonds am Erdenhimmel.

Auf dem Mond gibt es **keine Atmosphäre** (Lufthülle) und **kein Wasser**. Einschlagende Meteoriten und von den Bergrändern herabstürzendes Geröll verursachen keine Geräusche. Wegen der fehlenden Luft herrscht Totenstille. Grelles Sonnenlicht und nachtschwarze Finsternis stehen unvermittelt hart nebeneinander. Die Oberflächentemperatur der Tagseite beträgt + 130° C, die der Nachtseite -150° C.

Die **Schwerkraft** (Anziehungskraft) des Mondes ist wegen seiner kleineren Masse wesentlich geringer als die der Erde: Das Verhältnis ist 1:6. Ein Mann, der bei uns 72 kg wiegt, hat auf dem Mond ein Gewicht von nur 12 kg. Er könnte auf dem Mond also viel höher und weiter springen.

Durchmesser des Mondes	3 476 km
Geschwindigkeit des Mondes	
auf seiner Bahn um die Erde	1 km pro s
Siderische Umlaufzeit	
(bis zur gleichartigen Stellung des Mondes	
in bezug auf den Sternenhimmel)	27,3 Tage
Synodische Umlaufzeit	
(bis zum Erreichen derselben Mondphase)	29,5 Tage
Mittlere Entfernung von der Erde	384 400 km
(Erdnähe 356 800 km, Erdferne 406 400 km)	
Masse	1/81 der Erdmasse

Die Sonne

Die Sonne ist das Zentralgestirn unseres Planetensystems. Ohne ihr Licht und ihre Wärme wäre kein Leben auf der Erde möglich. Darum ist die Sonne der für uns wichtigste Stern. Zugleich aber ist sie unser **nächster Fixstern**. Alle Erkennisse der Sonnenforschung, eines modernen Zweigs der Astronomie, kommen deshalb auch unserem Wissen über den Zustand und die Entwicklung der Sterne zugute.

Gemessen an den Planeten ist die Sonne ein Stern von riesigen Ausmaßen. 109 Erdkugeln müßten wir aneinanderreihen, um den Durchmesser der Sonne zu erreichen, und erst 1,3 Millionen Erdbälle würden dem Rauminhalt der Sonnenkugel gleichkommen. Gemessen an der Größe anderer Sterne aber ist unsere Sonne eher bescheiden und durchschnittlich. Es gibt sehr viele Sterne, die an Umfang und Masse mehrere hundertmal so groß sind wie die Sonne.

Die Sonne ist ein glühender Gasball, der aus **Wasserstoff** und **Helium** und zu einem kleinen Teil aus schwereren Elementen besteht. Die gewaltige Energie, die sie in den Weltraum hinausstrahlt, wird in ihrem innersten Kern erzeugt. Dort vollziehen sich bei Temperaturen von 15 Millionen° C **Atomkernprozesse**, bei denen Wasserstoff zu Helium umgewandelt wird. Man hat errechnet, daß in jeder Sekunde 657 Millionen Tonnen Wasserstoff in 653 Millionen Tonnen Helium verwandelt wer-

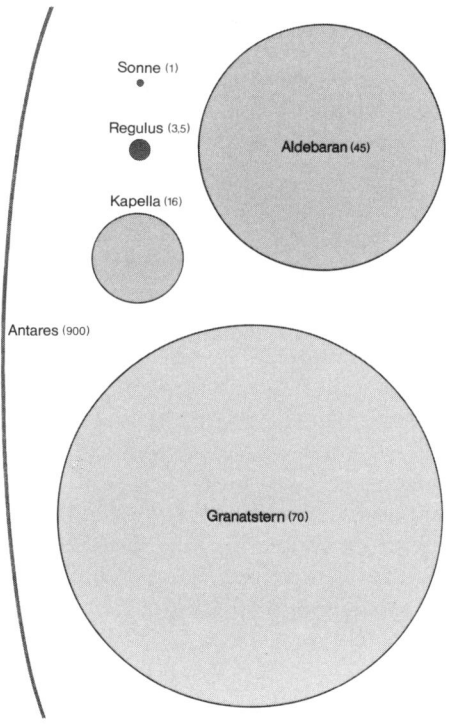

Sonne (1)

Regulus (3,5)

Kapella (16)

Aldebaran (45)

Antares (900)

Granatstern (70)

Im Vergleich zur Erde ist unsere Sonne ein gewaltiger Himmelskörper: 109 Erdkugeln müßte man wie Perlen auf eine Schnur aufreihen, um den Durchmesser der Sonne zu erreichen. In Relation zu den Riesensternen aber ist selbst die Sonne ein Zwerg. Dabei ist Antares mit einem etwa 900 Sonnendurchmessern entsprechenden Durchmesser nicht einmal der größte Stern, obwohl er — wenn er an der Stelle der Sonne stünde — bereits fast an die Jupiterbahn heranreichen würde.

den. Der Massenanteil von 4 Millionen Tonnen pro Sekunde wird dabei direkt in Energie umgesetzt. Diese im Sonnenkern freigesetzte Energie verbreitet sich zunächst durch Strahlung in der Strahlungszone und wird dann durch Strömungsprozesse von Gasen, die auf- und absteigen (konvergieren), in der Konvektionszone weitertransportiert.

Die sichtbare Oberfläche der Sonne heißt **Photosphäre** (grch.: phos = Licht, sphaira = Kugel; also: »Lichtkugel«). Sie hat eine Temperatur von 6000° C. Sie besteht aus glühenden Gasen, die sich hin- und herbewegen. Besondere Erscheinungen auf der Photosphäre sind die Granulation, die Sonnenflecken und die Sonnenfackeln.

Die **Granulation** (lat.: granulum = Körnchen) ist die Körnerstruktur der Sonnenoberfläche, deren Aussehen man mit einem Reisbrei vergleichen kann. Es handelt sich um aufsteigende glühende Gaswolken, die von dem stürmisch bewegten Zustand der Sonnenoberfläche Zeugnis ablegen. Immerhin haben diese Wolkenkörnchen einen Durchmesser von etwa 1000 Kilometern.

Am bekanntesten sind die **Sonnenflecken**. Schon mit einem kleinen Fernrohr kann man sie sichtbar machen. Aber Vorsicht bei der Sonnenbeobachtung! Wir dürfen **nie** mit dem Feldstecher oder mit dem Fernrohr in die Sonne gucken. Starke Augenschädigung bis zur Erblindung wäre die Folge. Auch ein Blendglas (Sonnenfilter), das man hinter das Okular setzt, gibt noch nicht genügend Schutz; es kann nämlich unter der gesammelten Hitzeeinwirkung zerspringen.

Es gibt nur drei Möglichkeiten der **Sonnenbeobachtung**: Wir erwerben uns

Schon mit einem Feldstecher läßt sich die Projektion des Sonnenbildes durchführen: Man deckt eines der beiden Objektive ab und stellt das Bild am anderen Okular scharf ein. Der Feldstecher muß allerdings fest auf ein Fotostativ montiert sein.

für unser Fernrohr ein verläßliches (aber teures) Sonnenokular, das den Hauptteil des Lichts und der Wärme durch ein Prisma ableitet, oder wir kaufen ein Objektivfilter (verspiegeltes Glas), das nur einen kleinen Teil des auffallenden Lichtes passieren läßt (anzuraten für alle Fernrohre), oder wir projizieren das Sonnenbild durch das Fernrohr auf einen weißen Schirm, den wir hinter dem Okular anbringen. Wir können durch diese Projektionsmethode ungehindert — auch zu mehreren Beobachtern — die Sonnenscheibe betrachten. Wir müssen nur durch entsprechende Einstellung des Okularauszuges das Sonnenbild scharfstellen. Manche Firmen liefern einen solchen Sonnenpro-

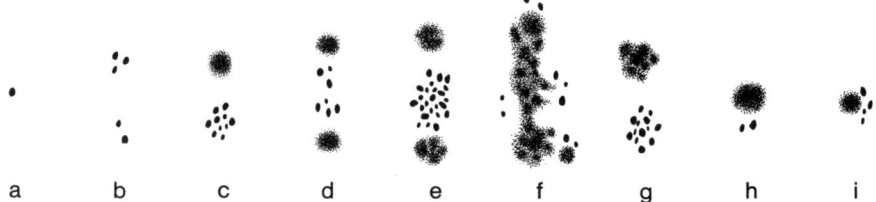

Entwicklung und Klassifikation der Sonnenflecken (nach M. Waldmeier)
a: Kleiner Einzelfleck
b: Gruppe von Flecken in einer Struktur mit zwei Schwerpunkten (bipolar)
c: Bipolare Fleckengruppe, deren linker Hauptfleck von einem halbdunklen Hof
   (Penumbra) umgeben ist
d: Bipolare Gruppe, in der die beiden äußersten Hauptflecken von einer Penumbra
   umgeben sind
e: Große Fleckengruppe von bipolarer Struktur. Mehrere Flecken haben eine
   Penumbra, zahlreiche kleinere Flecken ohne Penumbra befinden sich dazwischen
f: Höhepunkt der Entwicklung
g: Große bipolare Gruppe, nur noch mit wenigen kleinen Flecken
h: Großer Einzelfleck mit starker Penumbra
i: Fleck mit kleinerer Penumbra (unipolar)

jektionsschirm als Zubehör zum Fernrohr gleich mit.

Bei einer so durchgeführten Sonnenbeobachtung werden wir meistens ein paar, manchmal sogar viele dunkle Flecken auf der Sonnenoberfläche bemerken. Diese **Sonnenflecken** sind Bereiche mit einer bis 2000° C niedrigeren Temperaturen als die sonstige Sonnenoberfläche aufweist. Sie treten nur in den Gebieten von etwa 10° bis 40° nördlicher und südlicher Breite auf und kommen dort unregelmäßig verteilt vor. Es gibt **Einzelflecken** wie auch ganze **Fleckengruppen,** die bis zu 300 000 km Durchmesser haben können. Die größeren Flecken gliedern sich deutlich in den dunklen Kern, Umbra genannt (lat.: Schatten), und in den etwas helleren Hof, »Penumbra« (lat.: Halbschatten), mit Faserstruktur. Trotz ihrer relativen Schwärze sind sie noch immer 5 000 mal so hell wie der Vollmond. Die Entwicklung großer

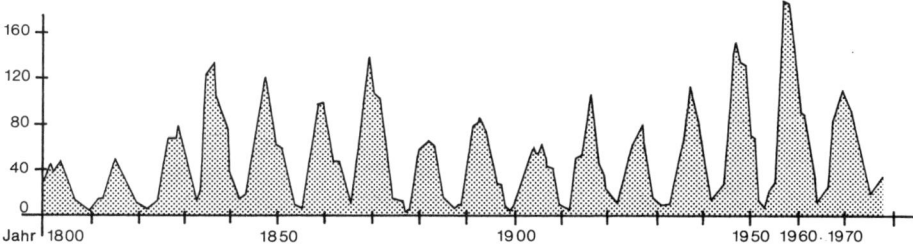

Unterschiedliche Zahl der Sonnenflecken im Zeitraum 1800—1975. Möglicherweise hat der auftretende Zyklus Einfluß auf das Wetter der Erde.

Fleckengruppen, die wochen- und monatelang bestehen können, geht nach einer bestimmten Reihenfolge vor, die die Astronomen klassifiziert haben.

Anhand der Sonnenflecken, die langsam über die Sonnenoberfläche zu wandern scheinen, wurde die Zeit der **Sonnenumdrehung** errechnet (mittlerer Wert 27,3 Tage). Ein Zeichen dafür, daß die Sonne keine feste, einheitliche Oberfläche wie die Erde besitzt, sondern als glühende Gaskugel verschiedene ungleichförmige Bewegungen an der Oberfläche ausführt, ist die Tatsache, daß die Sonnenflecken in der Nähe des Äquators in 25 Tagen um die Sonne herumwandern, während die weiter vom Äquator entfernten zu einem Umlauf manchmal über 30 Tage brauchen. Höhepunkte (Maxima) und Tiefpunkte (Minima) der Fleckentätig-keit der Sonne wechseln nach etwa 11 Jahren ab.

Die **Sonnenfackeln** sind aderreiche Gebilde der Photosphäre, die heller sind als die sonstige Oberfläche und auch eine höhere Temperatur besitzen. Sie treten in der Nähe der Sonnenflecken auf, darüber hinaus aber auch am Pol und am Äquator.

Wenn wir die Sonne im (geschützten) Fernrohr betrachten, stellen wir fest, daß die Helligkeit der Sonnenscheibe gegen den Rand zu schwächer wird, ein Zeichen dafür, daß die Sonne eine Gashülle besitzt. Die Randstrahlen müssen einen längeren Weg durch die Gashülle zurücklegen, so daß die Sonne am Rand weniger hell als in der Mitte erscheint.

Oberhalb der Photosphäre erstreckt sich die **Chromosphäre** (= Farbkugel,

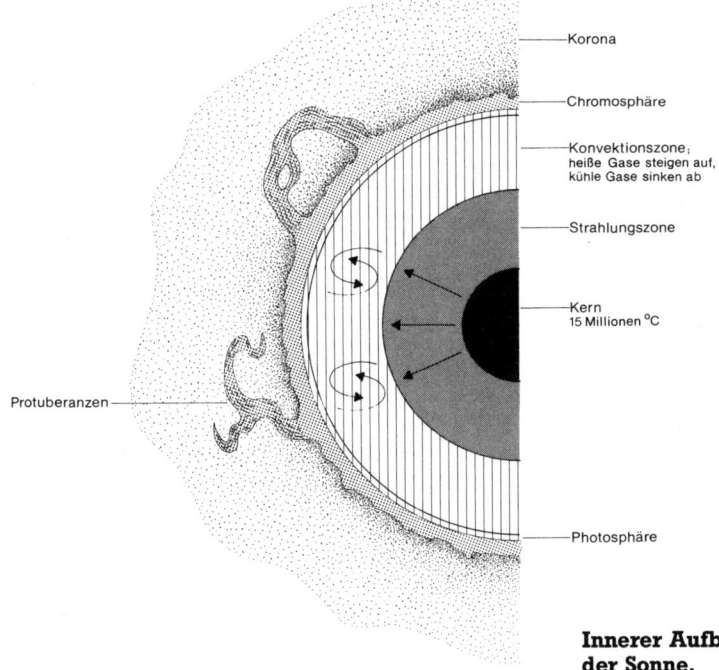

Korona

Chromosphäre

Konvektionszone; heiße Gase steigen auf, kühle Gase sinken ab

Strahlungszone

Kern 15 Millionen °C

Protuberanzen

Photosphäre

Innerer Aufbau und Atmosphäre der Sonne.

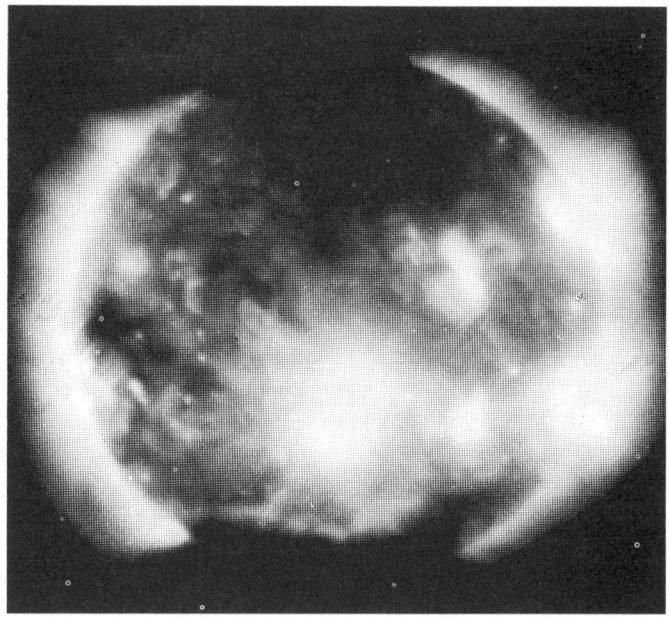

Röntgenaufnahme der Sonne am 8.9.1973, vom amerikanischen Weltraumlabor »Skylab« aus. Die Aktivitätszentren der Korona, in denen die Temperatur über 1 Mill.° C erreicht, liegen oberhalb der Sonnenfleckenregionen.

Farbschicht). Sie läuft in unzähligen Flammenspitzen und Lichtzungen aus und erscheint bei einer totalen Sonnenfinsternis als rötlicher Saum. Über sie hinweg schießen gewaltige glühende Gasausbrüche in den Raum, die sogenannten **Protuberanzen** (= Hervorschwellungen; lat.: protuberare = hervorschwellen). Protuberanzen, die in Richtung Erde aus der Sonne hervorschießen, sieht man als dunkle Fäden auf die Sonnenscheibe projiziert; man nennt sie **Filamente** (lat.: filum = Faden).

Die höchste und äußerste Schicht der Sonnenatmosphäre heißt **Korona,** Sonnenkranz (lat.: corona = Kranz). Sie wurde bei totalen Sonnenfinsternissen als **strahlenartiger Kranz** um die verfinsterte Sonne entdeckt. In der Gegenwart gibt es besondere Beobachtungsinstrumente (Koronographen), die durch Abdeckung der Sonnenscheibe eine künstliche Sonnenfinsternis hervorrufen und dadurch zur Erforschung der inneren Korona und der Protuberanzen geeignet sind.

Die Sonnenkorona, deren äußere Grenze 20 Millionen km weit in den Raum reicht und damit schon in die Staub- und Gasmaterie des Planetenraums übergeht, hat eine unwahrscheinlich hohe Temperatur von mindestens 1 Million° C. Vielleicht wird sie durch eine Art von Schockwellen herbeigeführt, die ihre Ursache in der Granulation der Sonne haben. Der Lichtkranz der Sonne ist in besonderem Maße auch die Quelle der **Röntgen- und Radiostrahlung** der Sonne. Schließlich verursacht er den **Sonnenwind**, eine von der Sonne ausgehende Korpuskular- oder Teilchenstrahlung, die aus Wasserstoffatomkernen und Elektronen mit einer Beimengung von Heliumkernen besteht.

Die Planeten

Allgemeines sowie Bahn und Stellung der Planeten zur Sonne

Die **Planeten** (oder: »Wandelsterne«) sind Himmelskörper, die nicht selbst leuchten, sondern nur das empfangene Sonnenlicht reflektieren. Mit bloßem Auge können wir Merkur, Venus, Mars, Jupiter und Saturn sehen. Uranus und Neptun sind nur mit dem Fernrohr zu beobachten, während sich Pluto gar den Amateurfernrohren entzieht und nur mit großen Instrumenten erfaßt werden kann. Merkur ist immer nur für kurze Zeiten sichtbar, nämlich abends tief über dem Westhorizont und morgens tief über dem Osthorizont, so daß eigentlich nur die vier Planeten **Venus**, **Mars**, **Jupiter** und **Saturn** für den durchschnittlichen Himmelsbeobachter interessant sind. Sie bieten dafür aber auch ein um so prächtigeres Schauspiel.

Auf den Sternkarten sind die Planeten **nicht** verzeichnet, da sie in verhältnismäßig kurzer Zeit ihre Standorte ändern. Einem **Himmelskalender**, der jährlich erscheint, können wir aber die Rektaszension und Deklination eines jeden Planeten für bestimmte Tage eines jeden Monats entnehmen und so den Aufenthalt und die Sichtbarkeit der Planeten anhand der drehbaren Sternkarte feststellen. Die Tabellen, die die Örter der Himmelskörper nach Rekt-

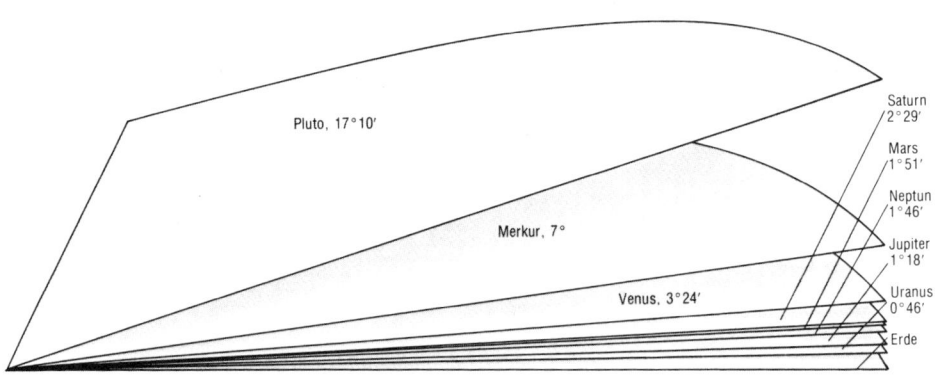

Die Ebenen der Planetenbahnen um die Sonne, im Vergleich mit der der Erde. Nur Pluto und Merkur weichen um mehr als 3°30′ ab.

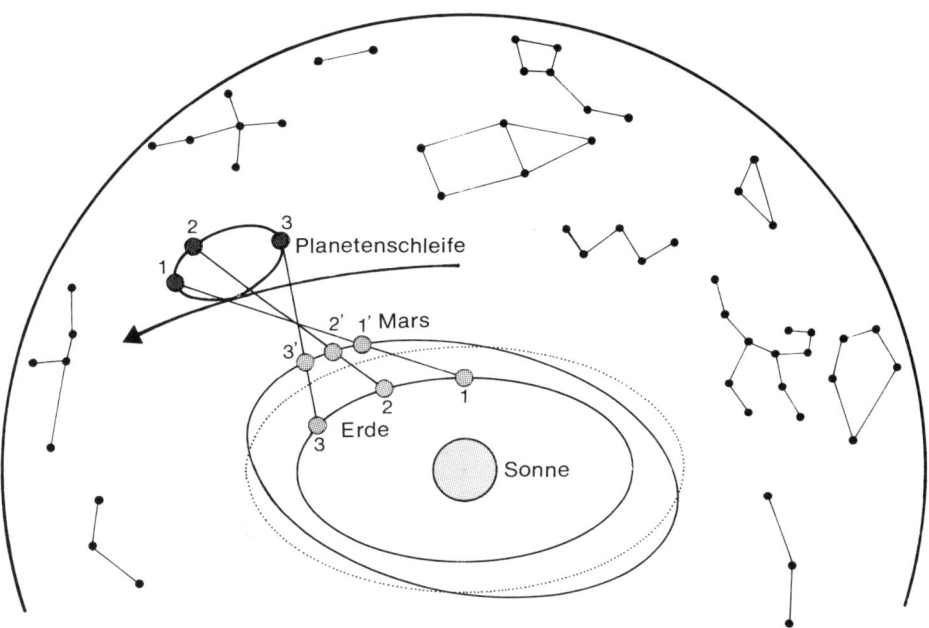

Die Erde (auf der Innenbahn) überholt den Mars auf der Außenbahn. So entsteht die scheinbare Schleifenbewegung des Mars.

aszension und Deklination zu bestimmten Tagen angeben, heißen **Ephemeriden** (vgl. S. 169—172).

Wenn wir einen Planeten in einem längeren Zeitraum beobachten, stellen wir fest, daß er sich gegenüber den Sternen und Sternbildern weiterbewegt, und zwar nicht gleichmäßig, sondern in einer schlingen- oder **schleifenartigen Bahn**. Wie diese eigentümliche Bewegung der Planeten zustandekommt, zeigt die Abbildung. Die Sonne steht im Mittelpunkt. In der Innenbahn um sie herum bewegt sich die Erde. In der Außenbahn rotiert der Mars um die Sonne. Befindet sich die Erde bei Punkt I und der Mars bei Punkt 1, dann scheint für den Beobachter auf der Erde der Mars an der Himmelskugel bei 1 zu stehen. Wandert die Erde nach Punkt 2 weiter und der Mars seinerseits nach Punkt 2, verschiebt sich das Bild an der Himmelskugel nach 2. Die Bewegung des Mars erscheint als rückläufig. Sie kommt bei 3 zu einem Stillstand und wird dann wieder rechtläufig. Die eigentümliche Rückläufigkeit des Mars kommt dadurch zustande, daß der Mars seine Bahn langsamer zieht als die Erde und dabei von der Erde überholt wird.

Wenn ein Planet von der Erde aus gesehen ganz dicht neben der Sonne oder hinter ihr steht, dann sprechen wir von

Planet in Konjunktion mit der Sonne.

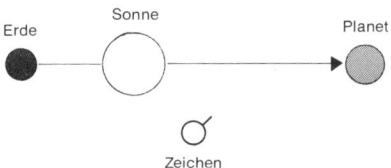

Planet in Opposition zur Sonne.

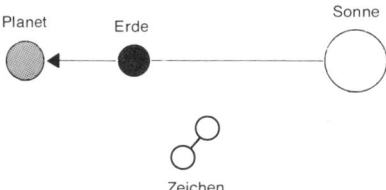

einer **Konjunktion** (lat.: coniunctio = Verbindung) des Planeten mit der Sonne.

Wenn der Planet von der Erde aus gesehen der Sonne gegenübersteht, dann sagen wir, daß der Planet zur Sonne in **Opposition** steht (lat.: oppositio = entgegengesetzte Stellung).

Die folgende Abbildung zeigt die wichtigsten Stellungen der Planeten zur Sonne, ihre sogenannten **Konstellationen.**

Nehmen wir zuerst das Beispiel eines **äußeren Planeten**, eines Planeten also, dessen Bahn außen um die Erdbahn verläuft, wie z. B. Mars! Steht er von der Erde aus gesehen in Konjunktion mit der Sonne, ist er von uns aus nicht zu sehen, weil er in den Strahlen der Sonne versinkt. Steht er aber von der Erde aus

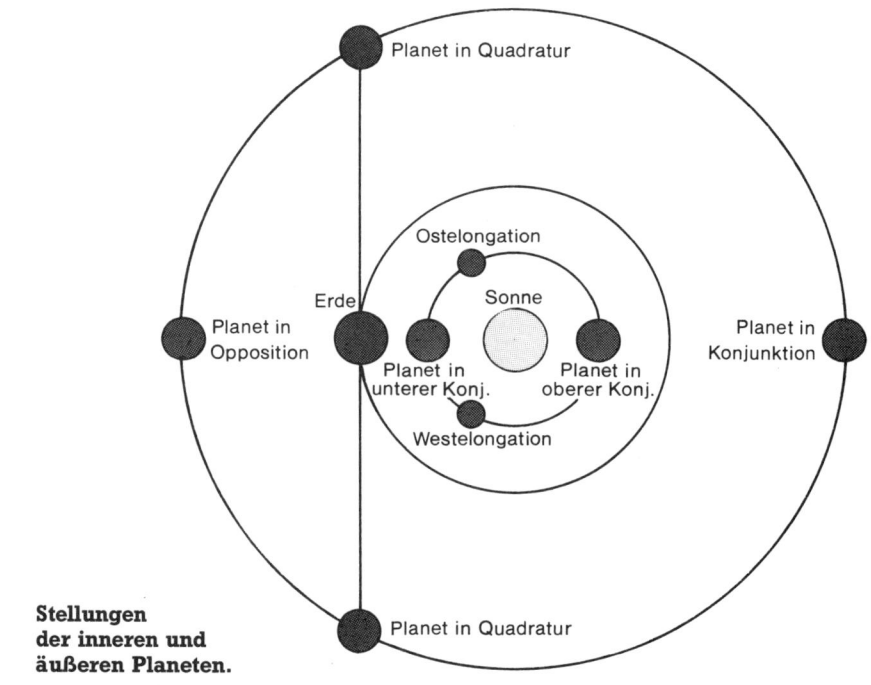

Stellungen der inneren und äußeren Planeten.

gesehen in Opposition zur Sonne, ist für uns die beste Gelegenheit zur Beobachtung des Mars; er ist dann die ganze Nacht über beobachtbar. Seltener gebräuchlich ist die Stellungsangabe der **Quadratur** (= Geviertschein; Zeichen: □), in der der Gesichtswinkel zwischen dem Mars und der Sonne genau 90° beträgt.

Wenden wir uns nun dem Beispiel eines **inneren Planeten** zu, eines Planeten also, dessen Bahn im Inneren der Erdbahn verläuft, wie etwa Venus! Venus gerät von der Erde aus gesehen niemals in Opposition zur Sonne; sie kennt nur eine untere und eine obere Konjunktion. Steht Venus vor der Sonne, befindet sie sich in unterer Konjunktion. Wenn Venus hinter ihr steht, ist der Fall der oberen Konjunktion gegeben. Ferner sind noch die beiden Punkte der Ost- und West-**Elongation** (lat.: elongatio = Auslängung, Verlängerung) wich-

tig. Die Venus steht einmal (wiederum von der Erde aus gesehen) östlich und einmal westlich von der Sonne; das ist dann jeweils ihre größte Elongation.

Merkur

Der Merkur hat die **sonnennächste Bahn**. Er kann deshalb von uns nur um den Zeitpunkt seiner größten östlichen oder westlichen Elongation gesehen werden. Merkur und Venus zeigen wie unser Mond den Wechsel von **Lichtphasen**. Sie sind allerdings nur im guten Fernrohr zu erkennen.

Wie die Venus-Merkur-Sonde »Mariner 10« in den Jahren 1974 und 1975 durch zahlreiche Nahaufnahmen und Messungen nachgewiesen hat, hat Merkur eine starke Ähnlichkeit mit unserem Mond.

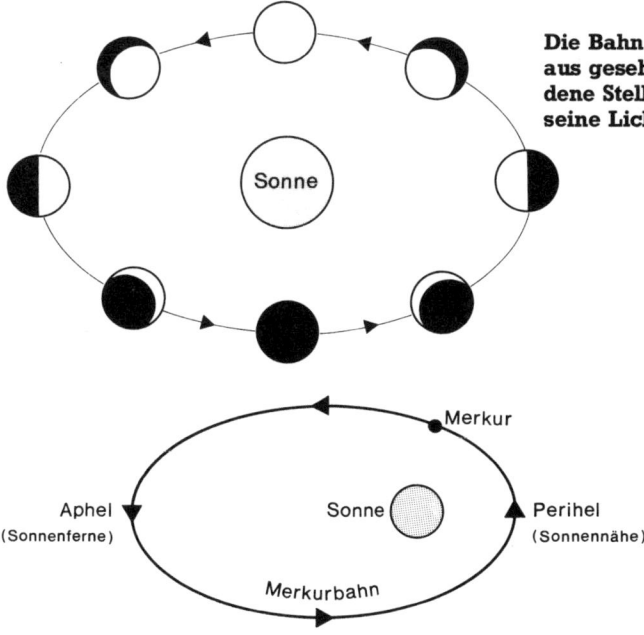

Die Bahn des Merkurs von der Erde aus gesehen. Durch die verschiedene Stellung zur Sonne entstehen seine Lichtphasen.

Die Bewegungen der Planeten um die Sonne vollziehen sich auf ellipsenartigen Bahnen. So steht auch Merkur einmal der Sonne fern (Aphel) und ein andermal der Sonne nah (Perihel).

Südhalbkugel des Merkur, aufgenommen von »Mariner 10« aus einer Distanz von rund 50000 km (Mosaikbild).

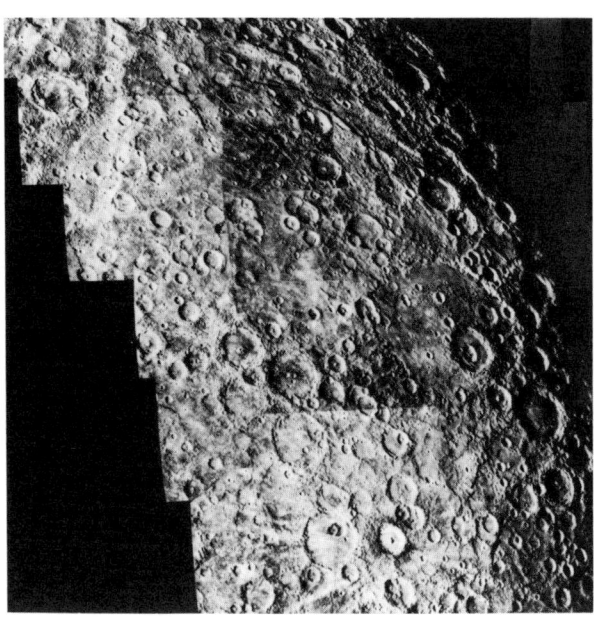

Auch er ist mit **Kratern** übersät. Auch er besitzt Strahlensysteme, Rillen und Berglandschaften. Ebenfalls finden sich auf der Merkuroberfläche ausgedehnte dunkle **Ebenen**, die »Merkurmeere«, die hier allerdings als Planitiae (= Ebenen) bezeichnet werden. Eine große Merkurebene von 1300 km Durchmesser ist die Caloris Planitia (lat.: Glutebene).

Dieser Name deutet schon auf die enormen Hitzegrade von über 400° C hin, die dann auf dem Merkur erreicht werden, wenn er in Sonnennähe (grch.: Perihel) steht. Bei Sonnenferne (grch.: Aphel) beträgt die Temperatur des Merkurs an den heißesten Stellen 285° C.

Auf der Nachtseite hingegen herrscht eine eisige Kälte von bis zu -180° C. Diese **starken Temperaturunterschiede** hängen auch mit der Tatsache zusammen, daß der Merkurtag und die Mer-

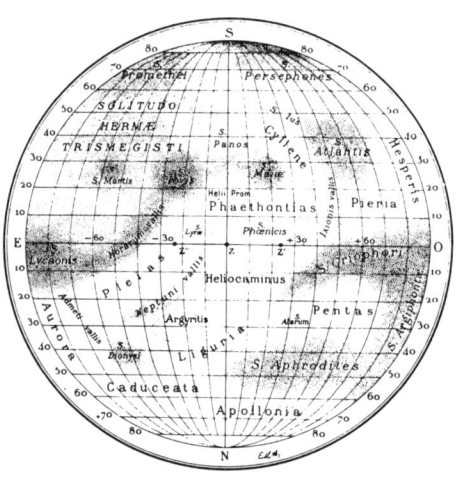

Die beste nach einem Teleskop gefertigte Merkurkarte stammt von Eugenois Antoniadi. Die dunklen Markierungen erinnern an jene des Mars, sind jedoch weniger ausgeprägt. Antoniadis Nomenklatur hat sich weitgehend durchgesetzt.

kurnacht ungewöhnlich lang sind. Ein voller Tag- und Nachtkreislauf dauert auf dem Merkur nämlich 176 Erdentage. Da der Merkur 88 Tage benötigt, um einmal die Sonne zu umrunden, müssen zwei Merkurjahre vergehen, bis ein bestimmter Punkt der Oberfläche wieder die gleiche Tageszeit hat. Ein Merkurmond wurde von »Mariner 10« nicht entdeckt.

Venus

Die Venus hat man in früheren Zeiten oft mit der Erde verglichen. Beide Planeten haben ja auf den ersten Blick auch Gemeinsamkeiten. Sie weisen eine ähnliche Größe und Dichte auf, sind Nachbarn im Planetensystem und könnten mit ihren Wolkenstrukturen fast miteinander verwechselt werden.

Durch die jüngste Venusforschung aber ist die Vorstellung von der Verwandtschaft zwischen Venus und Erde gründlich zerstört worden. Die sowjetischen Venus-Sonden, die »Mariner 10«-Sonde und die »Pioneer«-Sonden der USA sowie die terrestrische Radarastronomie haben eine Fülle neuer Informationen über die Beschaffenheit der Venusoberfläche und -atmosphäre geliefert. Danach herrscht auf der Venusoberfläche eine **hohe Temperatur** von etwa 500 °C, und das fast unabhängig von Tag und Nacht und den Breitengraden. Das bedeutet noch größere Hitze als auf dem sonnennäheren Merkur! Lediglich oberhalb der Wolkenobergrenze herrscht eine tiefe Temperatur von -90° C.

Weitere Überraschungen sind der **hohe Druck** an der Venusoberfläche, der die Druckverhältnisse auf der Erde um das 90fache übersteigt, und die Zusammensetzung der **Atmosphäre**, die zu 97 % aus Kohlendioxid besteht. Die äußerst hohe Temperatur auf der Venus findet ihre Erklärung durch den sogenannten »**Treibhauseffekt**«, wie er vom Gewächshaus her bekannt ist. Während die Sonnenstrahlen ungehindert durch das Glasdach einfallen und den Boden erhitzen, kann die vom Boden aufsteigende Wärme nicht durch das Glas entweichen. So ergibt sich eine überhöhte Temperatur. Bei der Venus übernimmt diese Funktion eine mehrschichtige dichte Wolkendecke. Als regelrechter Wärmespeicher wirkt das in großen Mengen enthaltene Kohlendioxidgas. Die besonders in der Äquatorgegend aufgenommene Wärme wird im Verlaufe einer retrograden, periodischen Strömung mit 4tägigem Zyklus nahezu gleichmäßig auf die gesamte Planetenoberfläche verteilt. Die abgekühlten Luftschichten sinken über den Polen ab und werden wieder in die Äquatorgegend zurückverfrachtet.

Die Sonden »Venus 9« und »Venus 10« übermittelten 1975 erstmals auch Venusfotos, die über die Beschaffenheit der Landestellen Aufschluß gaben und die übertroffen wurden von den jüngsten (1982) Farbbildern der Sonden »Venera 13« und »Venera 14«. Alle diese Bilder zeigen abgeflachte Gesteinsbrocken von unregelmäßiger Form. Durch die Radarforschung haben wir Hinweise darauf erhalten, daß es auf der Venusoberfläche **Krater** und **Gebirgszüge** gibt. Man hat vor allem zwei große Gebirgsregionen vermessen, denen man nach den beiden ersten Buch-

Zwei mächtige Schildvulkane dürften die Region »Beta« bilden, die etwa 30° nördlich des Venusäquators liegt (Zeichnung nach einer Radarkarte).

staben des griechischen Alphabetes die Namen Alpha- und Betagebirge gegeben hat. Ob und inwieweit es tätige Vulkane auf der Venus gibt, wofür man-ches zu sprechen scheint, müssen weitere Forschungen klären. Die von früheren Generationen geäußerten Gedanken und Vorstellungen über mögli-

Vom Himmelsnorden aus gesehen umkreisen alle Planeten die Sonne entgegen dem Uhrzeigersinn. Im gleichen Sinne erfolgt auch — mit Ausnahme der Venus — ihre Drehung um die eigene Achse. Die Venus dreht sich im Uhrzeigersinn um sich selbst.

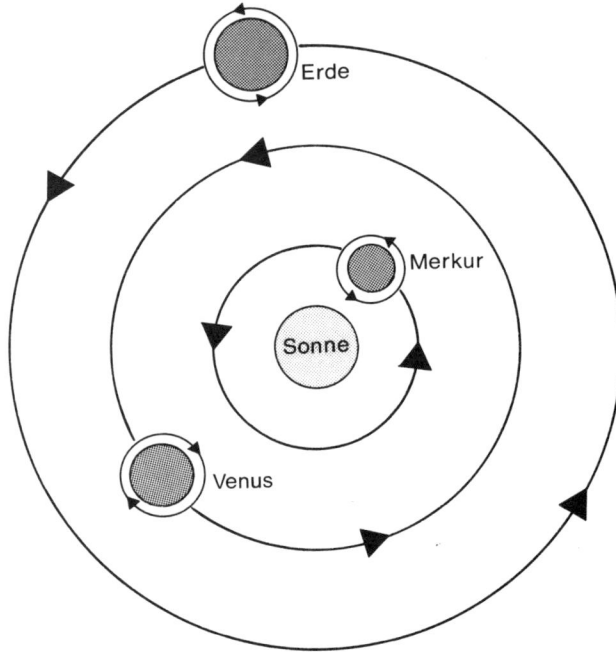

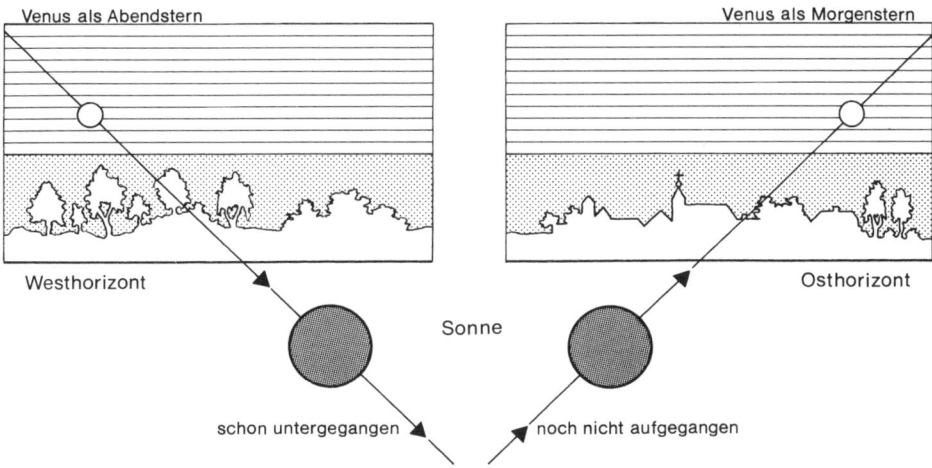

Abend- und Morgenstern sind ein und derselbe Stern: unser Nachbarplanet Venus.

che Lebensformen auf der Venus müssen nach dem, was wir heute von der Venus wissen, endgültig »zu den Akten gelegt« werden.

Durch das Fernrohr können wir wegen der dichten **Wolkenschicht**, die die Venus in einer Höhe von etwa 65 km über der Oberfläche ständig einhüllt, keinerlei Einzelheiten der Oberfläche erkennen. Diese Wolkenschicht bewegt sich wie erwähnt in 4 Tagen einmal um die Venus, während der Planet selbst 243 Tage für die Rotation benötigt. Da die Venus in 224,7 Tagen einmal um die Sonne kreist, dauert die Drehung um sich selbst also weit über ein Venusjahr.

Die Venus, nach Sonne und Mond das dritthellste Gestirn unseres Himmels (das wir unter günstigen Bedingungen sogar bei Tage beobachten können), hat eine besonders **starke Rückstrahlfähigkeit**. Dieses Vermögen, das empfangene Sonnenlicht zu reflektieren, nennt man **Albedo** (lat. = Weiße).

Noch eine Besonderheit macht die Venus zu einem beliebten Beobachtungsobjekt: Sie ist unser Morgen- und Abendstern »in **einer** Person«. Ihre Abendsichtbarkeit fällt in die Zeit der östlichen Elongation. Die Venus ist dann über dem Westhorizont nach Sonnenuntergang als strahlender Abendstern zu sehen. Ihre Sichtbarkeit am Morgen fällt in die Zeit der westlichen Elongation. Die Venus ist dann über dem Osthorizont als strahlender Morgenstern vor Sonnenaufgang zu sehen.

Mars

Der Mars ist wohl der bekannteste und volkstümlichste unter den Planeten. Lange Zeit galt er als »Favorit«, wenn es um die Frage nach außerirdischem Leben in unserem Sonnensystem ging. Ungezählte Science-Fiction-Romane, -Hörspiele und -Filme spielen auf unse-

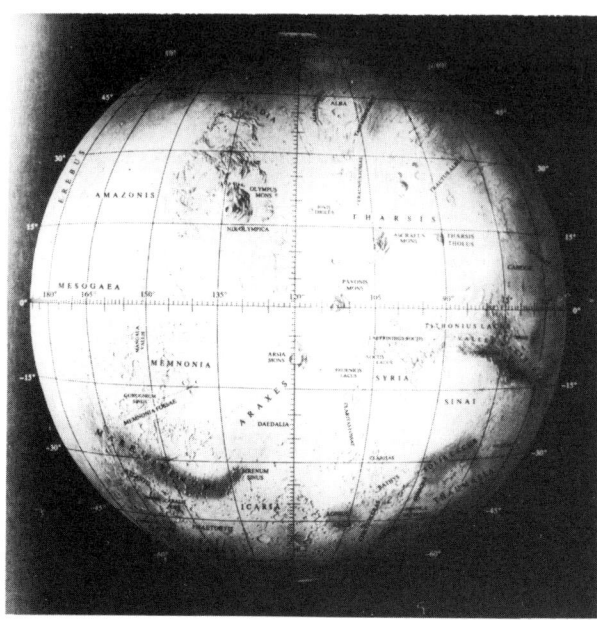

Kartographische Darstellung des Mars. Die großen hellen Gebiete tragen Namen wie Tharsis-, Amazonis- und Araxesregion. Die dunklen Flächen sind die »Meere« wie Mare Sirenum (Sirenenmeer) oder Solis Lacus (Sonnensee). Rechts am Rande unterhalb des Äquators das berühmte Valles Marineris, eine gewaltige Bruchzone. Im mittleren Bereich der Abbildung befinden sich einige Vulkane. Der höchste von ihnen, der Nix Olympica, erhebt sich am Längengrad 135.

rem roten Nachbarplaneten oder handeln von menschenähnlichen Wesen, die vom Mars kommen. Die Geschichte der UFOs (unbekannte Flugobjekte) liefert zu diesem Kapitel einen Sonderbeitrag. Hier bewahrheitet sich einmal mehr, was **Wilhelm von Humboldt** meint, wenn er schreibt: »Es gibt doch in der Welt nichts Interessanteres für den Menschen als wieder den Menschen.«

Die jüngste Forschung hat uns auch im Blick auf Mars und die Frage nach Leben auf ihm sehr viel nüchterner gemacht. Noch in den fünfziger und sechziger Jahren unseres Jahrhunderts galt es bei vielen Wissenschaftlern als höchstwahrscheinlich, daß die Marsoberfläche in bestimmten Zonen primitives pflanzliches Leben enthalte, das im Rhythmus der Jahreszeiten farbliche Veränderungen zeige. Heute wissen wir, daß diese sichtbaren Veränderungen auf der Marsoberfläche durch planetenweite Staubstürme zustandekommen.

Weder die sowjetischen Marssonden noch die »Mariner«-Sonden der USA noch auch die Untersuchungen des Marsbodens durch die »Viking«-Sonden haben uns direkte oder indirekte Hinweise auf die Existenz primitiven Marslebens geliefert. Die Laboruntersuchungen der Bodenproben haben keine Mikroorganismen festgestellt, so daß es nach dem derzeitigen Stand der Erkenntnisse **nicht** danach aussieht, daß der Mars in irgendeiner Form Träger von Leben ist. Irgendwo muß die vorbiologische (chemische) Entwicklung auf dem Mars steckengeblieben sein.

Die Marsoberfläche entspricht einer trockenen und kalten **Wüsten- und Ge-**

birgslandschaft. Der Sand weht vielfach zu **Dünen** zusammen. Als man auf den ersten Funkbildern von »Mariner 4« im Jahre 1965 zahlreiche Krater entdeckte, meinte man eine tote »Mondlandschaft« vor Augen zu haben. Inzwischen wissen wir durch das Fortschreiten der Forschung, daß der Mars wesentlich interessantere Formationen als die Krater zu bieten hat, die bei ihm übrigens stärkere Verwitterungen zeigen als auf dem Mond: eine Reihe von **trockenen Flußläufen, Schwemmgebiete** mit ausgewaschenen Tälern, **Einsturzzonen** mit zahlreichen Verwerfungen und große **vulkanische Erhebungen**.

Wahrscheinlich hat es auf dem Mars früher einmal sehr viel fließendes Wasser gegeben; die ausgedehnten Schwemmgebiete und flußartigen Talläufe sind Spuren dieser Vergangenheit. Möglicherweise besitzt der Mars auch heute noch Eislager unter dem Boden, deren Temperatur niemals über den Schmelzpunkt steigt. Dieses im Boden befindliche Wassereis (Permafrost) gibt es höchstwahrscheinlich an den beiden Polen des Mars. Es wird in vergangenen wärmeren Perioden des Mars aufgetaut sein und Flüsse und Seen gebildet haben.

Der größte Marsvulkan, gegenwärtig wohl nicht mehr tätig, ist **Nix Olympica** auch **Mons Olympicus** (Berg Olymp) genannt. Er besitzt einen Basisdurchmesser von 600 km und auf dem Gipfel, in einer Höhe von 25 km, einen Krater von 50 km Durchmesser. Damit dürfte er der größte Vulkan im ganzen Sonnensystem sein.

Der Mars hat nur eine **dünne Atmosphäre**, die zu 95% — ähnlich wie die der Venus — aus Kohlendioxid besteht.

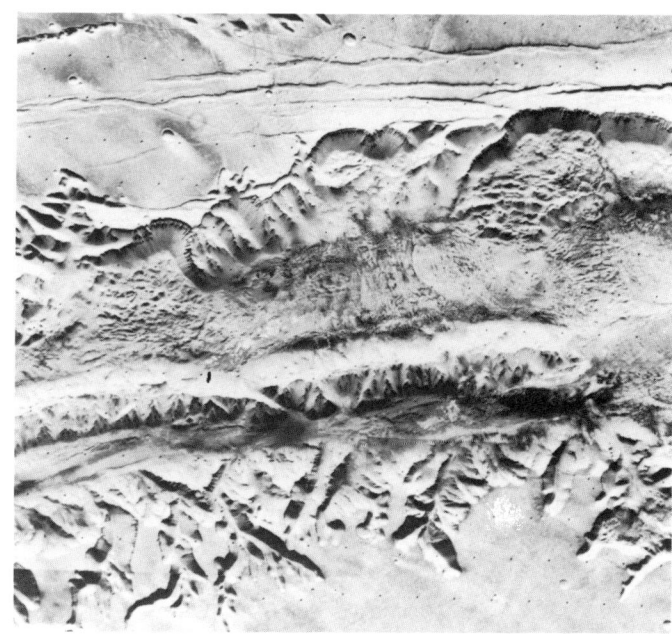

Einen gewaltigen Cañon stellt das von »Mariner 9« entdeckte Valles Marineris dar, das »Viking 1« am 23.8.1976 aus einer Entfernung von 4 200 km fotografierte. Der Graben, der sich über eine Gesamtlänge von über 4 000 km erstreckt, ist hier mehr als 100 km breit und etwa 6 000 m tief.

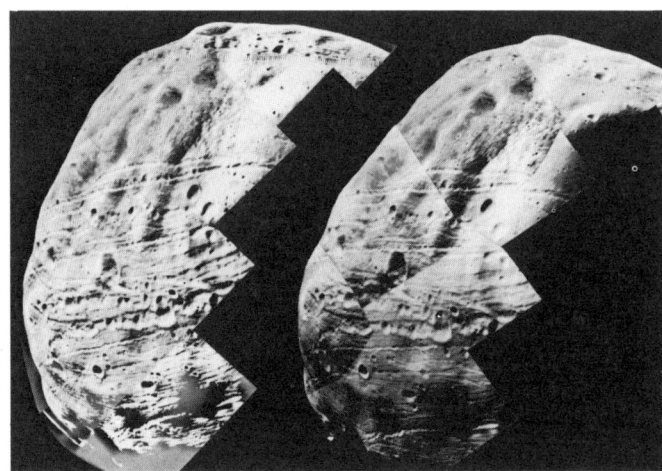

Bis auf weniger als 300 km kam »Viking 1« an den Marsmond Phobos heran. Es sind zahlreiche parallele Gräben zu erkennen, die teilweise von Kratern gesäumt sind. Bei dem rechten Teilbild handelt es sich um eine Computerbearbeitung der linken Aufnahme.

Ihre Dichte entspricht der der Erdatmosphäre in etwa 30 km Höhe. Auch in einer so dünnen Atmosphäre können Wolken und Bodennebel entstehen. Eis und Wolken bilden sich auf dem Mars nicht nur aus Wasser, sondern auch aus Kohlendioxid.

Die höchsten **Marstemperaturen** mittags am Äquator steigen auf + 20° C. Sie fallen aber wegen der dünnen Atmosphäre sehr bald und liegen zur Zeit des Sonnenuntergangs bereits bei -70° C, um des Nachts noch weiter zu sinken. Die tiefsten Temperaturen weisen natürlich die Pole auf; nachts sinken sie dort auf mindestens -120° C.

Die beiden **Monde** des Mars heißen Phobos und Deimos, »Furcht« und »Schrecken« — Namen, die mit Bedacht für die Begleiter des Kriegsgottplaneten ausgesucht wurden.

Jüngste amerikanische Marssonden, mit dem Namen „Mars Pathfinder" und „Mars Surveyor", 1996 gestartet, werden neue Erkenntnisse über unseren äußeren Nachbarplaneten vermitteln.

Kleine Planeten (Planetoiden)

Zwischen der Mars- und Jupiterbahn befindet sich der Gürtel der Kleinplaneten (**Asteroiden** oder **Planetoiden**). Damit ist die verhältnismäßig große Lücke zwischen Mars und Jupiter verständlicher, aber eine Fülle von Spekulationen nach wie vor offen. Die Astronomen vermuten, daß sich etwa 50 000 Klein- und Kleinstkörper in diesem Raum bewegen.

Ihre Entstehung dachte man sich früher so, daß dort aus irgendwelchen Gründen ein Großplanet, der die Masse aller Planetoiden in sich vereinte, auseinandergeplatzt sei und eine Vielzahl von Kleinkörpern in den Raum gesprengt habe. Heute erklärt man das Zustandekommen des Planetoidengürtels — eher umgekehrt — damit, daß die Urwolke aus Gas in jener Zone so dünn gewesen sei, daß sich kein großer Planet daraus habe bilden können.

Einige Kleinplaneten fallen durch den Verlauf ihrer **Bahnen** aus dem Rahmen. Sie kreuzen die Marsbahn nach innen und kommen der Erde verhältnismäßig nahe (wie z. B. Eros und Hermes), oder sie bewegen sich auf der Jupiterbahn und über sie hinaus (wie etwa Hidalgo) oder befinden sich sogar noch im Raum zwischen Saturn und Uranus, wie der erst 1977 entdeckte Chiron, der möglicherweise zu einem weiteren Gürtel von Planetoiden außerhalb der Saturnbahn gehört.

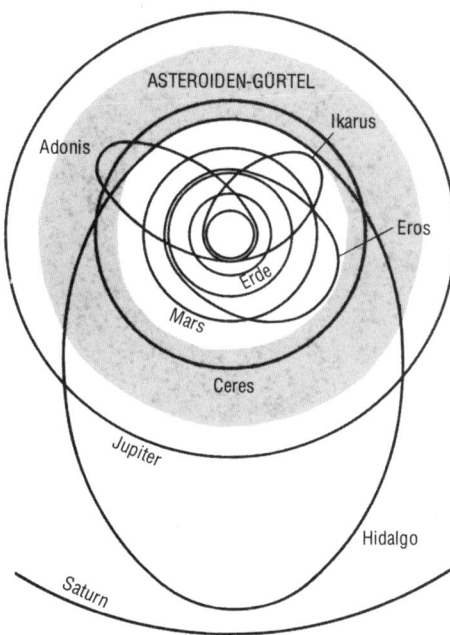

Die Mehrzahl der Planetoiden (auch: »Asteroiden«) hat ihre Umlaufbahn in der »Lücke« des Sonnensystems, die zwischen den Bahnen von Mars und Jupiter klafft. Ein paar allerdings schweifen ab. Ceres, der größte der Planetoiden, hingegen verläßt den Gürtel nicht.

Bisher sind etwa 5000 Kleinplaneten entdeckt worden; 2200 davon erhielten **Namen** und Nummern. Zuerst benannte man die Planetoiden nach antiken Göttinnen wie Ceres, Pallas, Juno und Vesta, später nach Städten und Naturforschern und schrieb sie immer mit einer weiblichen Endung. Vor allem aber verwandte man weibliche Vornamen, um die Welt der Planetoiden ganz den Damen zu widmen. So heißt der Himmelskörper 164 Eva, der Himmelskörper 798 Ruth, der Himmelskörper 832 Karin usw.

Es gibt manche lustige kleine Geschichte zur Entstehung dieser Namensgebungen. Der Astronom **Karl Reinmuth** aus Heidelberg, »Weltrekordler« in der Entdeckung von Planetoiden, hatte gerade zu der Zeit, als der Film **»Der blaue Engel«** mit **Marlene Dietrich** lief, den Kleinplaneten 1010 entdeckt. Er erzählt: »Ein jüngerer Kollege hatte den Film gesehen und sich dabei in Marlene Dietrich verliebt. Es war wirklich schlimm. Immer wenn wir beobachteten, schwärmte er von den göttlichen Beinen dieser unsterblichen Frau. Um meine Ruhe zu haben, taufte ich einen meiner Sterne nach dem Vornamen seines Idols«. Seither gibt es also den Planetoiden Marlene.

In die schöne Literatur ist der Gürtel der Planetoiden durch die bezaubernde Geschichte **»Der kleine Prinz«** von **Antoine de Saint-Exupéry** eingegangen, in der der Prinz von seinem kleinen Heimatplaneten aus viele andere Planetoiden bereist und die Merkwürdigkeiten und Geheimnisse des Lebens kennenlernt.

Wie groß sind die Kleinplaneten? Die überwiegende Mehrheit sind Himmelskörper von weit unter 100 km Durch-

Die 30 ersten Planetoiden in der Reihenfolge ihrer Entdeckung

Nr.	Name	entdeckt im Jahr	Durchmesser in km (ca.)	Rotationszeit in Stunden	Umlaufzeit um die Sonne in Tagen
1	Ceres	1801	1000	9,07	1681
2	Pallas	1802	500 (?)	10,67	1684
3	Juno	1804	200 (?)	7,21	1594
4	Vesta	1807	400 (?)	5,34	1325
5	Astraea	1845	100	16,80	1511
6	Hebe	1847	150	7,74	1380
7	Iris	1847	150	7,13	1345
8	Flora	1847	100	13,6	1193
9	Metis	1848	100	5,06	1347
10	Hygiea	1849	150	18	2040
11	Parthenope	1849		10,67	1403
12	Victoria	1850	50		1302
13	Egeria	1850		7,04	1510
14	Irene	1851	100		1520
15	Eunomia	1851	150	6,08	1569
16	Psyche	1852	100	4,30	1826
17	Thetis	1852		12,27	1417
18	Melpomene	1852		14,00	1270
19	Fortuna	1852		7,46	1394
20	Massalia	1852	100	8,09	1365
21	Lutetia	1852		6,13	1388
22	Kalliope	1852	100	4,14	1813
23	Thalia	1853		6,15	1556
24	Themis	1853		8,5	2026
25	Phocaea	1853			1358
26	Proserpina	1853			1581
27	Euterpe	1854		8,50	1313
28	Bellona	1854		15,7	1691
29	Amphitrite	1854	150	5,38	1491
30	Urania	1854		13,66	1329

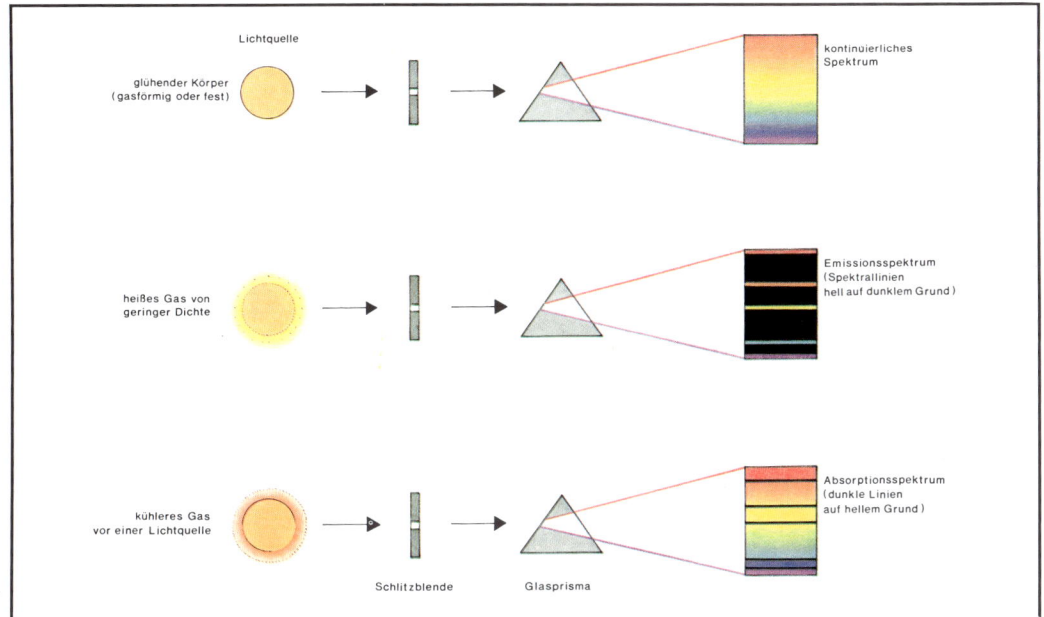

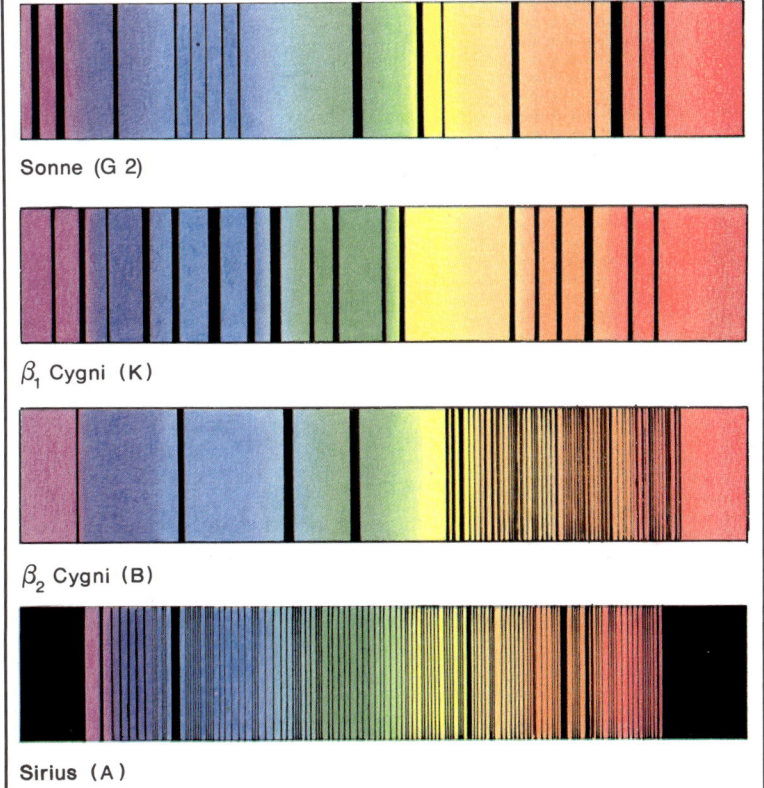

Spektralanalyse: Verschiedene Lichtquellen zeigen verschiedene Spektren. Die Sonne hat ein Absorptionsspektrum.

Spektren verschiedener Sterne: der Sonne, zweier Sterne im Schwan und des Sirius. An den unterschiedlichen Fraunhoferschen Linien erkennt man die Elemente, die auf den Sternen vertreten sind.

Der Mond im Primär-
fokus eines Celestron-14-
Teleskops. Fast jeder
fotografisch interessierte
Amateur wählt den
Mond als erstes Objekt.
Die Belichtungszeiten
sind sehr kurz: 1/10—
1/25 s. Erste Ergebnisse
fallen jedoch oft ent-
täuschend aus, da die
Beeinträchtigung
durch Luftunruhe unter-
schätzt wird. Besonders
gutes »Seeing« hat man
dagegen nach heftigen
Sommergewittern und in
kalten Winternächten.

Der Mondkrater Koperni-
kus und seine Umgebung
zeigen eine große Detail-
vielfalt. C-14-Teleskop,
35 cm Öffnung, 4000 mm
Brennweite, Okular-
projektion mit 12-mm-
Okular, t = 1/2 s, auf
Kodak E 200.

Blick aus der Mondum-
laufbahn von »Apollo 8«
auf die Erde (Heilig-
abend 1968).

Astronaut Aldrin als
Besatzungsmitglied von
»Apollo 11« im Juli 1969
auf dem Mond.

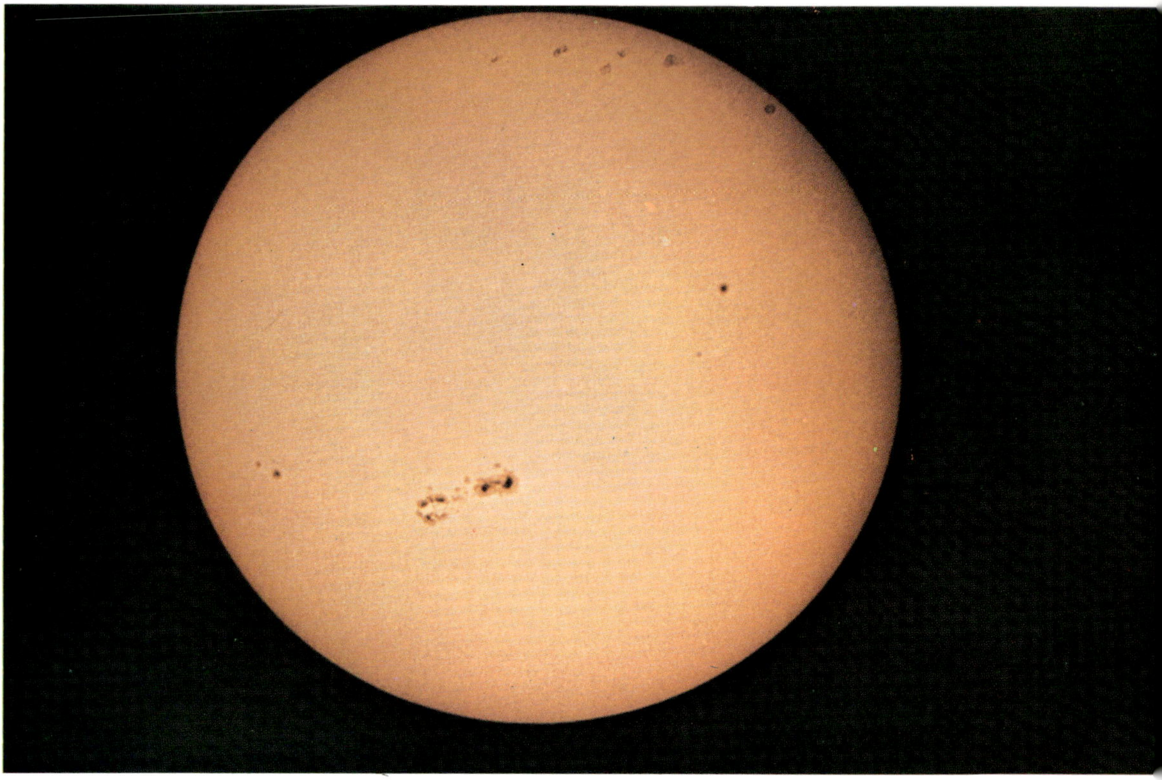

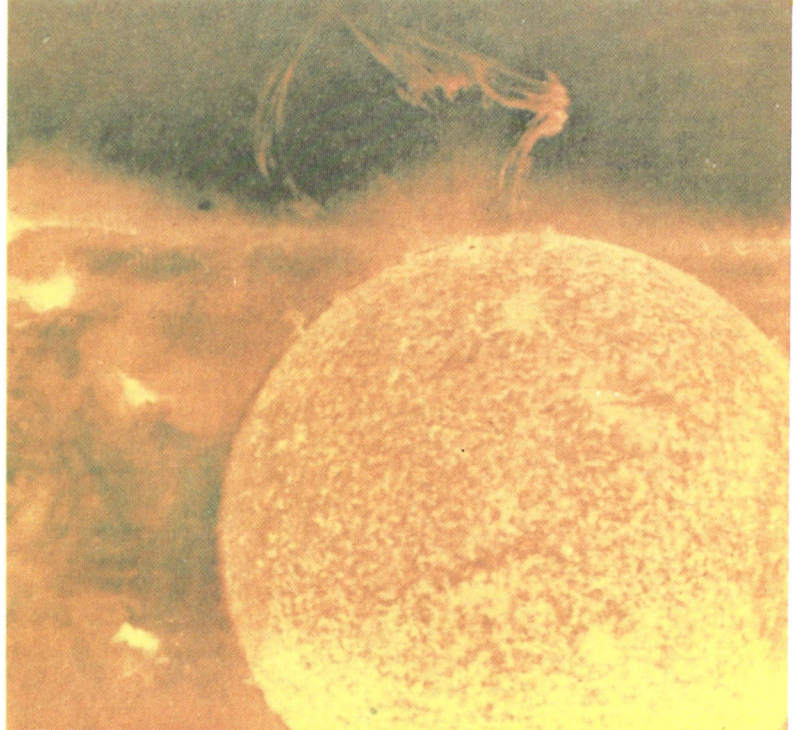

Sonnenflecken sind ein reizvoller Beobachtungsgegenstand, besonders wenn man sie über längere Zeit protokolliert. Diese Aufnahme entstand durch ein C 8 mit Objektivglasfilter. Bei der großen Öffnung von 20 cm läßt sich sogar noch die Granulation »erahnen«.

Aufnahme der Sonne am 9.8.1973 von Bord der Raumstation »Skylab«. Die »Körnung« der Sonnenscheibe deutet auf Temperaturunterschiede im Bereich der unteren Sonnenatmosphäre hin. Am oberen Sonnenrand wurde kurz vor der Aufnahme eine gewaltige Gaswolke weggeschleudert.

Während der Sonnenfinsternis 1980 in Kenia gelang Rolf Bitzer diese Aufnahme der inneren Sonnenkorona und einer Vielzahl von gewaltigen Protuberanzen. C 8 mit herabgesetzter Brennweite (1000 mm), 1/500 s, auf E 200.

Eine Mondfinsternis, beobachtet durch ein C 5. Der »rote« Mond empfängt sein Licht in diesem Moment durch Reflexion von der Erde und bietet so einen besonders reizvollen Anblick.

Die Oberfläche des sonnennächsten Planeten Merkur
gleicht sehr der unseres Mondes, bis auf das fast völlige
Fehlen von Maregebieten. Die
Streifen und Helligkeitsunter-
schiede beruhen auf der
Mosaiktechnik, mit der die von
»Mariner 10« gewonnenen Bilder auf der Erde zusammen-
gesetzt wurden.

Ein kleiner Ausschnitt der Merkuroberfläche — aus 20000 km
Höhe über dem Merkur aufgenommen — zeigt Krater unterschiedlicher Altersstufen des
Planeten. Jüngere Krater weisen einen scharfen Rand auf,
während ältere Kraterstruktu-
ren durch unzählige Einschläge
eingeebnet wurden.

Die Venus in ihrer sichelförmigen Gestalt, aufgenommen durch ein Amateurteleskop. Die dichte Wolkenhülle der Venus macht es unmöglich, irgendwelche Details zu erkennen.

Im Jahre 1974 fotografierte »Mariner 10« die Venus im ultravioletten Licht. Erst auf diese Weise wurden die gewaltigen Wirbel und Strömungen in der Venusatmosphäre sichtbar.

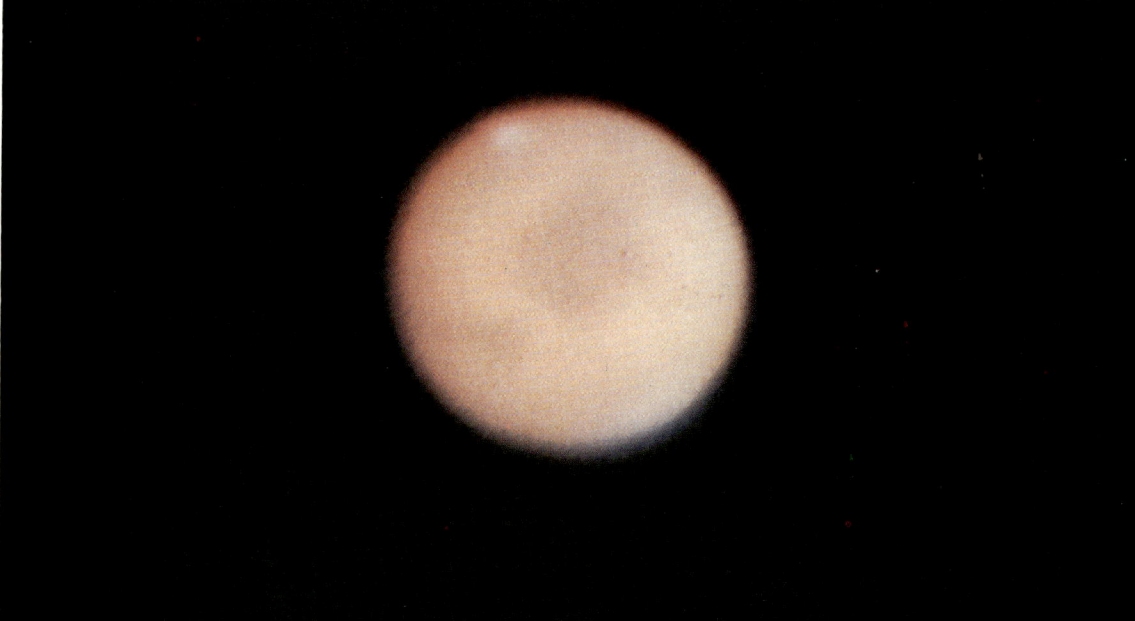

Der Mars durch ein Amateurfernrohr (C 8). Gerade wegen seiner großen Helligkeit ist er kein leicht zu fotografierendes Objekt. Man erkennt die Polkappen, jedoch nur sehr wenige Oberflächendetails.

Olympus Mons, mit 600 km Schilddurchmesser und 80 km Kraterdurchmesser der größte Vulkan des Mars und wohl auch des Sonnensystems (NASA-Foto).

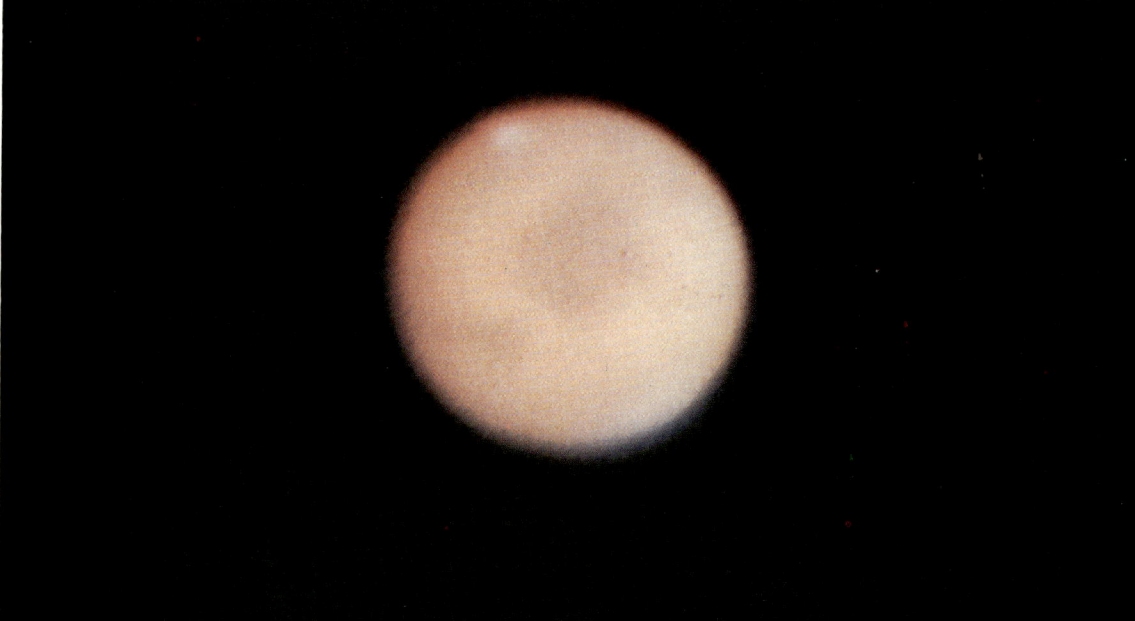

Der Riesenplanet Jupiter, fotografiert mit einem Celestron-8-Fernrohr, mit Okularprojektion (Okular 6 mm, f = 2000 mm, t = 1 s, auf Kodak E 400).

Die Monde Io und Europa schweben vor dem Großen Roten Fleck.

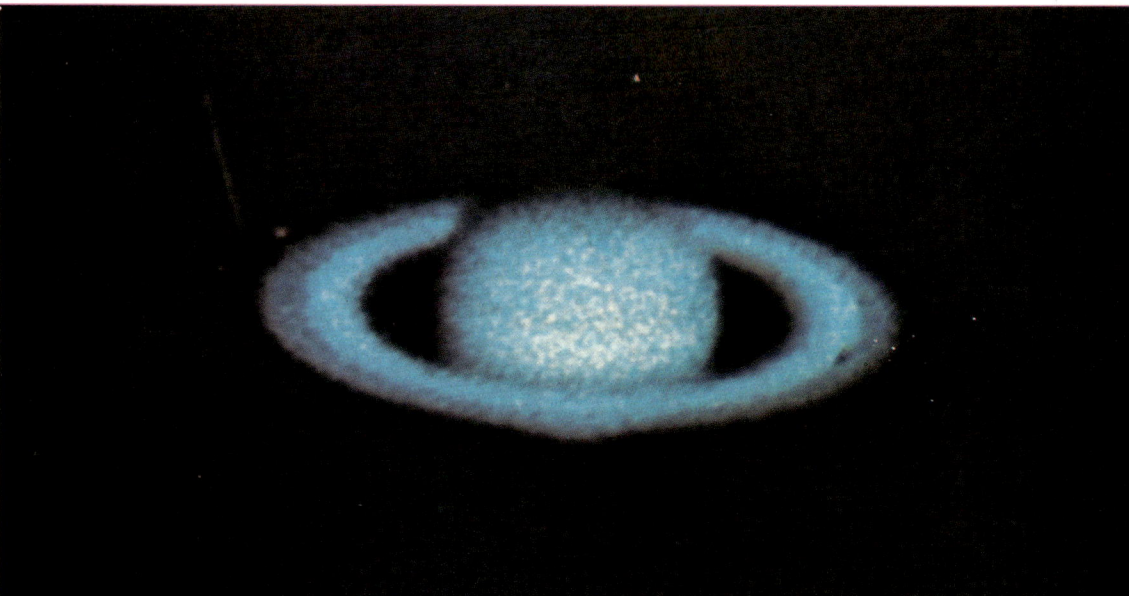

Der Saturn zeigt durch ein Amateurfernrohr (C 8) wesentlich weniger Oberflächendetails als Jupiter. Erst relativ große Amateurfernrohre lassen Strukturen in dem Ringsystem erkennbar werden.

Eine Vergleichsaufnahme des Saturns: links von »Voyager 1«, rechts von »Voyager 2«. Trotz der geringen Entfernung ist es notwendig, die von den Kameras gewonnenen Farbwerte stark zu überhöhen, um die verschiedenen Gürtel in der Saturnatmosphäre deutlich hervortreten zu lassen.

Komet West aus dem Jahre 1976, fotografiert von dem Münchener Amateurastronomen Peter Stättmaier. Auch heute noch ist die Kometensuche eines der lohnendsten Gebiete für den Amateur.

Ein Meteor aus dem Leonidenschwarm, der wie ein Feuerball in der Erdatmosphäre verglüht.

Der Andromedanebel (M 31), über 1 Mill. Lichtjahre von uns entfernt und dennoch unsere Nachbargalaxis. C 8 Schmidt-Kamera, 15 min auf E 400.

M 3 — einer der vielen tausend Kugelsternhaufen, die besonders lohnende Objekte auch für kleinere Amateurfernrohre darstellen.

Trifidnebel (M 20): ein Emissionsnebel und somit ein besonders lohnendes Objekt für die Astrofotografie. C 8 mit Tiefkühlkamera, 30 min, auf E 400.

Der Omeganebel (M 17). C 14, 1 h, auf E 400.

Die Plejaden (M 45). Dieses »Siebengestirn« zeigt bereits im Feldstecher, daß es aus einer Vielzahl von Einzelsternen besteht und einen sogenannten offenen Sternhaufen bildet (C-8-Teleskop).

Der zarte Pferdekopfnebel im Sternbild Orion. Als ein erster Versuch ist dies eine gelungene Aufnahme für einen jungen Hobbyastronomen. Aufnahme ohne spezielle Techniken oder Nachbehandlung. C 8, f = 1000 mm, t = 20 min, auf Fuji 400.

Teil der Milchstraße im Sternbild Schütze, mit Satellitenspur. Eine Unzahl von künstlichen Erdsatelliten »verunreinigt« heute den Himmel.

Eine große Planetenkonjunktion im Jahre 1974. Venus, Jupiter, Mars und auch der Mond befinden sich alle im gleichen Himmelsabschnitt. Aufnahme mit einfacher Kleinbildkamera und 135-mm-Teleobjektiv.

Eine der schönsten bekannten Polarlichtaufnahmen, aufgenommen in Schweden 1981. Durch den Sonnenwind werden über den magnetischen Polen der Erde Atmosphäreteilchen zum Leuchten angeregt.

Auf dem Weg zur ersten Mondlandung nahmen im Jahre 1969 die amerikanischen Astronauten aus 180000 km Entfernung dieses wohl schönste Bild unserer Erde auf. Man erkennt deutlich den gesamten Nahen Osten, die Straße von Hormus, das Rote Meer und einen großen Teil Afrikas.

Ceres, der größte Planetoid, den wir kennen. Nach neueren Messungen hat er sogar einen Durchmesser von 1048 km.

messer. Die kleinsten noch als Planetoiden anzusprechenden Objekte haben einen Durchmesser von 50 m, die größten Planetoiden — wie Ceres, Chiron, Pallas und Vesta — besitzen einen Durchmesser von mehreren hundert Kilometern. Möglicherweise sind die beiden Marsmonde Phobos (ein unregelmäßiger Brocken; 18 x 22 km groß) und Deimos (12-13 km Durchmesser) eingefangene Kleinplaneten.

Jupiter

Der Jupiter ist der **größte Planet** unseres Sonnensystems und führt die Reihe der »jupiterähnlichen« Planeten an. Sein Durchmesser beträgt am Äquator 142 800 km und übersteigt den Durchmesser des Erdäquators um das Elffache.

An den Polen Jupiters macht sich eine starke **Abplattung** bemerkbar; der Durchmesser von Pol zu Pol ist 8 800 km kürzer als der Äquatordurchmesser. Der Grund für diese starke Abplattung an den Polen liegt in der äußerst **raschen Rotation** des Jupiters: Am Äquator beträgt sie 9 Stunden und 50 Minuten, in den mittleren und höheren Breiten etwa 5 Minuten mehr. Jupiter und Saturn sind die beiden Planeten mit der größten Masse und der geringsten Dichte.

Mit einem Amateurfernrohr ab 10 cm freie Öffnung können wir auf der Jupiterscheibe bereits eine ganze Reihe von Einzelheiten erkennen. Da Jupiter von einer dichten **Atmosphäre** mit den verschiedensten Wolkenbewegungen umgeben ist, sind diese erkennbaren Einzelheiten allerdings keine Oberflächenerscheinungen, sondern durchweg atmosphärische Phänomene.

Wir unterscheiden zwischen **dunklen Bändern** und **hellen Zonen,** die — abwechselnd — parallel zum Äquator verlaufen. Die hellen Streifen sind aufsteigende Gasströme, die dunklen Streifen absteigende Ströme. Die Temperatur an der Wolkenoberfläche beträgt -145 °C. Oft können wir helle und rötliche Flecke, Brücken und Girlanden zwischen den Bändern und Zonen wahrnehmen, die sich aber in kurzer Zeit wieder verändern.

Am bekanntesten und beständigsten ist der **Große Rote Fleck** (GRF), ein riesiger atmosphärischer **Wirbelsturm** auf der Südhalbkugel. Er verändert seine Farbe und scheint zeitweise ganz verschwunden zu sein, taucht dann aber immer wieder in seiner ovalen Gestalt — wie ein Auge — auf. Seine Ost-West-Länge beträgt 40 000 km, seine Nord-Süd-Breite 15 000 km.

Winde und **Stürme** auf dem Jupiter erreichen Geschwindigkeiten von 150 m/s und übersteigen damit die Geschwindigkeit von Orkanen auf der Erde um das Fünffache. Ungeheure elektrische Entladungen in Form von **Gewittern** müssen diese atmosphärischen Bewegungen und Strömungen begleiten.

Die **Atmosphäre** Jupiters besteht zu 85 % aus Wasserstoff, zu 14 % aus Helium und zu 1 % aus Methan, Ammoniak und anderen Elementen. Wahrscheinlich ergibt sich die kennzeichnende rötliche Färbung der Jupiterwolken durch eine Verbindung von Ammoniak und Schwefelwasserstoff, wobei auch Phosphor mitwirken mag.

Vor allem durch die Erkundungen der »Pioneer«-Sonden 10 und 11 (1972 und 1973 gestartet) und der Raumschiffe »Voyager 1« und «Voyager 2« (Start 1977) haben wir viele neue Kenntnisse über den Jupiter gewonnen. Die Auswertung der zahlreichen Fotos, Messungen und Daten ist noch nicht abgeschlossen.

Zu den Neuentdeckungen zählen z. B. der große und starke **Strahlungsgürtel,** den Jupiter besitzt, der **Ring** um den Riesenplaneten in einer äußeren Entfernung von 57 000 km und die drei weiteren Monde, die 1979 durch die Raumsonden gefunden wurden. Von den inzwischen entdeckten 16 **Jupitermonden** können wir — wie einst Galilei — die vier größten bereits in einem kleinen Fernrohr erkennen. Es ist reizvoll, den Tanz dieser vier Satelliten des Jupiters über ein paar aufeinanderfolgende Tage hinweg zu beobachten.

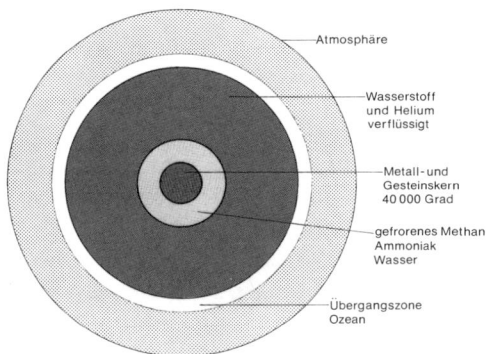

Atmosphäre

Wasserstoff und Helium verflüssigt

Metall- und Gesteinskern 40 000 Grad

gefrorenes Methan Ammoniak Wasser

Übergangszone Ozean

Innerer Aufbau des Jupiters.

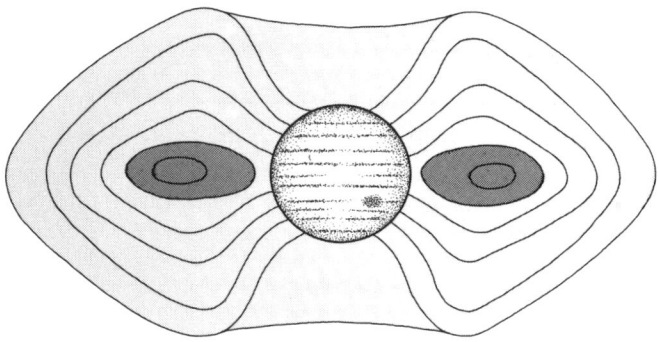

**Mit Radioteleskopen gelang es, das starke Magnetfeld rund um Jupiter zu kartieren.
Es ist bei weitem größer als die Magnetosphäre der Erde.**

Die vier größten Jupitermonde

Nummer	Name	Durchmesser	Mittlere Entfernung von Jupiter
1	Io	3 640 km	421 400 km
2	Europa	3 070 km	670 500 km
3	Ganymed	5 220 km	1 069 000 km
4	Kallisto	4 890 km	1 881 200 km

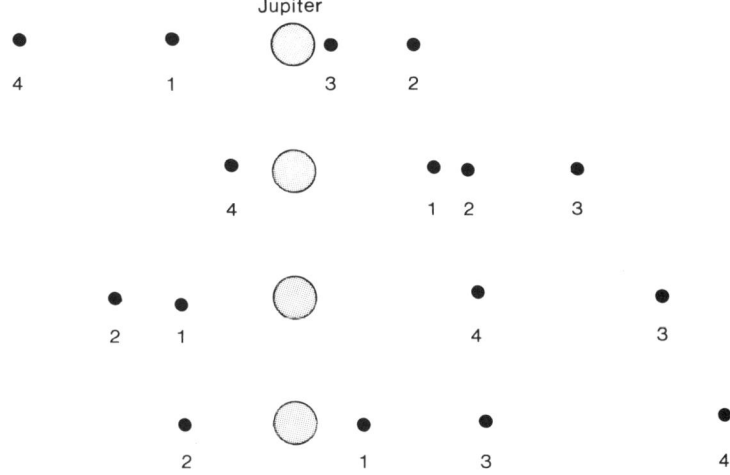

Bewegungen der vier größten Monde um Jupiter innerhalb von vier Tagen.

Die Umlaufbahnen von acht der Trabanten des Jupiters.

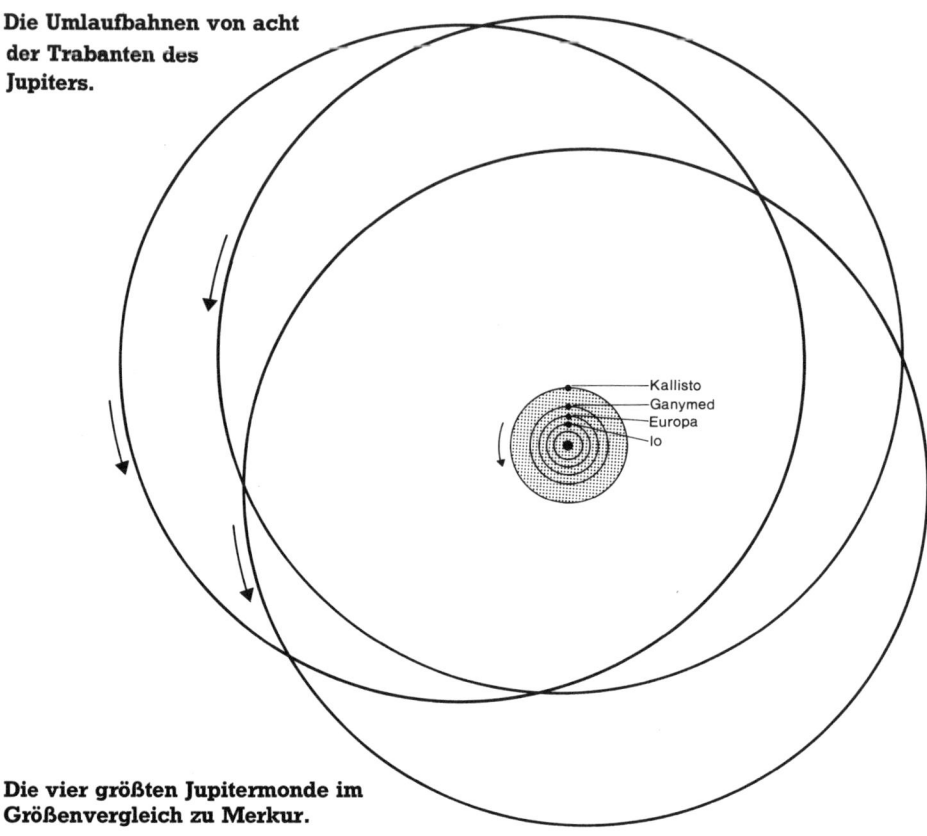

Kallisto
Ganymed
Europa
Io

Die vier größten Jupitermonde im Größenvergleich zu Merkur.

Kallisto

Ganymed

Europa

Io

Merkur

Saturn

Die im Sonnensystem nach außen hin folgenden Planeten Saturn, Uranus und Neptun haben alle **starke Ähnlichkeit mit Jupiter**. Der Saturn erschien bis vor wenigen Jahren durch seinen **Ring** als der eigenartigste Planet. Diesen Ruf der Besonderheit hat er verloren, als 1977 um den Uranus und 1979 auch um den Jupiter ein solcher Ring entdeckt wurde. Immerhin aber hat Saturn den — für uns — auffälligsten und lichtstärksten Ring, während man die Ringe um Uranus und Jupiter auch mit größeren Teleskopen nicht wahrnehmen kann, so

Amateuraufnahme des Saturns.

daß nach wie vor der Fernrohrblick auf den beringten Saturn als »optischer Leckerbissen« der Amateurastronomie gilt.

Schon länger wußte man, daß der Ring des Saturns eigentlich aus mehreren Ringen besteht, und unterschied von außen nach innen die Ringe A, B und C. Wir müssen also vom »**Ringsystem**« des Saturns sprechen. Zwischen dem Ring A und B verläuft eine Trennungslinie, die nach ihrem Entdecker **Giovanni Domenico Cassini** (1625-1712) die **Cassinische Teilung** (oder: Trennung) heißt. 1969 fand man auf fotografischem Wege noch einen weiteren Ring, der fast bis an die äußerste Schicht der Saturnatmosphäre reicht, und gab ihm den Buchstaben D zur Kennzeichnung. Auch weitere Teilungslinien wurden sichtbar. »Pioneer 11« half in jüngster Zeit noch zwei Saturnringe mehr entdecken: die Ringe F und E, beide noch außerhalb von Ring A liegend. Ring A — und damit das hauptsächliche Ring-

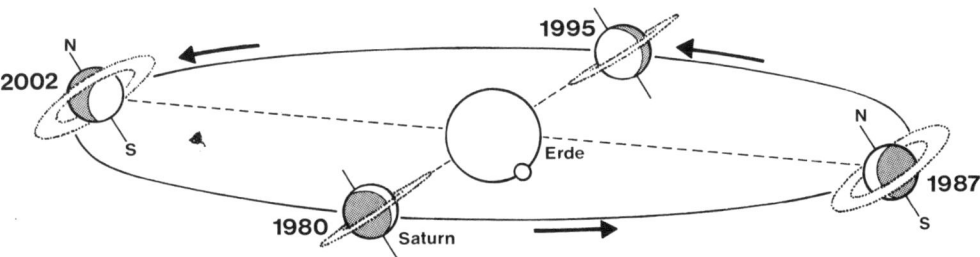

Ringstellungen des Saturns.

Je nach Lage des Saturns auf seiner Bahn um die Sonne sehen wir sein Ringsystem in verschiedener Gestalt.

Mit dem Saturn-
mond Mimas muß
in der Früh-
geschichte des
Sonnensystems ein
großer Brocken
zusammengestoßen
sein. Dieser hinter-
ließ in der Ober-
fläche des knapp
400 km großen Tra-
banten einen Krater
von etwa 100 km
Durchmesser und
9 km Tiefe.

systems des Saturns — hat einen äußeren Durchmesser von 278 000 km, während seine — vermutlich ungleichmäßi-
ge — Dicke nur etwa 15 km beträgt. Die
Ringe selbst bestehen aus unzähligen
Einzelteilen, angefangen von Eisstaub-
körnern von wenigen Mikron bis hin zu
felsbrockenartigen Körpern.
Der Saturnring ist übrigens von der Erde aus nicht immer in der gleichen Weise zu sehen. Da Saturn auf seiner Bahn
um die Sonne in ganz verschiedene
Stellungen zur Erde gerät, sehen wir
auch seinen Ring von Zeit zu Zeit in verschiedener Perspektive. Am günstigsten für die Beobachtung ist der Zeitpunkt der größten Ringöffnung, wenn
wir Erdbewohner entweder auf die
Nord- oder auf die Südseite des Ringsy-

stems schauen. Ungünstig dagegen ist
der Zeitpunkt der Kantenstellung des
Ringes, wenn wir gewissermaßen dem
Ring auf die Kante sehen, so daß er äußerst schmal und dunkel erscheint und
im Fernrohr praktisch verschwindet.
Mindestens 17 **Monde** umkreisen den
Saturn. Zwei »Kleinstsatelliten« wurden
bereits durch Auswertung der von
»Voyager 2« zurückgesandten Fotos entdeckt.

Der größte Saturnmond ist **Titan**, der
einen Durchmesser von 5 150 km und
eine dichte, undurchsichtige Atmosphäre aus Methan, Stickstoff, Kohlendioxid,
Wasserstoff und anderen Gasen besitzt.
Es wurden Temperaturen von -20 ° bis
-160 ° gemessen.

Uranus und Neptun

Den Abschluß unserer Planetenbetrachtung bilden Uranus, Neptun und Pluto. Sie bewegen sich in der Gegenwart und in den kommenden Jahren bis 1990 vor dem Hintergrund der Sternbilder Schütze, Skorpion, Waage und Jungfrau.

Uranus fällt dadurch auf, daß seine Rotationsachse um 98 ° gegen die Bahnebene geneigt ist, die Uranuskugel bei der Wanderung um die Sonne also fast waagerecht »**auf der Seite**« liegt. Dieser Planet neigt deshalb abwechselnd die Gebiete um den Äquator und die Polbereiche der Sonne bzw. der Erde zu. Nordpol und Südpol haben ein halbes Uranusjahr lang Nacht und ein halbes Uranusjahr lang Tag. Da ein Uranusjahr aber 84 Erdenjahren entspricht (der Weg des Uranus um die Sonne ist viel länger !), bedeutet das, daß an den Polen des Uranus jeweils 42 Erdenjahre lang Sonnenschein und 42 Jahre lang Dunkelheit herrschen! Die dichte und grünlich schimmernde **Atmosphäre** aus Methan und Wasserstoff erlaubt keinen Blick auf die Oberfläche des Uranus. Da seine scheinbare Größe über 6,^{m}O steigt, kann man ihn unter günstigen Bedingungen und bei genauer Kenntnis seiner Position noch mit dem bloßen Auge wahrnehmen. Einzelheiten der Wolkenstruktur können nur große Teleskope sichtbar machen. Die größten fünf **Monde** des Uranus heißen: Ariel, Umbriel, Titania, Oberon und Miranda. Insgesamt wurden bisher 15 Satelliten um Uranus entdeckt. Ähnlich wie bei Saturn wurden 7 feine Ringe nachgewiesen.

Neptun ist berühmt durch seine Entdeckungsgeschichte (siehe Abschnitt »**Aus der Geschichte der Astronomie**«). Auch seine Scheibe zeigt eine leicht grünliche Einfärbung, was ebenfalls auf den hohen Methananteil in der **Atmosphäre** zurückzuführen ist. Er braucht 164,8 Jahre zu einem Sonnenumlauf, wobei ihn acht **Monde** begleiten, wobei Triton und Nereid(e) die größten sind. Jüngste Messungen ergeben für Triton einen ähnlich großen Durchmesser, wie wir ihn vom Saturnmond Titan her kennen.

Nähere Aufschlüsse und detaillierte Fotos erbrachte die Sonde »Voyager 2«, die 1986 an Uranus und 1989 an Neptun vorbeigeflogen ist.

Pluto

Der Pluto, als Stern 14. Größe nur von großen Fernrohren erfaßbar, hat von allen Planeten die **stärkste Bahnexzentrizität** (= Abweichen, Abstand vom Mittelpunkt); ein Teil seiner Bahn verläuft noch innerhalb der Neptunbahn. Wie unsicher auch heute noch Angaben über so ferne Himmelskörper wie Pluto sind, zeigt die Tatsache, daß man bisher in allen Veröffentlichungen den **Durchmesser** Plutos auf etwa 6 000 km veranschlagte, seit 1978 aber, dem Jahr der Entdeckung des Plutomondes Charon, nur noch mit einem Durchmesser von etwa 3 000 km (die Hälfte weniger!) rechnet. Der Mond Charon hat wohl einen Durchmesser von 1 500 km, entspricht also einem größeren Planetoiden.

Möglicherweise ist Pluto **nicht** der äußerste Planet unseres Sonnensystems. Schon lange hat man die Existenz eines zehnten großen Planeten vermutet, und zwar auf Grund einiger sonst unerklärlicher Bahnstörungen in der Bewegung von Uranus und Neptun. Sogar ein Name wurde schon gefunden — eine Verlegenheitslösung allerdings —, nämlich **»Transpluto«**, was auf deutsch heißt: Planet jenseits von Pluto. Bisher blieben alle Forschungen und Beobachtungen ohne Ergebnis. Doch noch ist die »Transpluto-Akte« nicht geschlossen... Neuerdings gibt es erste Bilder von Pluto, die wir dem Weltraumteleskop »Hubble« verdanken: Auf dem sonnenfernsten Planeten wechseln helle und dunkle Regionen, Täler und Krater.

70% der Masse Plutos bestehen aus Gestein, das von Eis und flüchtigen chemischen Verbindungen bedeckt ist. Die Temperatur bleibt tief im Minusbereich, ändert sich aber innerhalb der Minusskala je nach Entfernung von der Sonne.

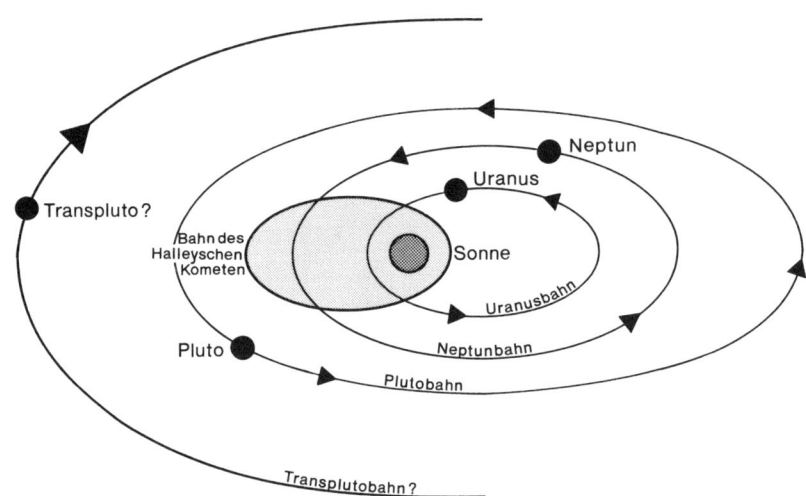

Vermutete Bahn eines 1972 von dem amerikanischen Astronomen Joseph Brady postulierten Planeten »Transpluto«. Laut Brady können die beobachteten Bahnunregelmäßigkeiten des Halleyschen Kometen nur von einem weiteren Planeten verursacht werden. »Transpluto« umkreise die Sonne in einer Entfernung von rund 10 000 Mill. km; ein Umlauf dauere 464 Jahre.

Daten der Planeten unseres Sonnensystems

	Merkur	Venus	Erde	Mars	Jupiter	Saturn	Uranus	Neptun	Pluto
Mittlere Entfernung von der Sonne in Millionen km	57,9	108,2	149,6	227,9	778,3	1427	2869,5	4496,5	5900
Umlaufzeit (siderisch) in Tagen bzw. Jahren	88 T.	224,70 T.	365,26 T.	686,98 T.	11,86 J.	29,46 J.	84,02 J.	164,79 J.	247,70 J.
Äquatordurchmesser in km	4878	12102	12756	6787	142796	120000	50800	49400	2420
Mittlere Bahngeschwindigkeit in km/s	47,9	35,0	29,8	24,1	13,1	9,6	6,8	5,4	4,7
Masse in Erdmassen	0,0558	0,815	1,000	0,107	318,00	95,15	14,55	17,23	0,0022
Dichte in g/cm^3	5,44	5,16	5,52	3,95	1,33	0,69	1,21	1,70	0,9
Schwerebeschleunigung an der Oberfläche in cm/s^2	360	850	982	376	2600	1120	940	1300	?
Bahnexzentrizität	0,206	0,007	0,017	0,093	0,048	0,056	0,047	0,009	0,25
Bahnneigung gegen Ekliptik	7°0,3'	3°23,7'	—	1°51,0'	1°18,3'	2°29,4'	0°46,4'	1°46,4'	17°8'
Neigung des Äquators gegen die Bahnebene	7°?	6°?	23°27	25°10	3°07	26°45	98°	29°	?
Rückstrahlvermögen (Albedo)*	0,06	0,76	0,39	0,15	0,51	0,42	0,66	0,62	?
Zahl der Monde	—	—	1	2	16	17	15	8	1

* Die Albedo (lateinisch: albus = weiß) gibt man nicht in Prozentzahlen, sondern in Dezimalwerten an. So bedeutet die hohe Albedo der Venus von 0,76 eine Rückstrahlfähigkeit von 76%, d.h. 76% des auftreffenden Sonnenlichtes werden reflektiert.

Kometen und Meteoriten

Außer den Planeten mit ihren Monden und den Planetoiden zwischen Mars und Jupiter ziehen noch die Kometen sowie Gesteinsbrocken und Staubkörner **(Meteoriten)** ihre Bahnen durch unser Sonnensystem. Die Leuchterscheinung, die ein Meteorit hervorruft, wenn er in die Erdatmosphäre eindringt, wird **Meteor** (volkstümlich „Sternschnuppe") genannt. Erreicht so ein Körper, statt in der Erdatmosphäre zu verglühen, die Erdoberfläche, heißt er **Meteorit.** Solche Meteoriten finden wir oft in Naturkunde-Museen.

Die **Kometen** (grch.: Haar- oder Schweifsterne) sind Himmelskörper aus Staub und größeren Materieteilchen, die **in Eis** aus Wasser, Methan, Ammoniak, Kohlendioxid und anderen Gasen **eingefroren** sind. Man hat die Kometen deshalb in der astronomischen Literatur als »schmutzige Schneebälle« bezeichnet.

Ihre Zusammensetzung erinnert an die Zusammensetzung der jupiterartigen Planeten. Genauer betrachtet gliedert sich ein Komet in verschiedene Formen. Der **Kern**, aus den genannten Eis- und Staubteilen bestehend, kann einen Durchmesser von 1 bis 50 km besitzen. Wenn sich der Kometenkern auf seiner Bahn um die Sonne dem Zentralgestirn allmählich nähert, erwärmt sich der »schmutzige Schneeball«; die Gase verdampfen, der Staub löst sich zu einem Teil, und es bildet sich die sogenannte **Koma**, eine Wolke aus Gas und Staub, die den Kern des Kometen wie eine Atmosphäre umgibt und einen gewaltigen Durchmesser bis zu 150 000 km, gelegentlich aber auch von über 1 Million km hat. Kern und Koma bilden zusammen den **Kopf** des Kometen.

Tritt der Komet nun in das innere Planetensystem ein und damit in unmittelbare **Sonnennähe**, »bläst« der Strahlungsdruck der Sonne (Sonnenwind) die verdampften Gase und Staubteilchen vom Kopf des Kometen weg, und es entsteht der lange und äußerst dünne **Kometenschweif**, der immer von der Sonne ab-

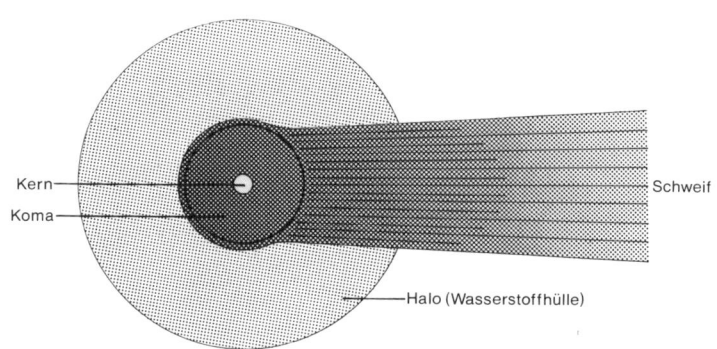

Aufbau eines Kometen.

Taucht ein Komet aus den Tiefen des Sonnensystems auf, wird er erstmals in der Nähe des Asteroidengürtels sichtbar. Wenn er sich der Marsbahn nähert, beginnt sich seine Koma zu entwickeln. Bald darauf fängt sein Schweif zu wachsen an, der in Sonnennähe seine maximale Ausdehnung erreicht. Bei der Rückkreise des Kometen in die Tiefen des Sonnensystems werden Schweif und Koma zunehmend kleiner.

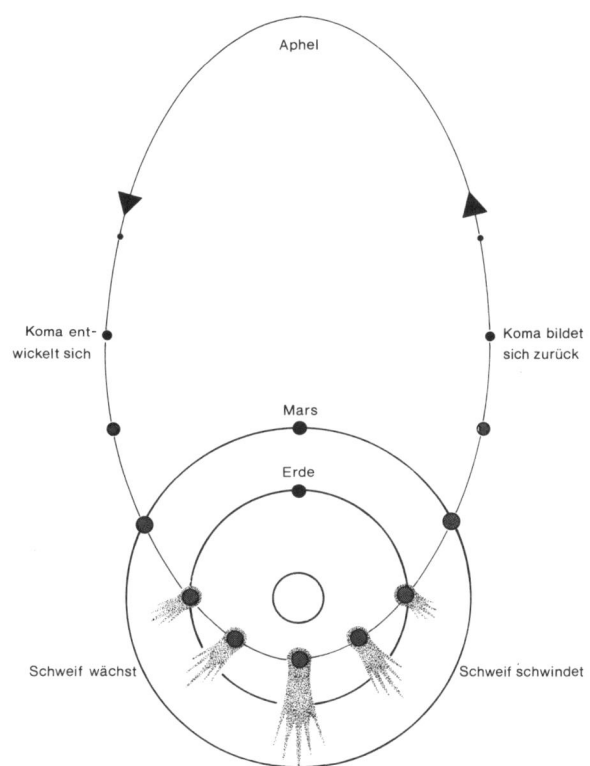

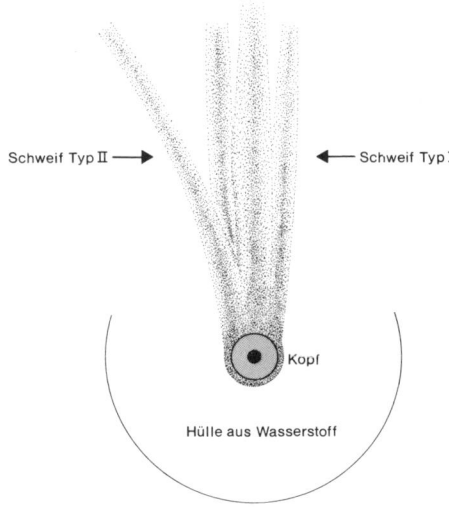

Kometenschweife des Typs I und des Typs II.

gewandt ist und Längen bis zu einigen Millionen Kilometern erreicht. Wir unterscheiden zwischen den **Gasschweifen** (Schweife vom Typ I) und den — sich langsamer bildenden — schwächeren **Staubschweifen** (Typ II). Dann und wann beobachten wir einen Kometen mit einem nach vorne gerichteten **Gegenschweif**, der ebenfalls das Abströmen von Staubpartikeln zur Ursache hat.

Schließlich ist mit Hilfe von Raumsonden ein großes **Halo** (grch.: halos = Kreis) aus Gas um die Kometen entdeckt worden; dies ist eine Art Hof aus Wasserstoff mit einem Durchmesser bis zu 50 Millionen km. So besteht ein Komet, wenn er uns in Sonnennähe erscheint, aus Kern, Koma, Schweif und Halo. Unsere Sonne ist es also, die diesen Himmelskörper erst zur leuchtenden Entfaltung bringt, indem sie den eingefrorenen und nichtleuchtenden Kometenkern beim Herannahen veranlaßt, Koma und Schweif zu bilden. Zugleich aber bedeutet jede Sonnenannäherung für einen Kometen **Masseverlust** und **Schrumpfung**; denn die in den Schweif abgestoßene Materie ist für den Kometen unwiederbringlich verloren. Die Astronomen haben berechnet, daß ein durchschnittlicher Komet etwa 100 Sonnenannäherungen erlebt, bis sich seine Restmaterie endgültig auflöst und der Komet verschwindet. Der **Bielasche Komet**, 1826 von **Wilhelm von Biela** entdeckt, verzerrte und teilte sich 1845 vor den Augen der beobachtenden Astronomen und blieb seither verschollen. An seiner Stelle trat später ein **Meteorschwarm** auf, der aus den Bruchstücken des Kometen bestand.

In jedem Jahr werden von den Astronomen rund 10 Kometen beobachtet. In dieser Zahl sind sowohl neuentdeckte als auch bekannte Kometen enthalten, deren **Wiederkehr** vorausberechnet ist. Die allermeisten Kometen sind nur im großen Fernrohr erkennbar. Dann und wann — im Schnitt alle 3 bis 4 Jahre — tritt ein besonders helles Objekt an unserem Himmel auf, das mit bloßem Auge gesehen werden kann und dann die Aufmerksamkeit vieler erregt.

In früheren Zeiten versetzte eine weithin sichtbare Kometenerscheinung die Menschen in Unruhe und Angst; denn Kometen galten damals als Vorboten des göttlichen Strafgerichtes, die Kriege, Naturkatastrophen, Pest und Hungersnöte ankündigten. Erst allmählich setzte sich die Erkenntnis durch, daß auch Kometen ebenso normale, natürliche Himmelskörper wie die übrigen Gestirne sind. Seit Beginn unserer Zeitrechnung sind etwa 500 Kometen mit dem »unbewaffneten« Auge zu sehen gewesen.

Am berühmtesten in der Astronomiegeschichte ist wohl der **Halleysche Komet**, so benannt nach dem englischen Astronomen **Edmund Halley** (1656-1742). Halley entdeckte bei der Bahnberechnung des hellen Kometen von 1682, daß die früheren Kometen von 1531 und 1607 dieselbe Bahn hatten, und schloß daraus, daß es sich um ein und denselben Kometen handeln müsse. Er erkannte seine ellipsenförmige Bahn um die Sonne und berechnete seine Wiederkehr für 1759. Damit war der **periodische Charakter** des Kometen entdeckt und zum ersten Mal seine Wiederkehr vorausgesagt, die dann auch prompt eintrat. Der Halleysche Komet, dessen Bahn sich bis weit über die Neptunbahn erstreckt, hat eine Sonnenumlaufzeit von 76,2 Jahren. So kehrte er 1835 und 1910 wieder und auch 1986 zeigte er sich pünktlich. Seine Helligkeit hat im Laufe der letzten Sonnenannäherungen offensichtlich abgenommen.

Helle Kometen der jüngsten Vergangenheit waren der Komet **Ikeya-Seki** (Abb. Seite 96) von 1965 und der Komet **West** aus dem Jahre 1976. Die Namen der Kometen leiten sich nach altem astronomischen Brauch von den Entdeckern her.

Die meisten Kometen bewegen sich wie der Halleysche Komet in langgestreckten Ellipsen um die Sonne. Während

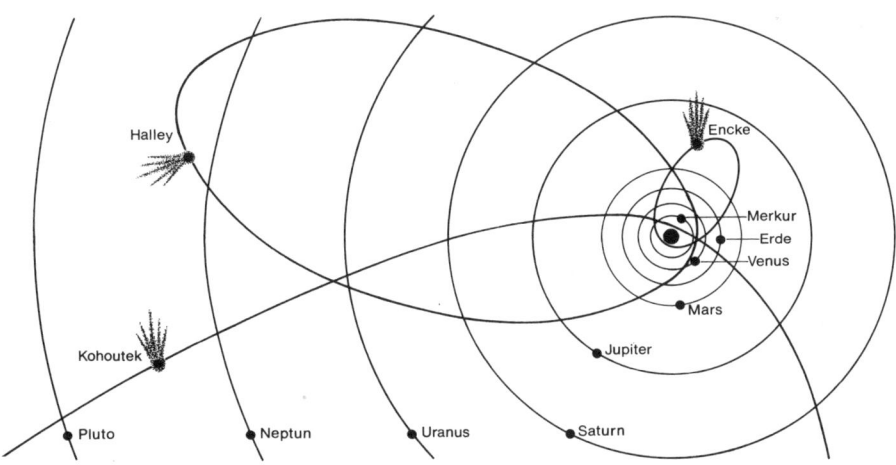

Halley
Encke
Merkur
Erde
Venus
Mars
Kohoutek
Jupiter
Pluto
Neptun
Uranus
Saturn

Die Bahnen der Kometen Halley, Kohoutek und Encke. Der Kometenschweif ist stets der Sonne abgewandt.

die Planeten und Planetoiden die Sonne wie eine flache Scheibe umgeben, hüllt die Wolke der Kometen die Sonne in Form einer Kugel ein. Man spricht deshalb auch von einem Kometenhalo um die Sonne, in dem sich 100 Milliarden Kometen befinden. Diese **Kometenwolke**, die unser Planetensystem begleitet, ist wahrscheinlich ein Restbestand der Urwolke, aus der sich das Planetensystem einst gebildet hat. Wir unterscheiden zwischen **kurzperiodischen Kometen** mit einer Umlaufzeit unter 100 Jahren und **langperiodischen Kometen** (Umlaufzeit über 100 Jahre). Der Komet **Encke** etwa — entdeckt 1786 — hat eine Umlaufzeit von nur 3,3 Jahren, während der langperiodische Komet **Kohoutek** — zum ersten Mal 1973 beobachtet — wahrscheinlich 75 000 Jahre braucht, um die Sonne zu umlaufen. Kann man die Bahn eines Kometen berechnen, so läßt sich auch seine Wiederkehr voraussagen. Zur Zeit kennen wir über 100 solcher periodischen Kometen.

Bekannt wurde jüngst der Komet **Hyakutake**, der im März 1996 den nächsten Erdpunkt erreichte und »nur« 16 Millionen km von uns entfernt war. Man konnte ihn eine Zeitlang sehr schön im Umkreis des Großen Wagens erkennen. Wenn ein Komet verhältnismäßig nah an einem der großen Planeten vorbeiläuft, wird er durch dessen Schwerefeld angezogen und gezwungen, die Sonne in einer engeren Bahn als bisher zu umlaufen. So gibt es durch die bahnverändernden Störungen der großen Planeten eine ganze Reihe von Kometen, die als **»Kometenfamilie«** einem bestimmten Planeten zugeordnet zu sein scheinen. Am bekanntesten ist die des Jupiters, zu der mindestens 68 Kometen gehören.

Phantasie und Angst haben die Menschen schon oft der Frage nachgehen lassen, ob und inwieweit die Gefahr eines **Zusammenstoßes** zwischen der Erde und einem Kometen oder anderen Himmelskörpern gegeben ist. Diese Gefahr ist ziemlich gering; sie wäre für die Erde wohl auch nur von begrenzter, d. h. regionaler Bedeutung. Immerhin sind manche Forscher der Meinung, der Himmelskörper, der am 30. Juni 1908 im Gebiet des Flusses Tunguska in Sibirien über 50 km weit Landschaft und Leben vernichtet habe, sei ein mit der Erde zusammengestoßener kleiner Kometenkern gewesen.

Der Raum zwischen den Planeten wie auch der zwischen den Sternen ist nicht »leer«; er enthält vielmehr in unterschiedlicher Verteilung **Gas- und Staubmassen**. Zu den Staubmassen gehören die meist kleinen, zwischen 0,5 und 5 mm messenden Teilchen, die wir **Meteoriten** nennen (grch.: meteoron = das Schwebende).

Die Meteoriten werden als **Sternschnuppen** für uns sichtbar, wenn sie mit der hohen Geschwindigkeit von 30 km/s und mehr in die Lufthülle der Erde eindringen und dort normalerweise in 100 km Höhe die bekannten, »dahinhuschenden« **Leuchterscheinungen** hervorrufen. Beim Zusammenstoß des Meteoriten mit den Luftmolekülen entwickelt sich eine so große Hitze daß ein Teil von ihm verdampft. Die verdrängten Moleküle stoßen auf andere Atome und Moleküle der Luft und regen sie zum Leuchten an.

So entsteht längs der Bahn des Meteoriten ein breiter leuchtender Luftschlauch. Dadurch macht sich die »Sternschnuppe« unserem Auge bemerkbar. Auf diese Weise kann schon ein winziger Körper, der nur ein drittel Gramm wiegt, zu einer sehr hellen Sternschnuppe werden. Die kleinen Staubkörner verdampfen aber schon bald während ihrer Bahn durch die Erdatmosphäre und lösen sich auf.

Ein aufmerksamer Beobachter nimmt in einer Stunde durchschnittlich 10 Sternschnuppen wahr. Darüber hinaus fallen täglich ungezählte Meteoriten in die Erdatmosphäre ein, von denen wir nichts wahrnehmen.

Neben diesem täglichen Sternschnuppenfall gibt es aber auch zu bestimmten Zeiten im Jahr ausgesprochene **Meteorschwärme**. In unserem Planetensystem kreisen eine Reihe von Staubringen. Sie bestehen aus abgebröckelten Teilen und Überresten von Kometen, die sich einmal auf diesen Bahnen bewegt haben. Immer dann wenn die Er-

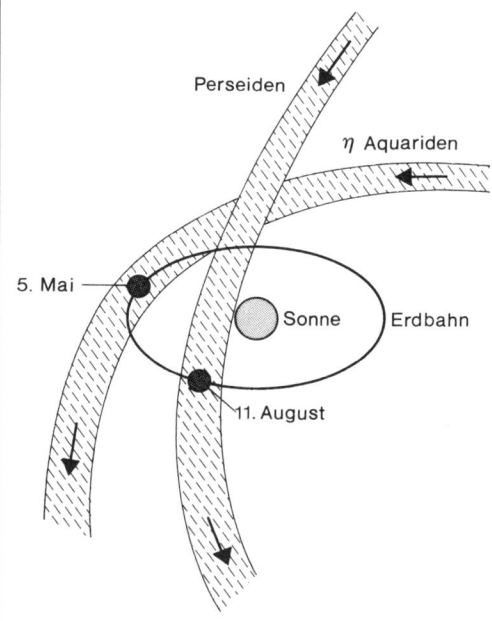

Die Entstehung von Meteorschwärmen: Zu bestimmten Zeiten im Jahr tritt die Erde in einen der großen Staubringe unseres Planetensystems ein. Das bedeutet verstärkten Sternschnuppenfall. Die beiden gezeigten Staubringe gehen auf abgebröckelte Teile und Überreste zweier Kometen zurück.

de auf ihrer Bahn um die Sonne einen solchen Staubring kreuzt, können wir einen **verstärkten Sternschnuppenfall** beobachten.

Die Meteorschwärme, durch die sich die Erde in jedem Jahr zur gleichen Zeit hindurchbewegt, haben ihre Namen von den Sternbildern, in deren Bereich der scheinbare Ausgangspunkt (Radiant) des Meteorstromes liegt. So gibt es z. B. den Meteorstrom der **Perseiden**, dessen Ausgangspunkt im Sternbild des Perseus zu liegen scheint und dessen Maximum (höchste Zahl der Sternschnuppen) am 11. August zu registrieren ist, und den Meteorstrom der **Leoniden**, dessen Ursprung im Sternbild des Löwen (lat.: leo = Löwe) liegt und dessen Maximum am 17. November zu erleben ist.

Wir sahen: Meteoriten sind weithin **Restmaterial von aufgelösten Kometen.** Ist es nun aber auch so, daß sich durch allmähliche Zusammenballung von Meteorstaub auch wieder neue Kometen bilden? Wir wissen es nicht. Aber wenn es so wäre, würde dies den großen Kreislauf des Weltalls mit seinem Werden und Vergehen auch im kleineren Maßstab belegen.

Neben den durchschnittlichen Sternschnuppen gibt es auch größere und äußerst helle Meteore, die wir **Bolide** (Feuerkugeln) nennen. Sie wiegen 1 kg oder weit mehr, gelangen unverdampft in tiefere Luftschichten und fallen zur Erde nieder. Solche Brocken, die am Boden aufschlagen, heißen ebenfalls **Meteoriten.** Es gibt darunter gewaltige Körper, deren Aufschlag auf der Erde stellenweise Verwüstungen anrichten kann.

Der berühmte **Barringer-Krater** im US-Bundesstaat Arizona, der einen Durchmesser von 1 300 m und eine Tiefe von 175 m hat, ist die Auswirkung eines riesigen Meteoriten, der einige 10 000 t Gewicht gehabt haben muß und vor 30 000 Jahren auf unseren Planeten gestürzt ist. Mitunter brechen die Bolide auf dem letzten Stück ihrer rasenden Fahrt durch die Erdatmosphäre auseinander und gehen dann in Form eines **Steinregens** nieder. 1803 fiel in Frankreich ein »Regen« von etwa 2 000 Meteoritsteinen nieder. 1868 gingen in Polen in der Nähe von Puttusk über 100 000 solcher Himmelsbrocken nieder, und 1912 gab es in Arizona einen Meteoritenfall von mehr als 14 000 Bruchstücken.

Die Herkunft solcher einzeln auftretenden großen Meteoriten ist noch nicht voll geklärt; es besteht aber möglicherweise ein Zusammenhang mit den **Planetoiden**, jenen ungezählten Himmelsbrocken zwischen Mars und Jupiter, von denen manche durchaus in bedrohliche Erdnähe geraten könnten.

Bei den aufgefundenen und untersuchten Meteoriten unterscheidet man zwischen **Steinmeteoriten** und **Eisenmeteoriten**. Außerdem gibt es die Kombination der **Steineisenmeteoriten**. Am häufigsten scheinen Steinmeteoriten vorzukommen; da sie aber am leichtesten zerbrechlich sind, handelt es sich bei den größten und schwersten Meteoritenfunden um Bolide aus Eisen.

Der größte bekanntgewordene Meteoritenfund der Erde ist der Hoba-Meteroit, er liegt auf einer Viehfarm in Südwestafrika (Namibia) und wiegt rund 60 t. Es ist ein Eisenmeteorit, der aus einer Nickel-Eisen-Legierung besteht.

Einige wichtige Sternschnuppenschwärme (Meteorströme)				
Name	Lage des Ausgangs-punktes (Radiant)	Zeitraum	Maximum	Stündliche Anzahl
Quadrantiden	Bootes	1.1.— 4.1.	3.1.	145
Virginiden	Jungfrau	1.3.—10.5.	3.4.	20
Lyriden	Leier	12.4.—24.4.	22.4.	40
η Aquariden	Wassermann	29.4.—21.5.	5.5.	120
δ Aquariden	Wassermann	25.7.—10.8.	3.8.	30
Perseiden	Perseus	20.7.—19.8.	11.8.	300
Orioniden	Orion	11.10.—30.10.	19.10.	50
Leoniden	Löwe	14.11.—20.11.	17.11.	verschieden
Geminiden	Zwillinge	5.12.—19.12.	12.12.	50

Komet Ikeya-Seki (Aufnahme vom 2.11.1965).

Der Sternenhimmel

»Unser« Sternenhimmel ist der Sternenhimmel der **nördlichen** Erdhalbkugel. Der **Gesamthimmel** ist in 88 Sternbilder gegliedert, deren Grenzen 1928 international festgelegt wurden. Sie dienen als Orientierungshilfe, gleichsam als Planquadrate des Himmels.

Sternbilder der nördlichen Himmelshalbkugel

Lateinischer Name	Genitiv	Deutscher Name	Internat. Abkürzung	Stern-zahl
Andromeda	Andromedae	Andromeda	And	139
Aries	Arietis	Widder	Ari	80
Auriga	Aurigae	Fuhrmann	Aur	144
Bootes	Bootis	Bootes Ochsentreiber	Boo	140
Camelopardalis	Camelopardalis	Giraffe	Cam	138
Canes venatici	Canum venaticorum	Jagdhunde	CVn	88
Cancer	Cancri	Krebs	Cnc	92
Canis minor	Canis minoris	Kleiner Hund	CMi	37
Cassiopeia	Cassiopeiae	Cassiopeia	Cas	126
Cepheus	Cephei	Cepheus	Cep	159
Coma (Berenices)	Comae	Haar der Berenike	Com	70
Corona borealis	Coronae borealis	Nördliche Krone	CrB	31
Cygnus	Cygni	Schwan	Cyg	197
Delphinus	Delphini	Delphin	Del	31
Draco	Draconis	Drache	Dra	220
Equuleus	Equulei	Füllen	Equ	16
Gemini	Geminorum	Zwillinge	Gem	106
Hercules	Herculis	Herkules	Her	227
Lacerta	Lacertae	Eidechse	Lac	48
Leo	Leonis	Löwe	Leo	161
Leo minor	Leo minoris	Kleiner Löwe	LMi	40
Lynx	Lyncis	Luchs	Lyn	87
Lyra	Lyrae	Leier	Lyr	69
Pegasus	Pegasi	Pegasus	Peg	178
Perseus	Persei	Perseus	Per	136
Pisces	Piscium	Fische	Psc	128
Sagitta	Sagittae	Pfeil	Sge	18
Taurus	Tauri	Stier	Tau	188
Triangulum	Trianguli	Dreieck	Tri	30
Ursa maior	Ursae maioris	Großer Bär	UMa	227
Ursa minor	Ursae minoris	Kleiner Bär	UMi	54
Vulpecula	Vulpeculae	Füchschen	Vul	62

Zahl, Helligkeit und Benennung der Sterne

In seinem volkstümlichen Kinderlied fragt **Wilhelm Hey**: »**Weißt du, wieviel Sternlein stehen an dem blauen Himmelszelt?**«. Nun, wie viele Sterne es gibt, kann kein Astronom sagen. Unsere modernen Fernrohre reichen in immer tiefere Räume des Weltalls und stoßen auf immer neue Sternströme und Sternsysteme. Alte Sterne vergehen, junge Sterne bilden sich. Wer könnte da die Zahl der einzelnen Sterne zählen oder auch nur schätzen!

Aber die Anzahl der **mit bloßem Auge** sichtbaren Sterne können wir ungefähr angeben. Sie beläuft sich für den Gesamthimmel unter günstigsten Bedingungen (gute Sehschärfe des Betrachters, unverstellter Horizont, klares Wetter, mondlose Nacht) auf etwa 6000. Davon steht ungefähr die Hälfte am Südhimmel. Von den verbleibenden 3000 entfallen noch etliche weitere Sterne, weil wir nicht von hundertprozentig günstigen Beobachtungsbedingungen ausgehen können, so daß wir praktisch 2000-2500 Sterne mit unbewaffnetem Auge am nördlichen Himmel sehen. Es sind dies die Sterne von der 1. bis zur 6. Größe.

Die Astronomen teilen die Sterne in verschiedene **Größenklassen** ein. Dabei ist nicht an die wirkliche Größe (Umfang oder Durchmesser) gedacht, sondern an die Helligkeit der Sterne, so wie sie von der Erde aus erscheint (**scheinbare Helligkeit**). Diese Einteilung geht zurück auf den griechischen Sternforscher **Hipparch** (190-125 v.

Chr.), der den hellsten Sternen die 1. Größe und den schwächsten, mit dem Auge gerade noch erkennbaren Sternen die 6. Größe zuschrieb. Dieses Prinzip wurde später verfeinert und ergänzt.

Der Unterschied zwischen zwei aufeinanderfolgenden Größenklassen beträgt 2,5; das heißt, ein Stern erster Größe erscheint 2,5 mal heller als ein Stern zweiter Größe. Um die Größenklassen zu bezeichnen, wird ein kleines hochgestelltes ^{m} hinter die Zahl gesetzt, als Abkürzung des lateinischen Wortes magnitudo = Größe. So hat Regulus, der helle Stern im bekannten Sternbild des Löwen, die scheinbare Helligkeit $1,3^m$. Größere Helligkeiten als $1,0^m$ erhalten eine Null bzw. ein Minuszeichen. So hat Sirius, der hellste Stern am ganzen Fixsternhimmel, die Helligkeit $-1,6^m$, unsere Sonne $-26,86^m$.

Während das menschliche Auge bei günstigsten Bedingungen gerade noch die Sterne der 6. Größe wahrnehmen kann, zeigt ein guter Feldstecher bereits Sterne bis zur 9. Größenklasse. Das Fernrohr des Verfassers — ein Amateurrefraktor mit 125 mm Objektivdurchmesser — weitet den Blick bis zu Sternen von $12,5^m$. Unsere größten Teleskope erfassen fotografisch noch Sterne bis zur Größenklasse 23 oder 24.

Diese **scheinbare Helligkeit** — also die Helligkeit, in der ein Stern uns erscheint — sagt noch nichts über seine wahre Helligkeit aus. Es kann sein, daß uns ein Stern nur deshalb so hell erscheint, weil er der Erde verhältnismäßig nahesteht, und daß umgekehrt ein Stern nur deshalb so lichtschwach erscheint, weil er sehr viel weiter von der Erde entfernt ist. Die Astronomen haben daher den

Begriff der **wahren Helligkeit** (Leuchtkraft) eingeführt. Sie stellen sich alle Sterne in die gleiche Entfernung von der Erde versetzt vor, und zwar in eine Entfernung von 32,6 Lichtjahren (10 parsec) und vergleichen ihre Leuchtkraft miteinander. Stünde z. B. die Sonne in dieser Entfernung von 32,6 Lichtjahren, würde sie uns nur noch als schwach leuchtender Stern von $4,8^m$ erscheinen. Sirius dagegen würde aus gleicher Entfernung als Stern von $1,3^m$ strahlen; er hat also eine wesentlich höhere Leuchtkraft als unsere Sonne.

Zum Vergleich sei hier die scheinbare Helligkeit der Planeten aufgeführt:

Merkur	$+1^m$	bis	$-1,3^m$
Venus	$-3,6^m$	bis	$-4,4^m$
Mars	$+2^m$	bis	$-2,6^m$
Jupiter	$-1,1^m$	bis	$-2,4^m$
Saturn	$+1,2^m$	bis	$-0,5^m$

Die Bezeichnung der Sterne auf Sternkarten und in Katalogen erfolgt durch

die Buchstaben des griechischen Alphabetes:

α —	Alpha	ν —	Ny
β —	Beta	ξ —	Xi (Ksi)
γ —	Gamma	o —	Omicron
δ —	Delta	π —	Pi
ε —	Epsilon	ϱ —	und P — Rho
ζ —	Zeta	σ —	und Σ — Sigma
η —	Eta	τ —	und T — Tau
ϑ —	Theta	υ —	Ypsilon
ι —	Jota	φ —	Phi
$\varkappa, K$ -	Kappa	χ —	Chi
λ —	Lambda	ψ —	Psi
μ —	My	ω —	Omega

In der Regel erhält der hellste Stern eines Sternbildes die Bezeichnung α (Alpha), der zweithellste β (Beta), der dritthellste γ (Gamma) usw. Die Sternbilder werden in der Astronomie mit ihrem lateinischen Namen bezeichnet. Zur genauen Benennung eines Sternes wird dann der griechische Buchstabe mit dem lateinischen Namen seines Sternbildes verbunden. So wird Sirius bezeichnet als der Stern α Canis Maioris (Alpha-Stern des Großen Hundes) und der Polarstern als der Stern α Ursae Minoris (Alpha-Stern des Kleinen Bären).

Die 15 hellsten bei uns sichtbaren Fixsterne

Sternname	Bezeichnung	Größenklasse
Sirius	α Canis Maioris	$-1,6^m$
Arktur	α Bootis	$0,0^m$
Wega	α Lyrae	$0,0^m$
Capella	α Aurigae	$+0,1^m$
Rigel	β Orionis	$+0,3^m$
Procyon	α Canis Minoris	$+0,4^m$
Beteigeuze	α Orionis	$+0,7^m$
Atair	α Aquilae	$+0,8^m$
Aldebaran	α Tauri	$+0,9^m$
Spica	α Virginis	$+1,0^m$
Pollux	β Geminorum	$+1,1^m$
Deneb	α Cygni	$+1,2^m$
Regulus	α Leonis	$+1,3^m$
Antares	α Scorpii	$+1,5^m$
Castor	α Geminorum	$+1,5^m$

Der jahreszeitliche Wechsel der Sternbilder

Woher kommt es, daß wir zu verschiedenen Zeiten einen verschiedenen Sternenhimmel über uns sehen, daß beispielsweise im Winter der Orion mit dem Großen und Kleinen Hund hoch im Süden strahlt und im Sommer diese beherrschende Stelle von den drei Sternbildern Adler, Leier und Schwan eingenommen wird? Abgesehen von den Zirkumpolarsternen — jenen Sternen im näheren Umkreis des Polarsternes, die in unseren Breiten nie untergehen — vollzieht sich ja ein **ständiger Wechsel** im Aufsteigen und Absinken der Sterne und Sternbilder. Für den Anfänger, der sich erst noch zurechtfinden muß, hat das etwas Verwirrendes: der fortgeschrittene Sternfreund indes erblickt darin eine reizvolle und willkommene Abwechslung.

Die Erklärung für den Szenenwechsel am Himmel können wir uns durch eine einfache Beobachtung selber geben. Merken wir uns nämlich bestimmte Sterne und verfolgen wir ein paar Abende hintereinander ihren Aufgang, so werden wir feststellen, daß sie jeden Abend um 4 Minuten früher im Osten aufgehen und dementsprechend auch um 4 Minuten früher im Westen untergehen. Die Zeit von einem Aufgang eines Sternes bis zum nächsten Aufgang nennt man einen **Sterntag**. Ein Sterntag ist 4 Minuten kürzer als der **Sonnentag** mit seinen 24 Stunden.

Im Laufe eines Monats macht dieser kleine Unterschied immerhin schon zwei Stunden aus, so daß es — immer zur jeweils gleichen Zeit — am ersten und letzten Tag eines Monats zu einem deutlich veränderten Gesamtbild am Himmel kommt. Auf das ganze Jahr bezogen bedeutet dies, daß alle verschiedenen Sternbilder des nördlichen Sternenhimmels nacheinander unser

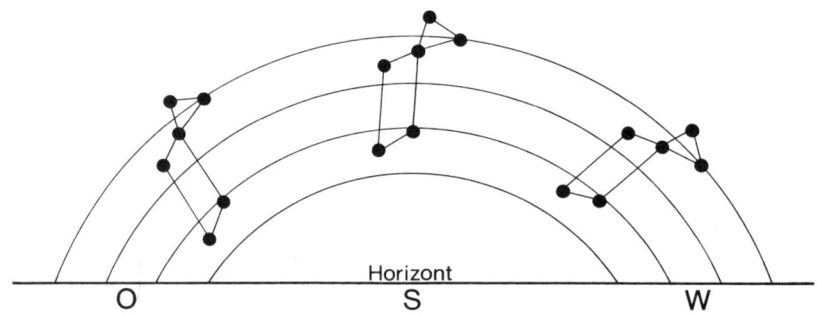

Die Sterne gehen infolge der Erdumdrehung im Osten auf, erreichen im Süden ihren Höchststand (Kulmination) und gehen im Westen unter. Wie hoch die Sterne im Süden stehen, hängt von ihrem Aufgangspunkt ab.

abendliches Beobachtungsfeld durchlaufen, und da der tägliche Unterschied
von 4 Minuten im Laufe eines Jahres genau 24 Stunden ausmacht, haben sie am
Ende wieder die gleiche Ausgangs-
position erreicht, so daß der Kreislauf
von neuem beginnen kann.

Die Sterne gehen infolge der Erdumdrehung im Osten auf, erreichen im Süden ihren **Höchststand** (**Kulmination**)
und gehen im Westen unter. Wie hoch
die Sterne im Süden stehen, hängt von
ihrem Aufgangspunkt ab.

Anhand einer **drehbaren Sternkarte**
kann man leicht feststellen, daß die für
den Winter charakteristischen Sternbilder Orion, Großer und Kleiner Hund
am 20. Januar um 22.30 h hoch im Süden
stehen, in der gleichen Stellung aber
auch am 28. September um 6h morgens
zu beobachten sind. Es ist also falsch, zu
sagen, diese »Wintersternbilder« seien
nur im Winter zu sehen! Dasselbe gilt
entsprechend natürlich auch von den
sogenannten Sommersternbildern. Es
kommt immer auf den **Vergleich-
spunkt** der Tages- bzw. Nachtzeit an!

Und dabei gehen wir begreiflicherwei-
se von den hauptsächlichen und lohnendsten Beobachtungszeiten aus,
nämlich von den Abend- und frühen
Nachtstunden einer jeden Jahreszeit.

Die Zirkumpolarsterne als erste Orientierungshilfe

Die schon erwähnten **Zirkumpolarsterne** (lat.: circum = um herum, in der
Nähe von) sind die Sterne und Sternbilder, die sich im unmittelbaren Umkreis
des Polarsterns befinden und für uns
nicht untergehen. Wir können sie das
ganze Jahr über in jeder klaren Nacht
beobachten. Sie bieten sich in besonderer Weise dazu an, daß man mit ihnen
vertraut wird und dadurch eine erste
Orientierung am Sternenhimmel gewinnt.

Am bekanntesten und volkstümlichsten
von allen Sternbildern ist zweifellos der
Große Wagen. Ohne Schwierigkeit

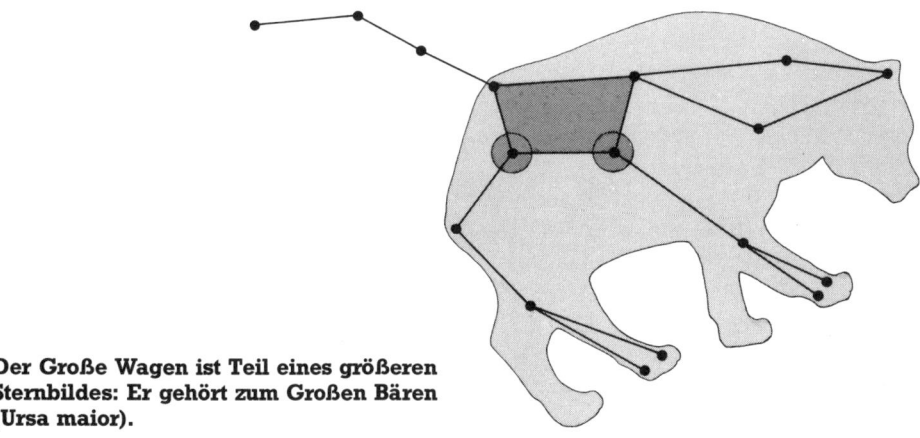

**Der Große Wagen ist Teil eines größeren
Sternbildes: Er gehört zum Großen Bären
(Ursa maior).**

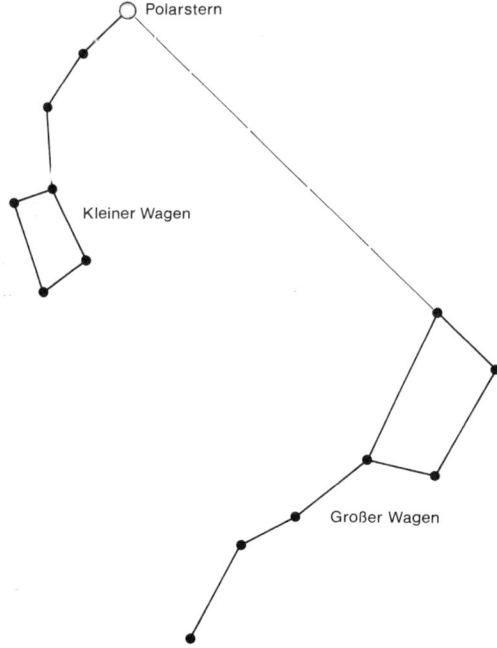

○ Polarstern

Kleiner Wagen

Großer Wagen

Eine fünffache Verlängerung der beiden letzten Kastensterne des Großen Wagens führt zum Polarstern.

können wir ihn am Himmel auffinden, denn es bedarf keiner allzu großen Phantasie, sich aus den sieben mittelhellen Sternen einen Wagenkasten mit einer Deichsel vorzustellen. Eigentlich ist der Große Wagen nur ein Teilstück eines umfassenderen Sternbilds: des **Großen Bären**. Aber für unseren Zweck können wir uns mit dem Ausschnitt des Wagens begnügen.

Vom Großen Wagen aus finden wir am leichtesten den **Polarstern**. Wir verlängern die beiden letzten Kastensterne um etwa das Fünffache und stoßen auf einen Stern zweiter Größe. Es ist der Nordstern oder Polarstern, der optische Mittelpunkt unseres ganzen Sternenhimmels. Alle Sterne und damit alle

Sternbilder scheinen sich um ihn zu drehen. Dieser Eindruck ergibt sich durch die Tatsache, daß die (gedachte) Erdachse auf den Polarstern weist, der deshalb bei der täglichen Drehung der Erde um sich selbst stillzustehen scheint. In Wirklichkeit beschreibt auch der Polarstern einen kleinen Kreis am Firmament, da er noch etwa 1° (= zwei Vollmondbreiten) vom genauen nördlichen Himmelspol absteht.

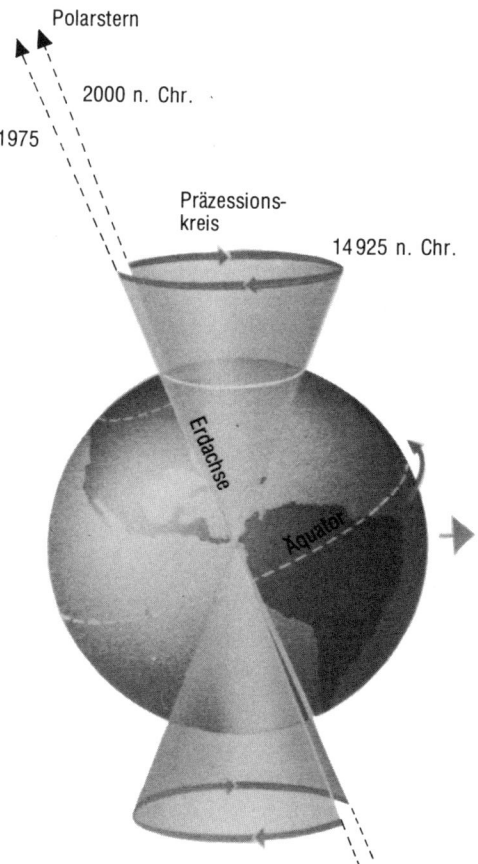

Polarstern

2000 n. Chr.

1975

Präzessionskreis

14 925 n. Chr.

Erdachse

Äquator

Die Lage der Erdachse im Raum ändert sich langsam. Dieser »Präzession« genannte Vorgang verursacht eine allmähliche Verschiebung der Jahreszeiten.

Übrigens wird der Polarstern nicht immer »Polarstern« bleiben; er war es auch nicht in früheren Jahrtausenden. Die Erdachse schwankt ein wenig und führt im Laufe von etwa 26 000 Jahren (**Platonisches Jahr, Weltjahr**) eine Taumelbewegung, ähnlich einem ins Schwanken geratenen Kreisel aus. Infolgedessen weist die Erdachse in immer andere Richtungen und damit auf andere Sterne. So wird es in den kommenden Jahrtausenden andere »Polarsterne« geben. Im Jahre 4100 etwa ist Alderamin im Sternbild des Cepheus der Nordstern, im weiteren Verlauf Deneb im Schwan, um das Jahr 14 000 die Wega — der Hauptstern der Leier —, bis der Himmelspol wieder an unseren jetzigen Polarstern heranrückt. Wenn es in 26 000 Jahren noch eine Menschheit auf dem Planeten Erde gibt, wird sie wiederum unseren Nordstern als Orientierungs- und Anhaltspunkt benutzen...

Der Himmelswagen kann ganz **verschiedene Stellungen** einnehmen. Er bewegt sich rückwärts, also mit der Deichsel nach hinten, um den Polarstern. In welcher Stellung sich der Große Wagen gerade befindet, hängt von der Jahreszeit und von der Uhrzeit ab. Um Mitternacht im Herbst z. B. steht der Wagen in seiner Tiefstellung, um Mitternacht im Frühling in seiner Hochstellung.

Nach diesem ersten Schritt der Orientierung wollen wir uns weiter im Umkreis des Polarsterns umsehen. Es ist vorteilhaft, wenn wir uns ein paar weitere Sterne und Sternbilder so einprägen, daß wir sie jederzeit wiedererkennen.

Wenn wir vom drittletzten Deichselstern des Großen Wagens ausgehen

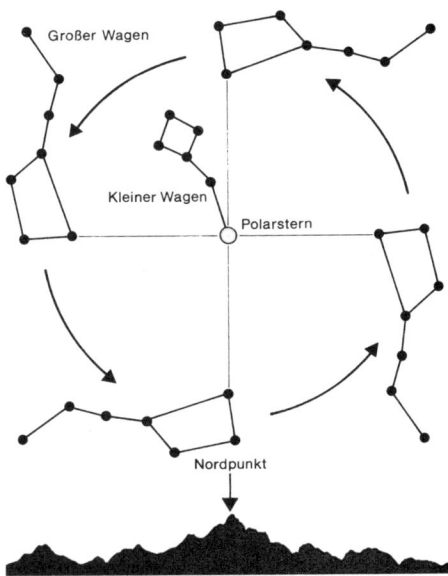

In jeder Stellung des Wagens weist die Verlängerung der beiden letzten Kastensterne auf den Nordstern, der der letzte Deichselstern des Kleinen Wagens ist.

und eine gedachte Linie über den Polarstern hinaus verlängern, kommen wir zu dem markanten Sternbild der **Cassiopeia**, das aus einer Gruppe von fünf Sternen besteht, die etwa in der Form eines gedruckten »W« angeordnet sind. Der Name Cassiopeia (Frau des äthiopischen Königs Cepheus) stammt aus der griechischen Sagenwelt.

Ungefähr im rechten Winkel zur Achse Großer Wagen — Polarstern — Cassiopeia verläuft eine zweite Himmelsachse. Sie ist gekennzeichnet durch das Sternbild Fuhrmann (Hauptstern Capella) auf der einen und durch das Sternbild Leier (Hauptstern Wega) auf der

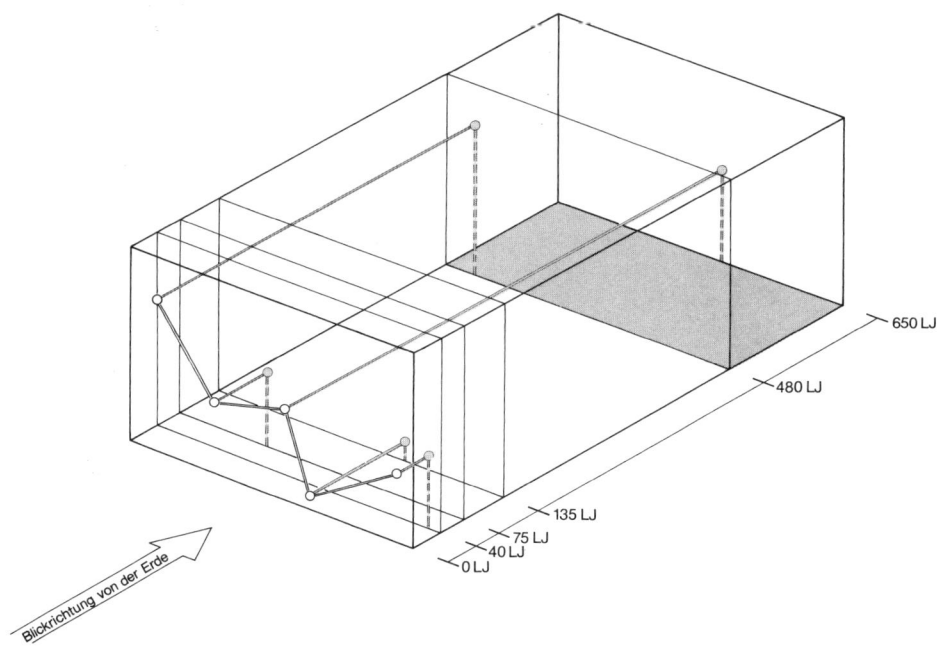

650 LJ

480 LJ

135 LJ

75 LJ

40 LJ

0 LJ

Blickrichtung von der Erde

Sterne, die an der Himmelssphäre als »Sternbild« erscheinen, müssen keineswegs räumlich zusammengehören. Das Sternbild Cassiopeia beispielsweise, das große »Himmels-W«, setzt sich aus fünf Sternen in Entfernungen zwischen 40 und 650 Lichtjahren zusammen.

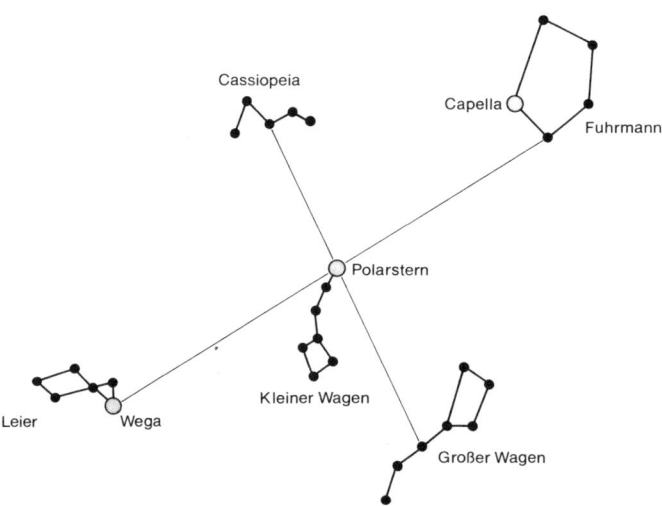

Cassiopeia

Capella

Fuhrmann

Polarstern

Kleiner Wagen

Leier

Wega

Großer Wagen

Ein einprägsames Gegenüber: Großer Wagen und Cassiopeia, Fuhrmann und Leier.

anderen Seite. Sie verläuft wiederum durch den Polarstern. Beide Achsen bilden ein griechisches Kreuz — dabei sind beide Balken gleich lang —, in dessen Mittelpunkt der Nordstern steht.

Wenn wir uns die vier Sternbilder dieser beiden Achsen fest einprägen, haben wir bereits eine wesentliche Orientierung am Himmel gewonnen. Sie bewegen sich zwar wegen der Erdumdrehung scheinbar um den Polarstern und verändern dadurch ihre Lage von Stunde zu Stunde, aber die Stellung der Sternbilder **zueinander** verändert sich nicht. Dabei müssen wir uns vor Augen halten, daß alle Fixsterne, die wir am Himmel sehen, große Sonnen sind, so

unendlich weit von uns entfernt, daß wir ihre **Eigenbewegung (EB)** nur innerhalb sehr langer Zeiträume feststellen können.

Nur ein Bruchteil der 300 000 Sterne, deren Eigenbewegung heute bekannt ist, hat eine EB von mehr als 1'' (Bogensekunde) pro Jahr. (Der Umfang des Himmelskreises beträgt 1 296 000 Bogensekunden!). Es gibt allerdings einen »Schnelläufer« unter den Sternen: Barnards Pfeilstern (im Sternbild Schlangenträger) hat eine EB von 10,31'' im Jahr. In 180 Jahren ändert er — von der Erde aus gesehen — seinen Standort um den Durchmesser des Vollmondes (etwa 30 Bogenminuten).

Erläuterung der vierteljährlichen Sternkarten: Wann sehen wir welche Sternbilder?

Zum Kennenlernen der Sternbilder unseres Sternenhimmels wählen wir vier verschiedene Zeitabschnitte im Jahr,

aber jeweils die gleiche Uhrzeit. Wir betrachten den Sternenhimmel im **März** (Frühlingsbeginn), im **Juni** (Sommerbeginn), im **September** (Herbstbeginn) und im **Dezember** (Winterbeginn), und zwar in jedem Fall gegen Ende des jeweiligen Monats um 21 Uhr. Für jeden Monat sind zwei Sternkarten abgebildet. Die erste Karte zeigt die Sternbilder der **nördlichen** Blickrichtung (Zirkumpolarbereich), die zweite Karte zeigt die Sternbilder der **südlichen** Blickrichtung (Bereich um die Ekliptik).

Der Sternenhimmel im März

Blick nach Norden

Der Große Wagen befindet sich kurz vor seiner Zenitstellung. Er steht »auf dem Kopf« und bewegt sich rückwärts (mit dem Kasten voran) um den Polarstern. Im Vergleich mit dem Kleinen Wagen fällt die unterschiedliche Form der Deichsel auf: Beim Großen Wagen ist sie leicht nach unten, beim Kleinen Wagen stark nach oben gebogen. Zwischen den beiden Wagen schlängelt sich der lichtschwache Drache in Richtung Herkules hin. In der griechischen Sage ist der Drache der Hüter der goldenen Äpfel, den Herkules besiegt.

Schräg gegenüber vom Großen Wagen, in der Diagonale Richtung Nordwesten, leuchtet die gut sichtbare Cassiopeia und neben ihr der schwächere Cepheus, beides Sternbilder des Zirkumpolarbereichs. Nach der griechischen Sage ist Cassiopeia Königin von Äthiopien und Frau des Königs Cepheus, die sich rühmt, die schönste Frau aller Völker zu sein. Zur Strafe da-

für wird ihre Tochter Andromeda an einen Felsen geschmiedet und soll dem Walfisch zum Fraß vorgeworfen werden (siehe Sternkarten September/Süden und Dezember/Süden, in denen das Sternbild Walfisch erscheint). Andromeda wird von Perseus gerettet. Wir sehen, die Sage hat die genannten Sternbilder hier zu einem himmlischen Bilderbuch vereint.

Die — im Sinken begriffene — Andromeda ist übrigens berühmt durch den Andromedanebel (M 31), eine gewaltige Sternansammlung wie unsere Milchstraße (Galaxie), die aus den Tiefen des Weltalls als ein mattes Wölkchen durch das Sterngebiet der Andromeda schimmert.

Perseus und der über ihm stehende Fuhrmann mit dem hellen Hauptstern Capella (= Ziegenböckchen) sind nur teilweise zirkumpolar. Im Osten ist Bootes (= Bärenhüter, Ochsentreiber; wiederum eine Sagengestalt) mit dem rötlichen Hauptstern Arktur (= Wächter des Bären) aufgegangen. Darunter leuchtet die kleine, aber hübsche Krone mit dem Hauptstern Gemma (= Edelstein).

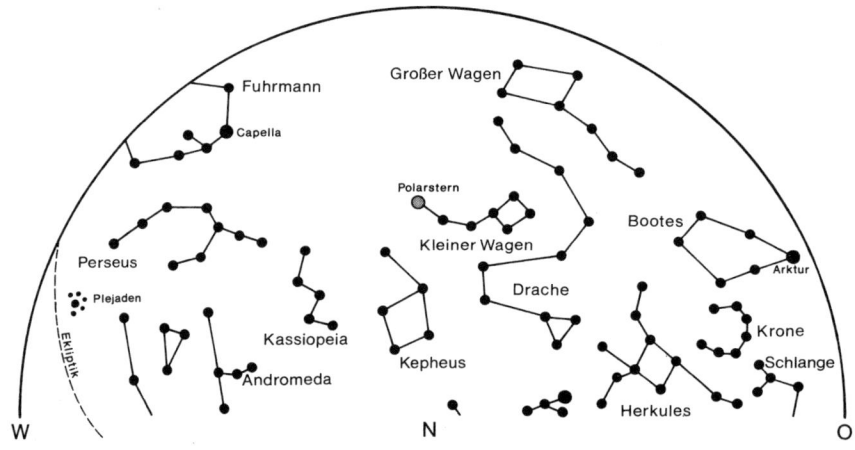

Blick nach Süden

Hier stehen noch die Wintersternbilder Orion mit den beiden prächtigen Hauptsternen Beteigeuze (= Schulter) und Rigel (= Fuß), Großer Hund mit Sirius und Kleiner Hund mit Procyon (= Vorhund) auf halber Höhe. Auch der voranschreitende Stier mit Aldebaran (= der Nachfolgende; gedacht ist wohl an die Sterngruppe der Plejaden, der der Aldebaran nachfolgt) ist noch zum Teil sichtbar. Im Osten ist schon das Frühlingssternbild Löwe mächtig heraufgestiegen und strebt dem Zenit zu. Der Hauptstern des Löwen — Regulus (= Kleiner König, Prinz) — steht genau auf der Linie der scheinbaren Sonnenbahn. Wir nennen sie Ekliptik.

Das Wort stammt aus dem Griechischen und bedeutet so viel wie »Finsternislinie«. Sonnen- und Mondfinsternisse können nämlich nur entstehen, wenn sich der Neumond bzw. der Vollmond in ihrer unmittelbaren Nähe aufhält. Um die Ekliptik herum bewegen sich auch die Planeten. In welchem Sternbild sie sich auch aufhalten, immer werden wir sie in der Zone um die Ekliptik entdecken.

In derselben Himmelszone sehen wir schließlich die Sternbilder des Tierkreises angeordnet. Auf unserer Karte sind sichtbar: Jungfrau, Löwe, Krebs, Zwillinge und Stier.

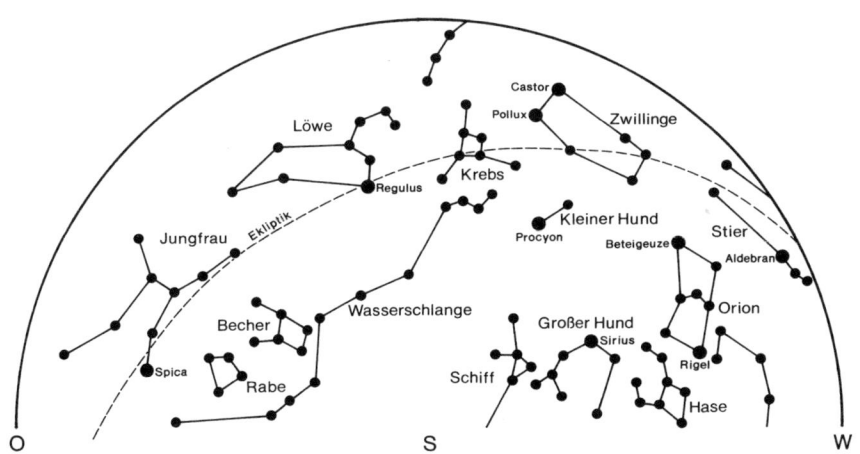

Der Sternenhimmel im Juni

Blick nach Norden

Der Große Wagen hat seine Zenitstellung verlassen und beginnt zu sinken, während der Kleine Wagen und der Drache kulminieren. Gegenüber dem Himmelswagen beginnt die Cassiopeia nach ihrer Tiefstellung wieder aufzusteigen. Zwischen Cassiopeia und Drache schimmert Cepheus auf halber Höhe. Knapp über dem Horizont im Nordwesten stehen die Zwillinge und der Fuhrmann; ihre hohe Zeit ist der Winter.

Neu heraufgekommen im Osten sind jetzt die »Sommersternbilder« Leier mit der hellen Wega (= herabstürzender Adler) und Schwan mit dem Hauptstern Deneb (= Schwanz des Schwanes). Zusammen mit dem Sternbild Adler und seinem Hauptstern Atair (siehe Sternkarte »Blick nach Süden«) werden sie in den Sommermonaten die beherrschende Stellung am Himmel einnehmen.

Die Hauptsterne dieser drei Sternbilder (Wega, Deneb und Atair) bilden das bekannte »Sommerdreieck«. Wega gehört zu den hellsten Lichtpunkten unseres Sternenhimmels. Sie ist 28 Lichtjahre von uns entfernt und hat einen dreimal so großen Durchmesser wie unsere Sonne. Deneb hat eine Leuchtkraft, die die unserer Sonne um das 10 000fache übertrifft. Er ist sehr viel weiter von uns entfernt als Wega, nämlich 1500 Lichtjahre.

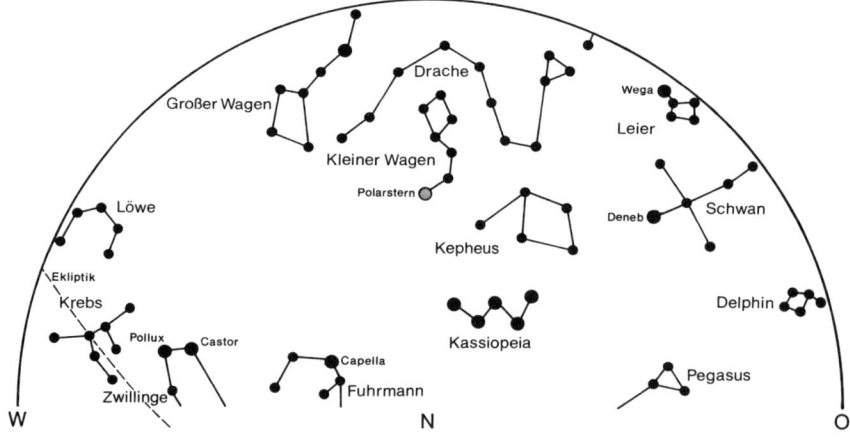

Blick nach Süden

Hoch im Süden stehen die drei Sternbilder Bootes, Krone und Herkules. Herkules — das ist die lateinische Form des Namens des griechischen Sagenhelden — ist eines der umfassendsten Sternbilder und bietet dem Betrachter zahlreiche Sterne. Er ist jetzt am günstigsten zu beobachten. In ihm befindet sich der berühmte Kugelsternhaufen M 13, eine Ansammlung von einer Vielzahl von Fixsternsonnen mit einem Gesamtdurchmesser von 100 Lichtjahren. Schon im Feldstecher bietet er einen großartigen Anblick.

Die unter Herkules stehenden Sternbilder Ophiuchus (= Schlangenträger) und Schlange sind in den leicht aufgehellten Sommermonaten nicht immer deutlich zu erkennen, da sie wenig markante Lichtpunkte bieten. Aufgestiegen im Osten ist das Sommersternbild Adler; sein Stern 1. Größe Atair (= auffliegender Adler) ist 16 Lichtjahre von uns entfernt und bildet mit Deneb (Schwan) und Wega (Leier), wie bereits erwähnt, das Sommerdreieck.

Daß die Zeit des Frühlings zu Ende ist, zeigt der im Westen untertauchende Löwe. Auf der Himmelszone um die Ekliptik leuchten jetzt als Sternbilder des Tierkreises: Schütze, Skorpion, Waage, Jungfrau und Löwe. In der Richtung des Schützen vermutet man das Zentrum unseres Milchstraßensystems.

Interessant ist Antares (= Gegenmars), der Hauptstern im Skorpion. Er ist ein roter Riesenstern mit einem 330mal größeren Durchmesser als unsere Sonne. Seine Entfernung von uns beträgt 360 Lichtjahre. Antares, der 10 000mal heller ist als unsere eigene Sonne, hat einen Begleitstern, welcher eine starke Radiostrahlung aussendet. Solch ein Doppel- und Mehrfachsystem gibt es unter den Fixsternen oft.

Die südlich der Ekliptik stehenden Sternbilder Centaur, Rabe und Becher sind lichtschwach. Nur ein geübtes Auge kann sie auf Anhieb identifizieren.

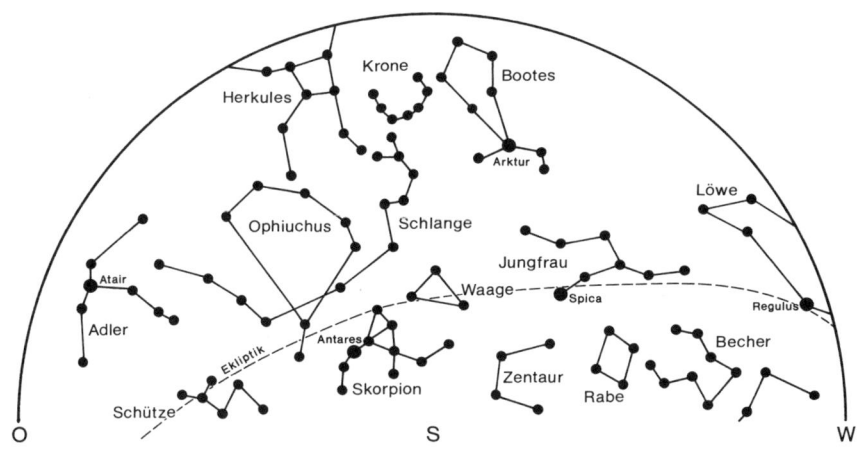

Der Sternenhimmel im September

Blick nach Norden

Der Große Wagen setzt zu seinem Tiefstand an und steht fast waagerecht über dem Horizont. Über dem vorletzten Deichselstern, der Mizar heißt, befindet sich ein kleiner Stern der Größe 4,2. Es ist Alkor, der auch das »Reiterlein« genannt wird, weil er auf der Wagendeichsel aufzusitzen scheint. (Er ist aber in unserer Sternkarte nicht eingezeichnet.) Alkor ist ein ferner Begleiter von Mizar, den er in 800 000 Jahren einmal umkreist. Er gilt in der volkstümlichen Sternkunde als »Augenprüfer«: Wer ihn mit bloßem Auge erkennen kann, hat gutes Sehvermögen.

Die dem Himmelswagen schräg gegenüberstehende Cassiopeia hat dreiviertel ihrer maximalen Höhe erreicht. Cepheus kulminiert, und der Drache nimmt eine Position auf mittlerer Höhe ein. Hercules, Krone und Bootes sinken im Westen ab und kündigen damit das Sommerende an. Wieder im Aufsteigen begriffen sind im Osten Fuhrmann, Perseus und Andromeda, gefolgt von der auffälligen Gruppe der Plejaden, die zum Stier gehört. Wegen der früh einsetzenden Dämmerung heben sich die Sterne wieder schöner und klarer vom Abenddunkel ab.

Einem aufmerksamen Beobachter fällt auf, daß der Beta-Stern im Perseus — Algol (= Teufel, Dämon der Wüste) — in bestimmten Abständen seine Helligkeit ändert. Sein Licht schwankt zwischen den Größen 2,2 und 3,5. Die Astronomen haben einen Begleiter des Algol nachgewiesen, der ihn umkreist und in einer Periode von 68,8 Stunden bedeckt und dadurch die teilweise Verfinsterung hervorruft. Algol ist der zuerst entdeckte »Bedeckungsveränderliche«.

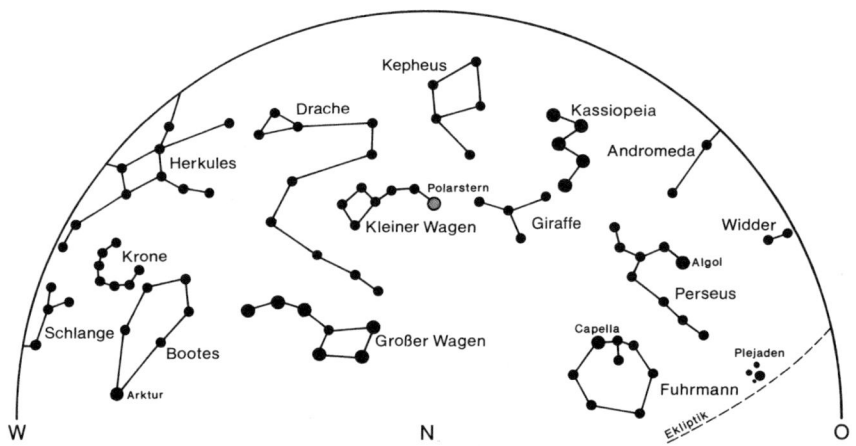

Blick nach Süden

Noch hat das große Sommerdreieck aus Deneb (Schwan), Wega (Leier) und Atair (Adler) die Stellung nicht geräumt; immerhin gehören drei Wochen im September noch dem Sommer. Im Osten und im Westen stehen lichtschwache, aber großen Raum einnehmende Sternbilder: Ophiuchus im Westen und Pegasus (das geflügelte Pferd der Sage) im Osten. Sie sind keine markanten, einprägsamen Erscheinungen.

An der Ekliptik entlang ziehen sich weitere Sternbilder des Tierkreises: Fische, Wassermann, Steinbock und Schütze. Auch diese Namen sind mit der griechischen Mythologie verbunden. Hinter den Fischen verbergen sich Venus und Amor, die bei einer drohenden Gefahr in Fische verwandelt worden sind, und der Gott Pan verzauberte sich in den Steinbock, um sich vor dem Riesen Typhon zu verstecken.

Am dunklen Herbsthimmel können Walfisch und Südliche Fische, die zwischen Horizont und Ekliptik stehen, aufgefunden werden. Auch der Delphin — ein kleines, aber ausgeprägtes Sternbild, das ein wenig westlich der Südlinie und ziemlich genau in der Mitte zwischen Schwan, Adler, Wassermann und Pegasus eingebettet ist — läßt sich gut erkennen.

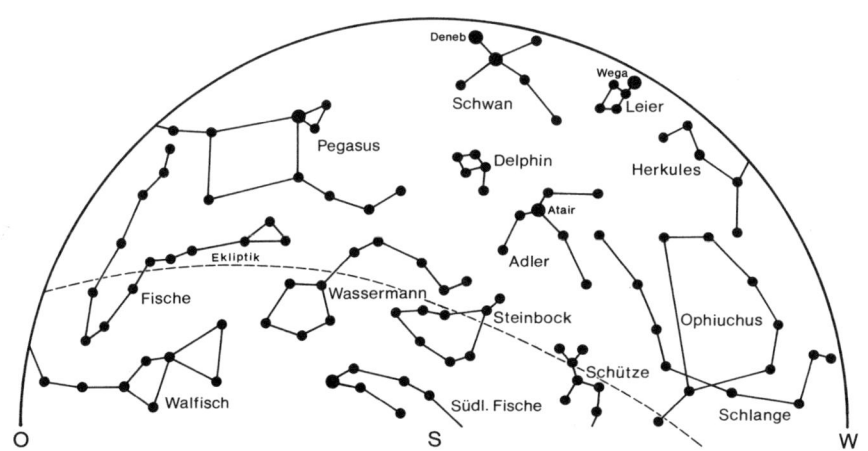

Der Sternenhimmel im Dezember

Blick nach Norden

Der Große Wagen tritt wieder seinen Aufstieg an, nachdem er die »Talsohle« verlassen hat. In Entsprechung dazu geht für die Cassiopeia das Himmelskarussell nach unten. Cepheus ist ebenfalls im Sinken, während der Drache bereits die unterste Position erreicht. Der Kleine Wagen steht genau senkrecht mit der Deichsel nach oben, so daß der Polarstern als der oberste Stern erscheint.

Perseus und Fuhrmann stehen hoch oben im Norden; östlich davon kommen Castor und Pollux, die beiden Hauptsterne der Zwillinge, auf und darunter der lichtschwächere Krebs. Im Westen verschwinden Schwan, Delphin und Pegasus. Wega in der Leier lugt knapp über dem Nordwesthorizont hervor.

Capella, Hauptstern im Fuhrmann, ist ein heller Stern der Zirkumpolarzone und übertrifft die Leuchtkraft unserer Sonne um das 150fache. Er ist 42 Lichtjahre von uns entfernt.

Von den beiden Hauptsternen der Zwillinge ist Pollux der hellere, obwohl er als Beta-Stern klassifiziert ist. Sein Licht mutet orangefarben an: Pollux ist mit 32 Lichtjahren Entfernung der der Erde am nächsten stehende Rote Riese. Castor gehört zu einem Mehrfachsystem, in dem sechs Sonnen miteinander verbunden sind. Die Namen Castor und Pollux (Söhne von Zeus und Leda) spielen in zahlreichen Sagen der Antike eine Rolle.

Der Krebs ist durch den offenen Sternhaufen Krippe (Praesepe; M 44) interessant. Schon mit dem bloßen Auge ist die Krippe als mondgroße Nebelwolke erkennbar. Sie umfaßt etwa 500 Sonnen; ihre Entfernung beträgt über 500 Lichtjahre. Offene Sternhaufen gehören zu den jüngsten Formationen der Milchstraße, Kugelsternhaufen dagegen zu den ältesten.

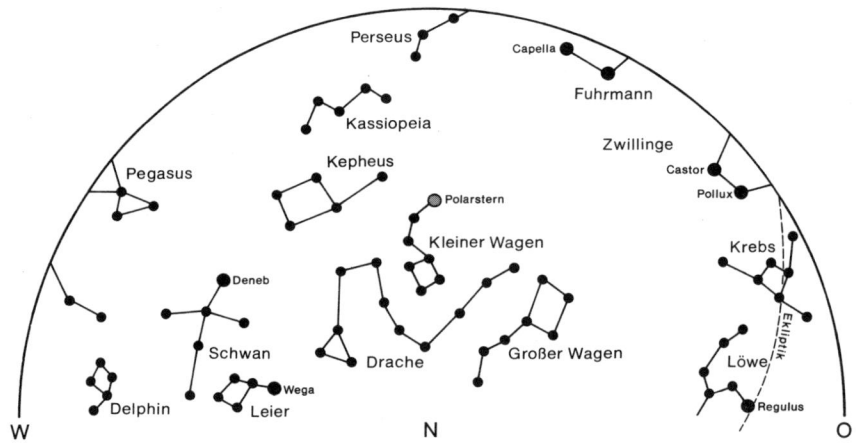

Blick nach Süden

König Winter regiert! Das Erscheinen des Himmelsjägers Orion mit seinen beiden Hunden belegt es unübersehbar. Neben dem Sommerdreieck gibt es ein ebenso markantes »Winterdreieck«. Es ist fast gleichseitig und wird aus Beteigeuze (Orion), Sirius (Großer Hund) und Procyon (Kleiner Hund) gebildet. Der Abstand zwischen Sirius und Procyon entspricht ziemlich genau der Bandbreite der Milchstraße, die sich zart schimmernd zwischen ihnen hindurchzieht, links an Beteigeuze vorbeiführt und dann durch den Fuhrmann verlaufend sich zum Zenit erstreckt, um von dort über Cassiopeia, Cepheus und Schwan zum Nordwesthorizont abzusinken.

Der Orion ist eines der lohnendsten Objekte am Himmel. Beteigeuze ist ein roter Riesenstern mit 400mal größerem Durchmesser als unsere Sonne und stellt die stärkste Infrarotquelle des Himmels dar. Rigel, trotz der Beta-Bezeichnung der hellste Stern im Orion, ist ein blauweißer »Überriese« mit einer Helligkeit, die 25 000mal größer ist als die unserer Sonne. Beteigeuze ist 270 Lichtjahre und Rigel 650 Lichtjahre von uns entfernt. Im Schwertgehänge des Orion unter den drei hellen Gürtelsternen befindet sich der berühmte Orionnebel, ein unregelmäßig geformter (diffuser) Nebel aus Staub und Gas, aus dem junge Sterne entstehen. Wir blicken hier gewissermaßen in eine Geburtskammer des Weltalls. Der Feldstecher vermittelt einen Eindruck von dem 1 600 Lichtjahre entfernten Gebilde.

Im Süden kulminiert der Stier. Er ist reizvoll durch die beiden offenen Sternhaufen der Hyaden (= Regengestirn; V-förmig um Aldebaran angeordnet) und der Plejaden (= Tauben) sowie durch den Crab-Nebel, den Überrest eines gewaltigen Sternzusammenbruchs (Supernova-Explosion). Von den Plejaden, auch Siebengestirn und Glucke genannt, kann man mit unbewaffnetem Auge 6, bei guten Bedingungen 9 bis 10 Sterne erkennen. Im Feldstecher bietet

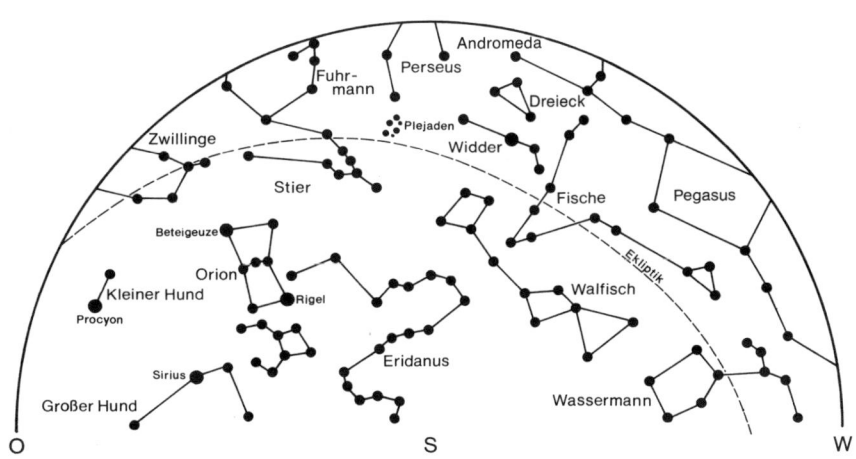

sich einer der schönsten Anblicke des Sternenhimmels: Welch eine gedrängte Schar von funkelnden Sonnen zieht da an unserem Auge vorüber! Zur Gruppe der Plejaden, die 410 Lichtjahre entfernt ist, zählen insgesamt etwa 200 Sterne.

Über den Plejaden stehen Fuhrmann, Perseus und Andromeda. Im Westen befinden sich die langen, umfassenden, aber lichtarmen Sternbilder Pegasus, Fische, Walfisch und Wassermann, während Eridanus (= Fluß der Unterwelt) — das längste Sternbild des Gesamthimmels, das bis weit in den Sternenhimmel der Südhalbkugel hinabreicht — in der unteren Mitte des Firmamentes seine lichtschwachen Kurven zieht.

Der Tierkreis

An dieser Stelle seien einige Bemerkungen zum Thema »Tierkreis« eingefügt:

Die Abbildung zeigt in der Mitte die Sonne, die von der Erde umkreist wird. Der innere Kreis ist die **Erdbahn**. Der äußere Kreis ist die **Ekliptik**, um die herum die zwölf Sternbilder des Tierkreises leuchten. Diese Himmelszone heißt **»Tierkreis«,** weil die meisten Sternbilder in ihr nach Tieren benannt sind. Hier zeigen sie sich mit ihren lateinischen Namen. Wir sehen, die Ekliptik ist eigentlich eine Erweiterung der Erdbahnebene in den Raum hinaus.

Unsere Abbildung zeigt aber auch, warum wir die Ekliptik als **scheinbare Sonnenbahn** bezeichnen können. Von der Erde aus gesehen wandert die Sonne im Laufe eines Jahres durch alle Sternbilder des Tierkreises. Der Pfeil, der von der Erde über die Sonne zum Sternbild Capricornus (Steinbock) weist, bedeutet: Von der Erde aus gesehen befindet sich die Sonne zu diesem Zeitpunkt im Sternbild Steinbock. Wandert die Erde auf ihrer Bahn um die Sonne weiter, verschiebt sich die Sonne perspektivisch in die nächsten Sternbilder des Tierkreises hinein.

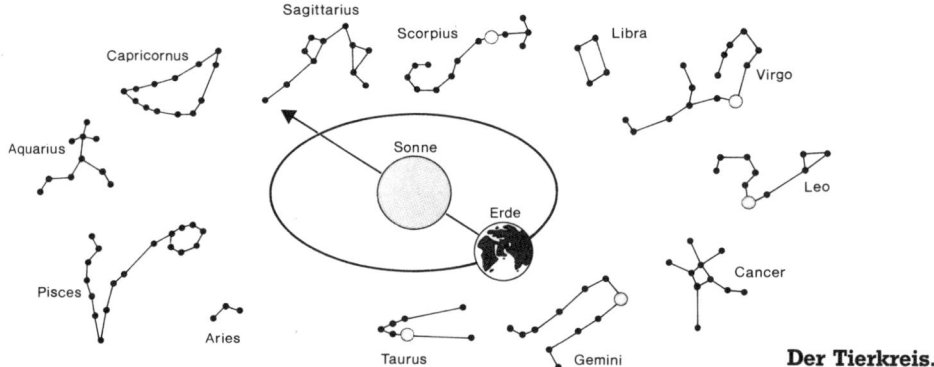

Der Tierkreis.

Zum Umgang mit den monatlichen Sternkarten

Die folgenden Sternkarten (Quelle: Frankfurter Allgemeine Zeitung) zeigen unseren nördlichen Sternenhimmel, wie er in der Abfolge der zwölf Monate des Jahres zu sehen ist. Als Beobachtungszeit ist jeweils die **Monatsmitte** um **21 Uhr MEZ** (Mitteleuropäische Zeit = Zonenzeit, die für 15° östliche Länge gilt) gewählt. Dabei ist es ohne wesentlichen Einfluß auf das Gesamtbild des Himmels, ob wir etwas eher oder etwas später mit unseren Beobachtungen beginnen. Beachten müssen wir allerdings, daß während der Sommermonate die zur Sternenbeobachtung nötige Dunkelheit erst ab etwa 22 Uhr (= 23 Uhr Mitteleuropäische Sommerzeit) eintritt und sich vorher nur die hellsten Sterne zu erkennen geben.

Die Veränderung des Sternenhimmels, die sich durch die allmähliche Wanderung der Sternbilder von Osten nach Westen ergibt, macht sich von einem Monat zum anderen für den Anfänger nur wenig bemerkbar. Erst wenn wir den charakteristischen Sternenhimmel der vier Jahreszeiten miteinander vergleichen, fällt uns die Verschiebung des Himmelskarussells klar und deutlich auf. Es ist deshalb in diesem Buch zunächst die »Himmelsbühne« der vier Jahreszeiten »aufgezogen« und in ihren Erscheinungen grundlegend erläutert, während die jetzt folgenden Monatskarten für den praktischen Selbstgebrauch nur mit kurzen Anmerkungen versehen sind.

Für die Orientierung am Sternenhim-mel ist es zunächst wichtig, die **Himmelsrichtungen** auszumachen. Mit einem Kompaß können wir ohne weiteres die Nordrichtung feststellen, aus der sich die anderen Richtungen dann von selbst ergeben. Ohne Kompaß finden wir die Nordrichtung, wenn wir vom Polarstern aus eine Linie senkrecht nach unten ziehen. Am Horizont treffen wir dann auf den Nordpunkt. Wenn wir den Polarstern bzw. den Nordpunkt vor uns haben, ist rechts Osten, im Rücken Süden und links Westen. Die Monatskarten müssen wir nun so halten, daß die Richtung, zur der hin wir beobachten wollen, **unten** auf der Karte geschrieben steht. Das ermöglicht am ehesten eine Übereinstimmung mit der Ansicht des Sternenhimmels über uns. Wenn wir die Beobachtungsrichtung ändern, müssen wir auch unsere Sternkarte entsprechend drehen. Blicken wir nach Norden, muß der Nordhorizont auf unserer Sternkarte unten sein. Blicken wir nach Süden, muß der Südhorizont auf unserer Sternkarte unten sein usw. Wenn wir zuerst mit dem Aufsuchen der Zirkumpolarsterne beginnen, werden wir uns bald nach und nach mit den weiteren Sternbildern vertraut machen können.

Bei hellem Straßenlicht oder in einer Vollmondnacht werden wir nicht alle auf der Sternkarte verzeichneten Sterne am Himmel erkennen können, weil ihr Lichtschein überstrahlt wird. Und umgekehrt: In einer tiefdunklen Sternennacht bei klaren Witterungsverhältnissen werden wir am Firmament unvergleichlich **mehr** Lichtpunkte entdecken als unsere Sternkarte aufführen kann. Das darf uns bei unseren »Erkundungsgängen« nicht verwirren und entmutigen. Alle Sternkarten, die für die

Hand des Sternfreundes gedacht sind, können nur eine **Auswahl** der wichtigsten Sterne und Sternbilder enthalten. Ein Nachteil aller Sternkarten, auch der drehbaren, besteht darin, daß sie flach sind, während der Sternenhimmel wie eine Kuppel über uns gewölbt erscheint. Seit kurzem gibt es zum Ausgleich für diesen Nachteil ein neues sternkundliches Anschauungsmaterial: eine **Sternkuppel** (»Der große Sternenhimmel«) in Schnittmusterbogen, beziehbar über Astromedia, Neue Wege Verlag, Sonnenbickel 12, 86971 Peiting. Diese neuartige gewölbte Sternkarte beruht auf einer einfachen Idee: Die in die Pappkuppel aufgemalten Sternpunkte sind durchlöchert und lassen, wenn das Licht von oben fällt, die Sterne an der richtigen Stelle aufleuchten oder projizieren mit Hilfe einer darunter gehaltenen Taschenlampe die Sternbilder — wie ein Kleinstplanetarium — an die Zimmerdecke.

Auf unseren monatlichen Sternkarten sind neben den Sternbildern, einzelnen interessanten Beobachtungsobjekten und dem Band der Milchstraße auch die Ekliptik und der Himmelsäquator eingezeichnet. Die **Ekliptik** ist die scheinbare Bahn der Sonne, ein Großkreis am Himmel, der sich durch die Zone der Tierkreissternbilder erstreckt. Einige markante Sterne und Sternhaufen kennzeichnen ihren Verlauf. Zwischen den beiden offenen Sternhaufen der Plejaden und Hyaden hindurch läuft sie über M 35 in den Zwillingen und die Krippe im Krebs zu Regulus im Löwen und oberhalb von Spica in der Jungfrau und Antares im Skorpion durch die Sternbilder mit schwächeren Sternen wie Schütze, Steinbock, Wassermann und Fische.

Der **Himmelsäquator**, dem gegenüber die Ekliptik gegenwärtig um etwa 27° geneigt ist, ist nichts anderes als die Verlängerung des Erdäquators an die Himmelskugel. Wir finden ihn, wenn wir z. B. am Winterhimmel von Procyon im Kleinen Hund aus einen Bogen über den rechten Gürtelstern im Orion zu Mira im Walfisch schlagen.

Der Schnittpunkt von Himmelsäquator und Ekliptik im Bereich des Sternbildes Fische, ziemlich genau in der Mitte zwischen Walfisch und Wassermann, heißt **Frühlingspunkt**. Er wird auch Widderpunkt genannt, weil die Sonne an dieser Stelle in das Tierkreiszeichen Widder eintritt und damit den Beginn des Frühlings signalisiert. Das **Tierkreiszeichen** Widder dürfen wir aber nicht mit dem **Sternbild** Widder verwechseln! Die Tierkreiszeichen und die Sternbilder, nach denen sie benannt sind, haben sich in 2000 Jahren um etwa 30° gegeneinander verschoben. Am Himmel finden wir den Frühlingspunkt, wenn wir die Linie, die vom Stern β in Cassiopeia zum Stern α in Andromeda (Sirrah) führt, um die gleiche Länge über Sirrah hinaus fortsetzen.

Nicht eingezeichnet in die Sternkarten sind die **Planeten**. Sie weisen eine Eigenbewegung auf und verändern ihre Position laufend. Sie befinden sich dabei aber immer in Reichweite der Ekliptik. Wenn wir bei unseren Sternbeobachtungen im Bereich der Ekliptik auf einen hellen Stern stoßen, der sich nicht in der Anordnung der Fixsterne und ihrer Sternbilder unterbringen läßt, dann handelt es sich um einen der großen Planeten. Die genauen Angaben über die Position eines Planeten in Rektaszension und Deklination, für bestimmte Zeiträume in Form einer Tabelle zusammengestellt, nennen wir **Ephemeriden**. Sie finden sich im Anhang dieses Buchs. Um den Ort eines Planeten und seine Sichtbarkeit am Abend- oder Morgenhimmel mit Hilfe der Ephemeriden ausfindig zu machen, brauchen wir eine **drehbare Sternkarte** mit Planetenanzeiger. Mit ihr läßt sich problemlos der Lauf jedes Planeten verfolgen.

Links unter den Sternkarten sind die Sterngrößen (1. Größe bis 4. und 5. Größe) angegeben und rechts eine Auswahl interessanter Beobachtungsobjekte, die entweder mit bloßem Auge oder mit dem Feldstecher zu erkennen sind.

Wir wissen nun: Unsere zwölf Monatssternkarten zeigen jeweils den Sternenhimmel, wie er zur Monatsmitte gegen 21 Uhr zu sehen ist. Was aber, wenn wir den Sternenhimmel zu einer anderen Zeit betrachten wollen? Dann können wir uns der nachstehenden Tabelle bedienen und nachsehen, welche Sternkarte dafür in Frage kommt. Im Schnittpunkt von Monatsangabe und Uhrzeit lesen wir die Nummer der Sternkarte ab, die wir aufschlagen müssen, um uns zu orientieren. Ein Beispiel: Anfang September kommen wir gegen Mitternacht von einem Besuch zurück, der Himmel ist unbewölkt, und es lockt uns, noch einen Blick auf die funkelnden Sterne zu werfen. Wir suchen in der Tabelle links die Monatsangabe 1. September und oben in der Uhrzeitskala die Spalte 24 Uhr. Wo sich die beiden Linien schneiden, treffen wir auf die Zahl 10. Wir schlagen in diesem Buch die Sternkarte Nummer 10 auf und haben den Sternenhimmel vor uns, wie wir ihn zu dieser Stunde beobachten können.

Wo wir in bestimmten Kästchen der Tabelle keine Zahl finden, da handelt es sich um Uhrzeiten, zu denen die Sterne entweder noch nicht zu beobachten sind (in den Sommermonaten ist es bis 20 bzw. 21 Uhr noch taghell) oder bereits am frühen Morgenhimmel verblaßt sind (in den Sommermonaten ab 4 bzw. 5 Uhr).

117

Tabelle zum Auffinden der richtigen Sternkarte

UHRZEIT (MEZ)	18h	19h	20h	21h	22h	23h	24h	1h	2h	3h	4h	5h	6h	7h
1. Januar			12		1		2		3		4		5	
15. Januar		12		**1**		2		3		4		5		6
1. Februar			1		2		3		4		5		6	
15. Februar		1		**2**		3		4		5		6		
1. März			2		3		4		5		6		7	
15. März		2		**3**		4		5		6		7		
1. April			3		4		5		6		7			
15. April				**4**		5		6		7				
1. Mai					5		6		7		8			
15. Mai				**5**		6		7		8				
1. Juni				**6**		7		8						
15. Juni						7		8		9				
1. Juli				**7**		8		9						
15. Juli						8		9		10				
1. August				**8**		9		10		11				
15. August					8		9		10		11			
1. September			8		9		10		11		12			
15. September		8		**9**		10		11		12				
1. Oktober			9		10		11		12		1		2	
15. Oktober		9		**10**		11		12		1		2		
1. November	9		10		11		12		1		2		3	
15. November		10		**11**		12		1		2		3		
1. Dezember	10		11		12		1		2		3		4	
15. Dezember		11		**12**		1		2		3		4		

MESZ (Mitteleuropäische Sommerzeit): MEZ + 1 Std.

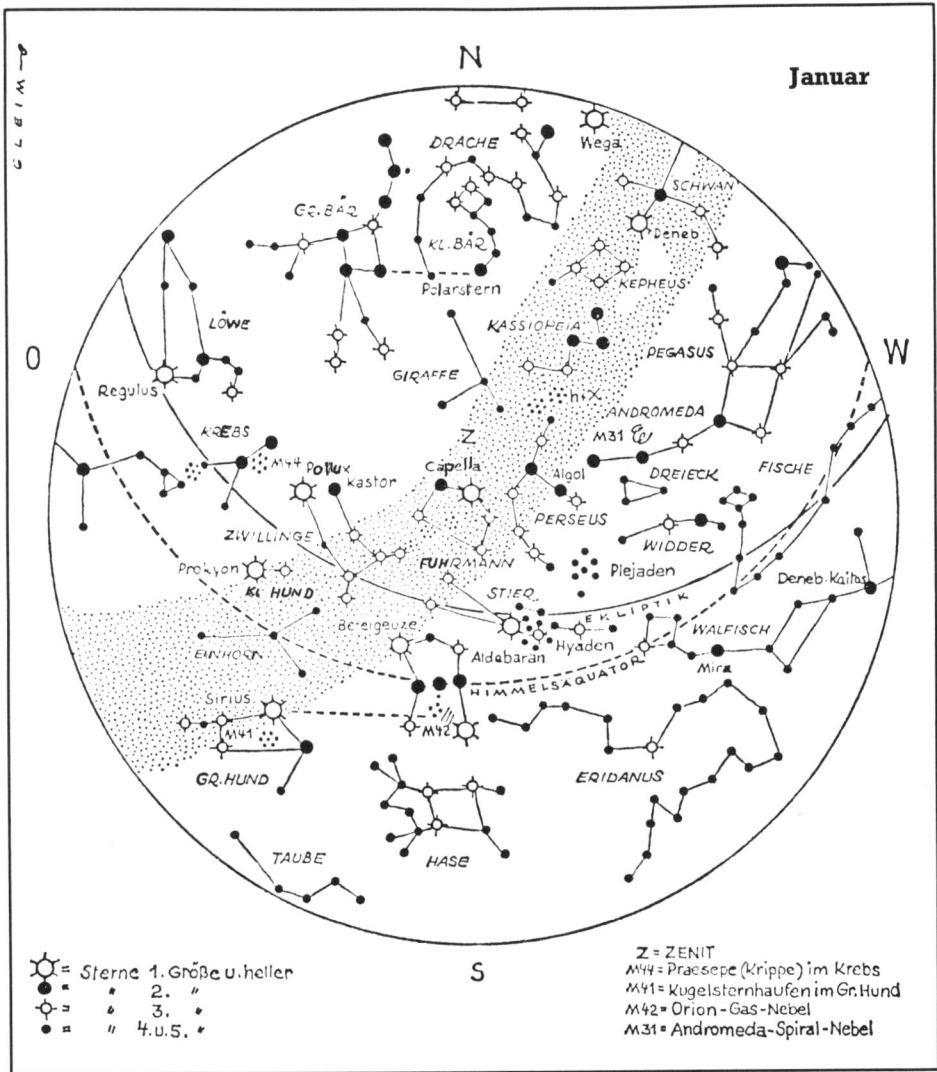

Quelle aller monatlichen Sternkarten: Frankfurter Allgemeine Zeitung.

Sternkarte 1

Sie zeigt den Sternenhimmel Mitte
Januar um 21 Uhr MEZ.
Dieser Sternenhimmel ist zugleich sicht-
bar:

Mitte Februar	um 19 Uhr,
Mitte Oktober	um 3 Uhr,
Mitte November	um 1 Uhr,
Mitte Dezember	um 23 Uhr.

(Anfang der genannten Monate jeweils
eine Stunde später)

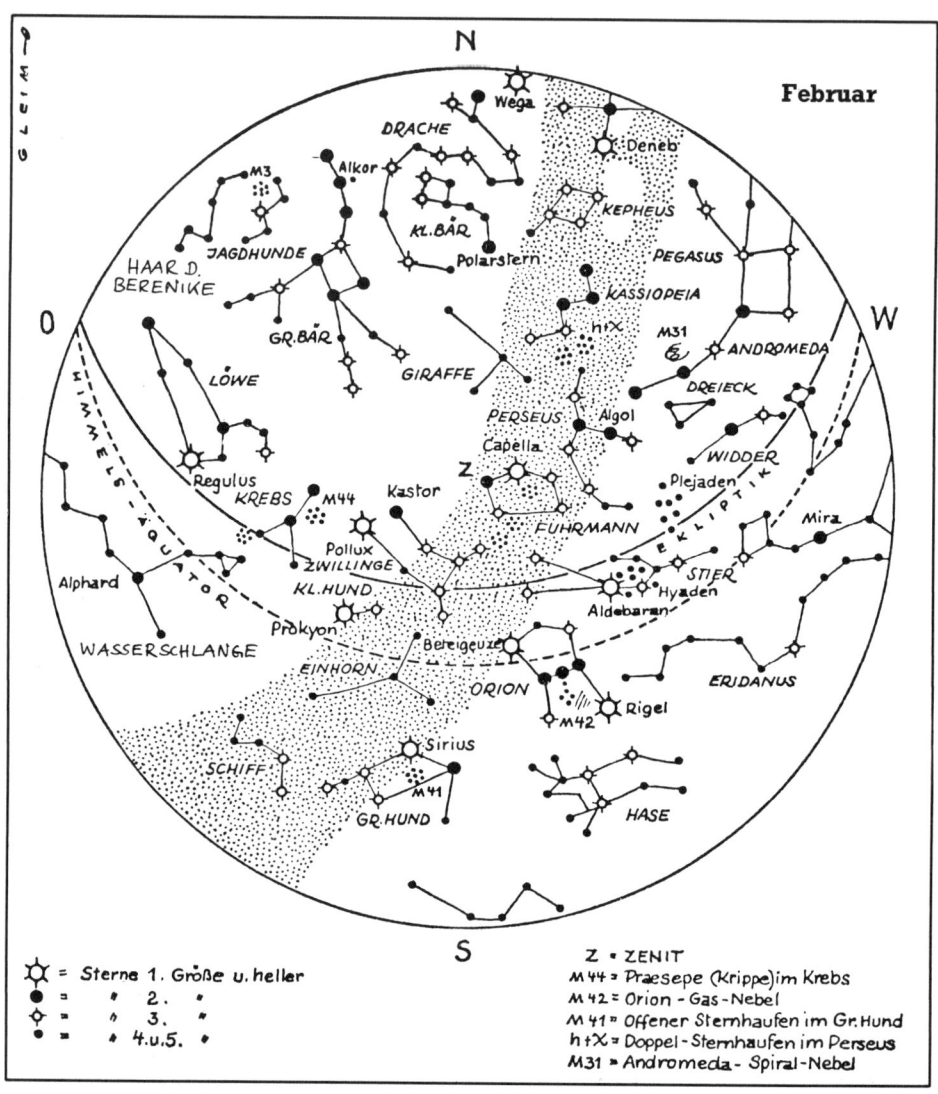

Sternkarte 2

Sie zeigt den Sternenhimmel Mitte
Februar um 21 Uhr MEZ.
Dieser Sternenhimmel ist zugleich sicht-
bar:

Mitte März	um 19 Uhr,
Mitte Oktober	um 5 Uhr,
Mitte November	um 3 Uhr,
Mitte Dezember	um 1 Uhr.

(Anfang der genannten Monate jeweils
eine Stunde später)

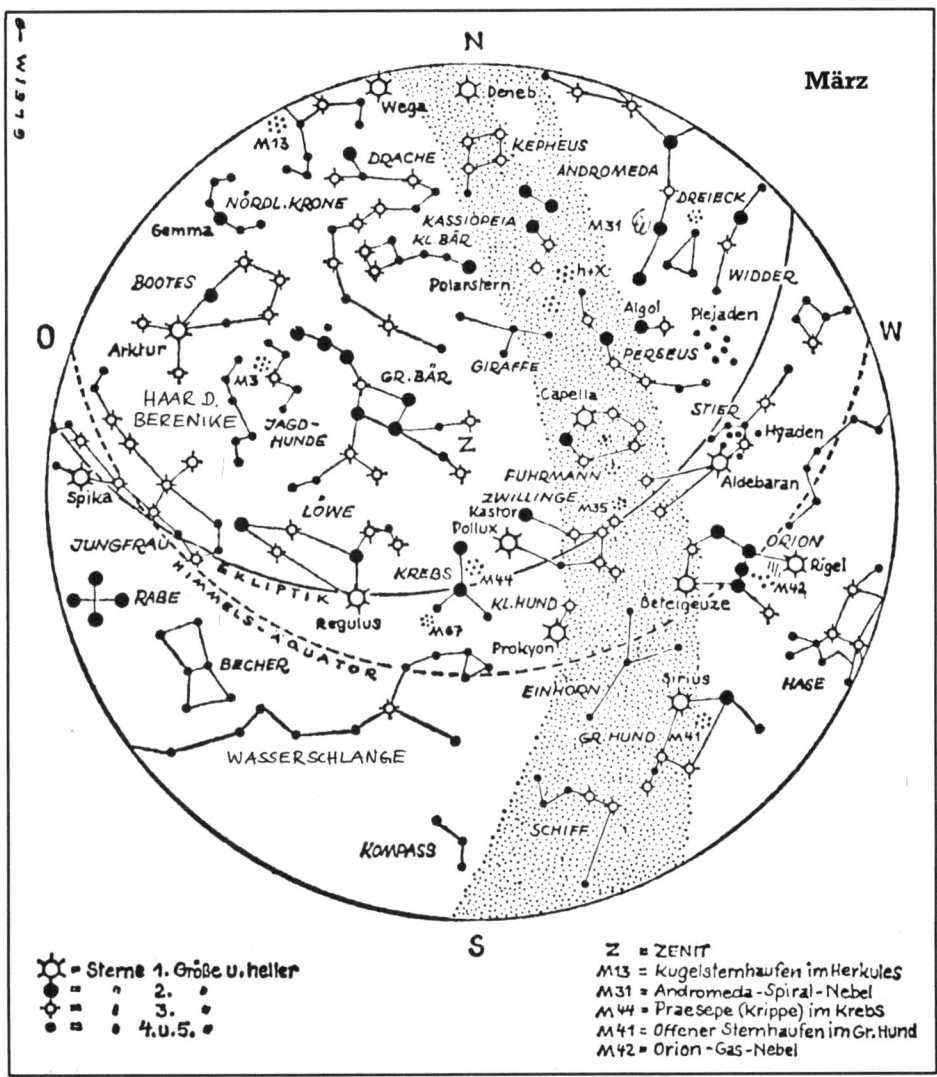

Sternkarte 3

Sie zeigt den Sternenhimmel Mitte März um 21 Uhr MEZ.

Dieser Sternenhimmel ist zugleich sichtbar:

Mitte November um 5 Uhr,
Mitte Dezember um 3 Uhr,
Mitte Januar um 1 Uhr,
Mitte Februar um 23 Uhr.
(Anfang der genannten Monate jeweils eine Stunde später)

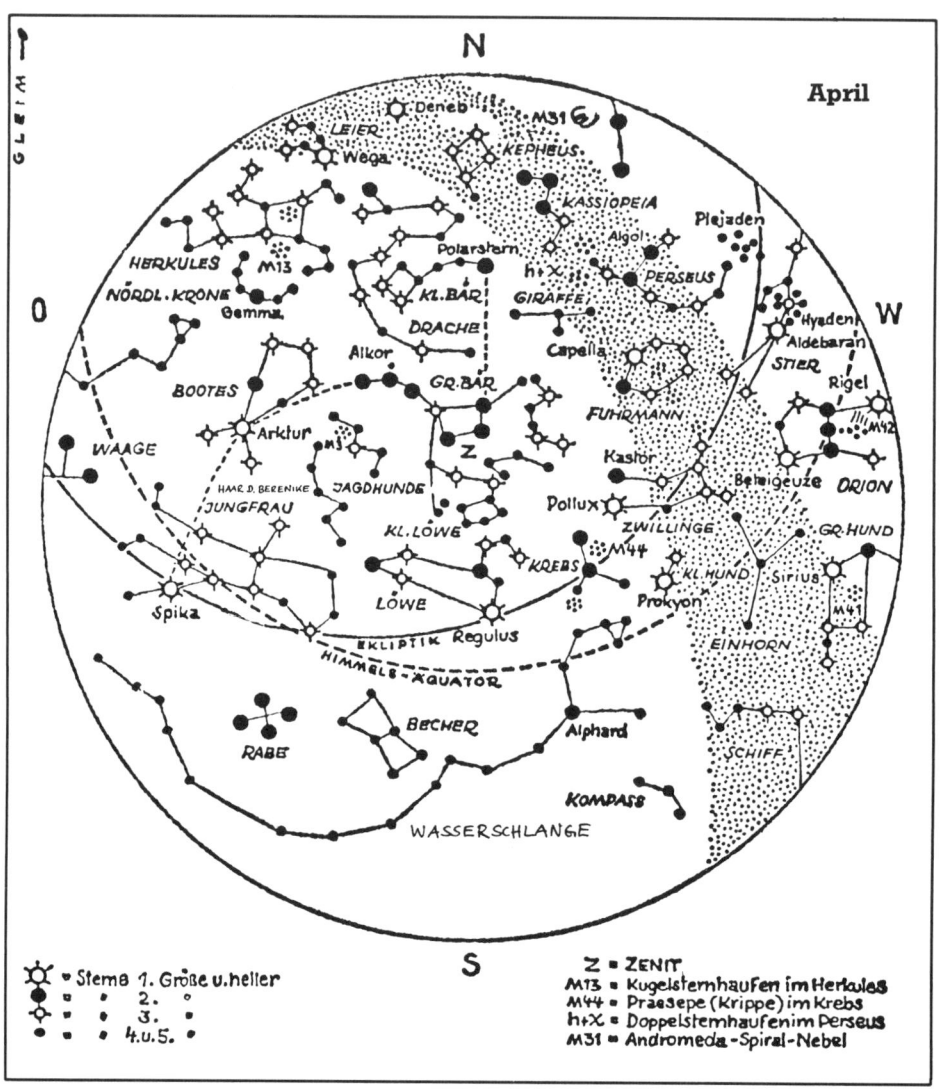

Sternkarte 4

Sie zeigt den Sternenhimmel Mitte April um 21 Uhr MEZ.
Dieser Sternenhimmel ist zugleich sichtbar:

Mitte Dezember	um 5 Uhr,
Mitte Januar	um 3 Uhr,
Mitte Februar	um 1 Uhr,
Mitte März	um 23 Uhr.

(Anfang der genannten Monate jeweils eine Stunde später)

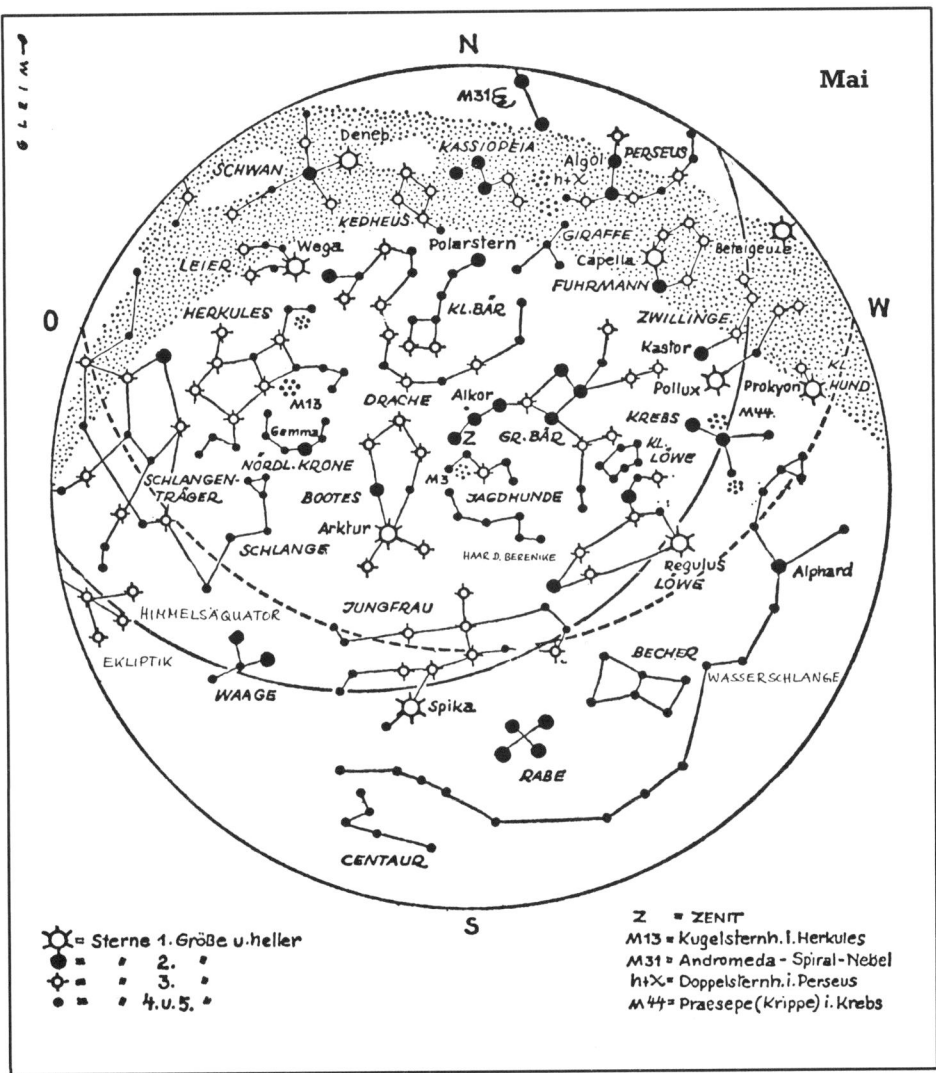

Sternkarte 5

Sie zeigt den Sternenhimmel Mitte Mai um 21 Uhr MEZ.
Dieser Sternenhimmel ist zugleich sichtbar:

Mitte Januar um 5 Uhr,
Mitte Februar um 3 Uhr,
Mitte März um 1 Uhr,
Mitte April um 23 Uhr.
(Anfang der genannten Monate jeweils eine Stunde später)

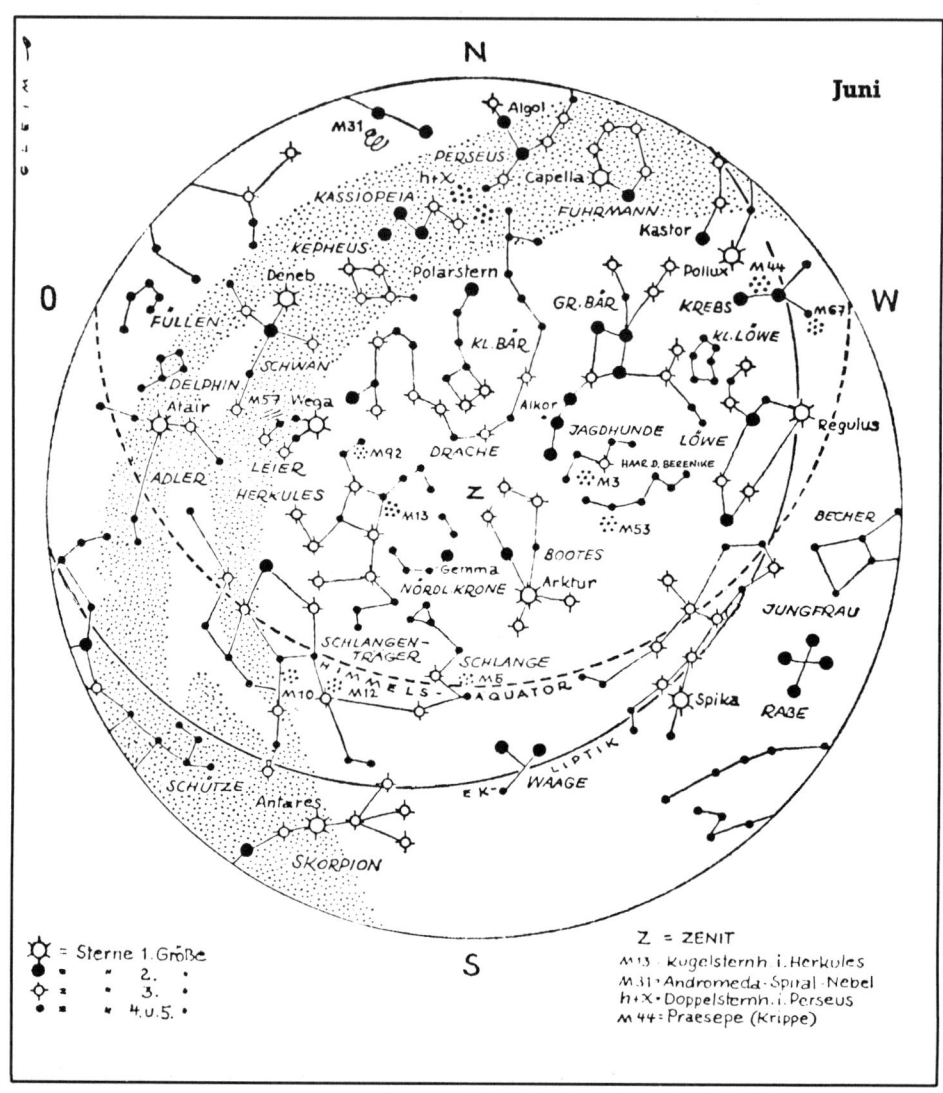

Sternkarte 6

Sie zeigt den Sternenhimmel Mitte Juni um 21 Uhr MEZ.
Dieser Sternenhimmel ist zugleich sichtbar:

Mitte Januar	um 7 Uhr,
Mitte Februar	um 5 Uhr,
Mitte März	um 3 Uhr,
Mitte April	um 1 Uhr,
Mitte Mai	um 23 Uhr.

(Anfang der genannten Monate jeweils eine Stunde später)

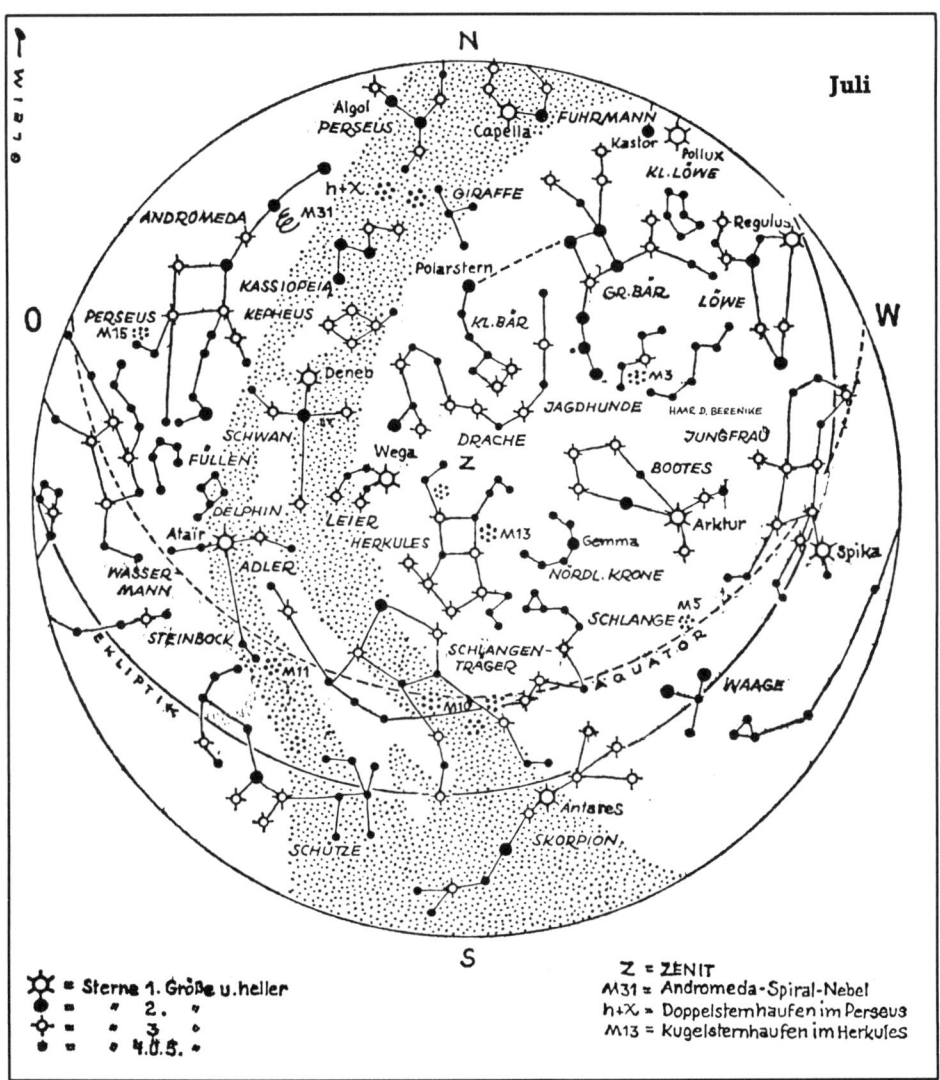

Sternkarte 7

Sie zeigt den Sternenhimmel Mitte Juli um 21 Uhr MEZ.
Dieser Sternenhimmel ist zugleich sicht- bar:

Mitte März	um 5 Uhr,
Mitte April	um 3 Uhr,
Mitte Mai	um 1 Uhr,
Mitte Juni	um 23 Uhr.

(Anfang der genannten Monate jeweils eine Stunde später)

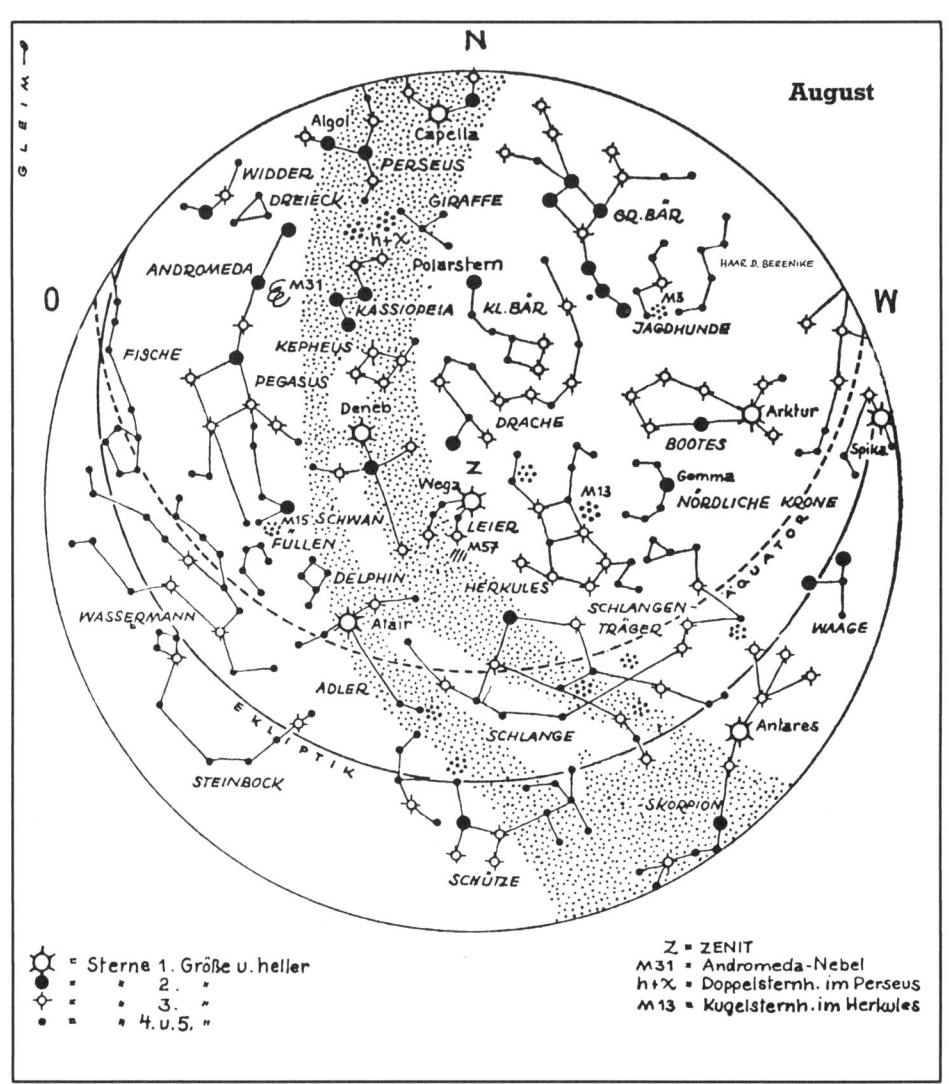

Sternkarte 8

Sie zeigt den Sternenhimmel Mitte
August um 21 Uhr MEZ.
Dieser Sternenhimmel ist zugleich sicht-
bar:

Mitte September um 19 Uhr,
Mitte Mai   um 3 Uhr,
Mitte Juni   um 1 Uhr,
Mitte Juli   um 23 Uhr.
(Anfang der genannten Monate jeweils
eine Stunde später)

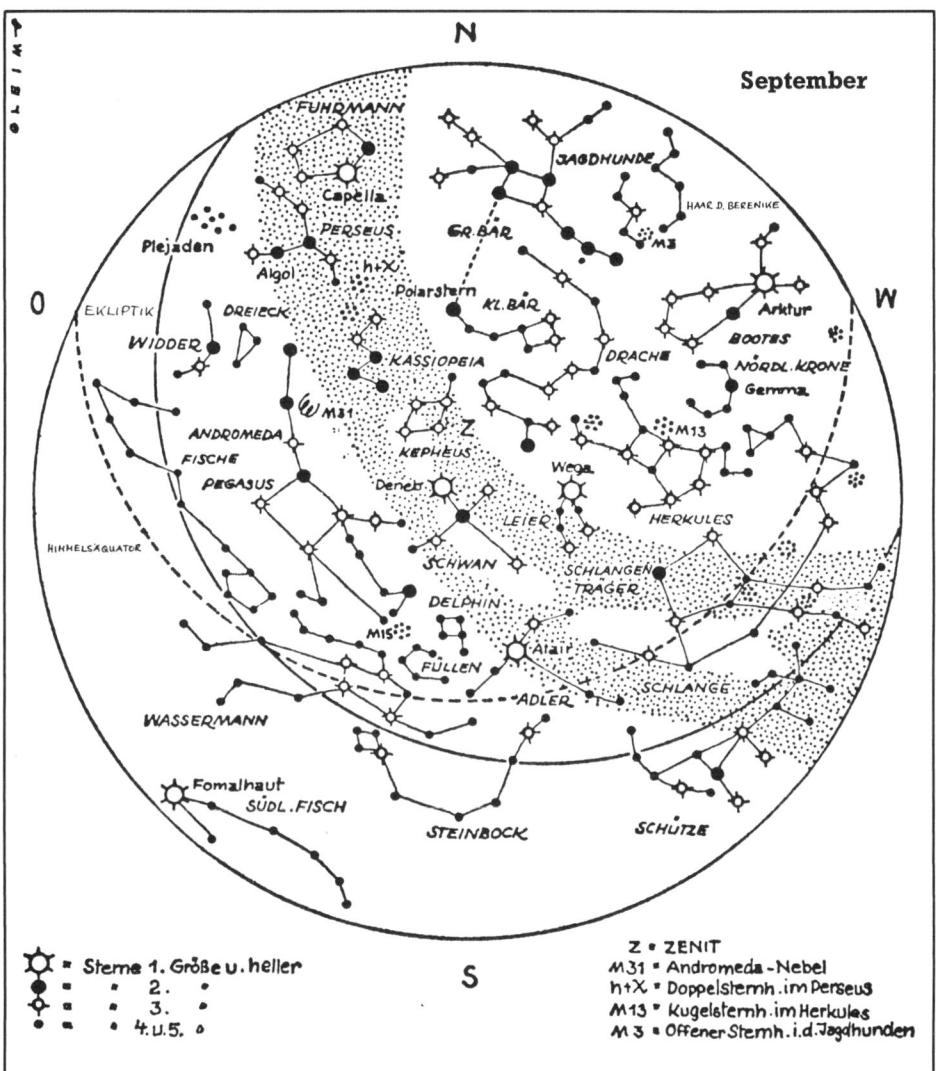

Sternkarte 9

Sie zeigt den Sternenhimmel Mitte September um 21 Uhr MEZ.
Dieser Sternenhimmel ist zugleich sichtbar:

Mitte Oktober um 19 Uhr,
Mitte Juni um 3 Uhr,
Mitte Juli um 1 Uhr,
Mitte August um 23 Uhr.
(Anfang der genannten Monate jeweils eine Stunde später)

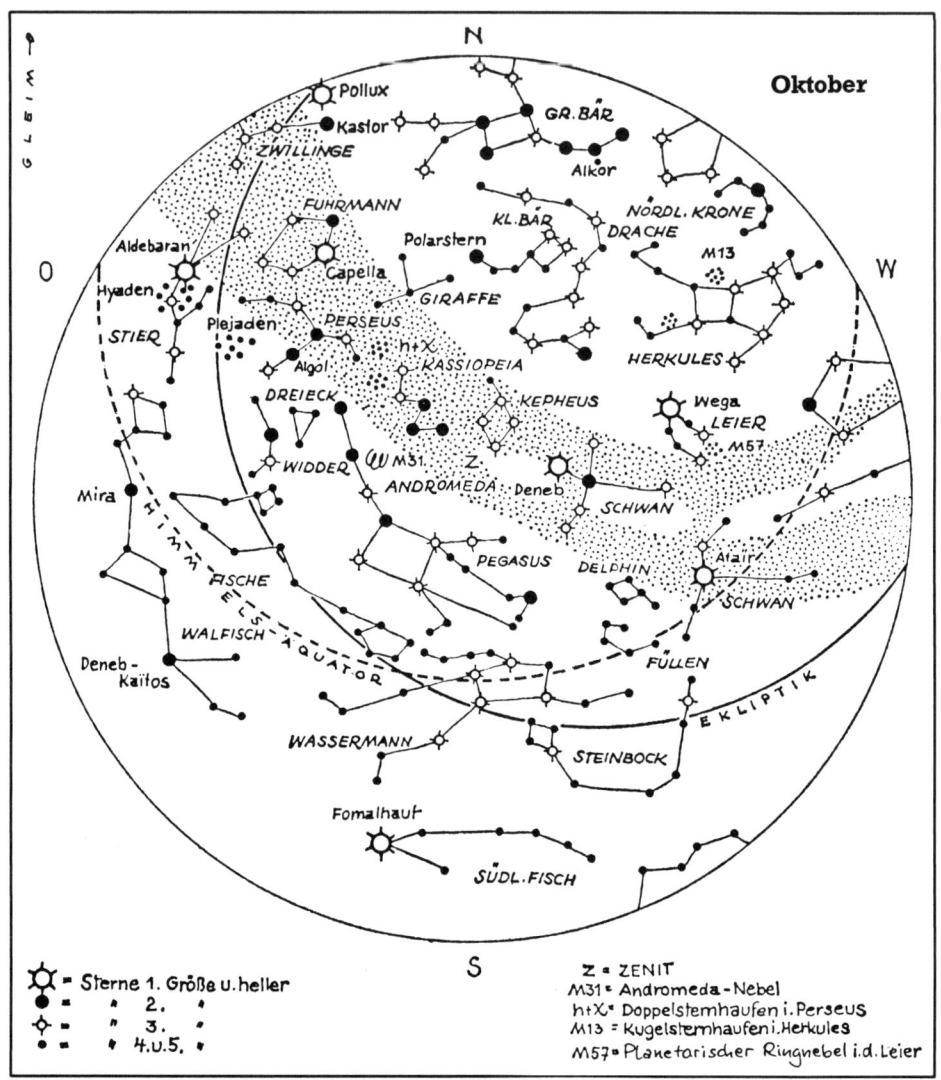

Sternkarte 10

Sie zeigt den Sternenhimmel Mitte Oktober um 21 Uhr MEZ.
Dieser Sternenhimmel ist zugleich sichtbar:

Mitte November um 19 Uhr,
Mitte Juli um 3 Uhr,
Mitte August um 1 Uhr,
Mitte September um 23 Uhr.
(Anfang der genannten Monate jeweils eine Stunde später)

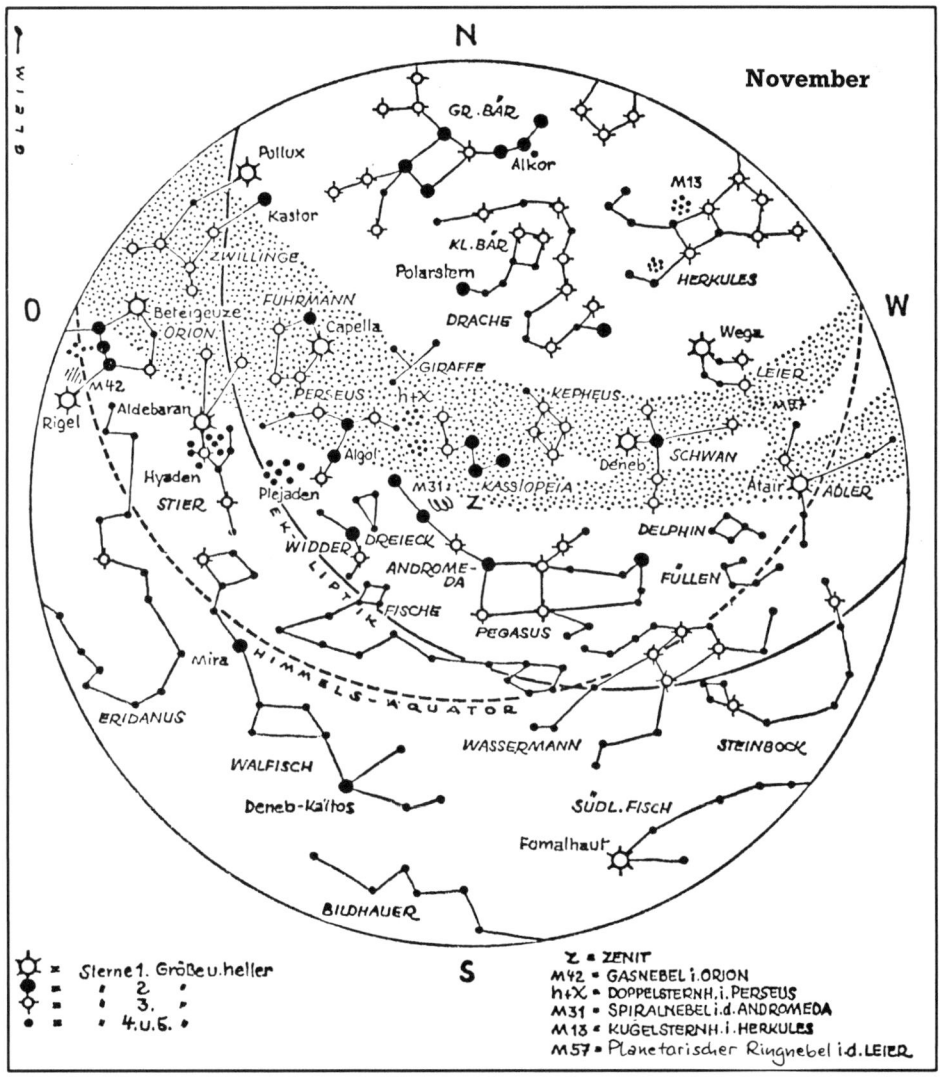

November

Sterne 1. Größe u. heller
= , 2 ,
= , 3 ,
= 4 u. 5 ,

Z = ZENIT
M42 = GASNEBEL i.ORION
h+χ = DOPPELSTERNH.i.PERSEUS
M31 = SPIRALNEBEL i.d. ANDROMEDA
M13 = KUGELSTERNH.i.HERKULES
M57 = Planetarischer Ringnebel i.d.LEIER

Sternkarte 11

Sie zeigt den Sternenhimmel Mitte
November um 21 Uhr MEZ.
Dieser Sternenhimmel ist zugleich sicht-
bar:

Mitte Dezember um 19 Uhr,
Mitte August um 3 Uhr,
Mitte September um 1 Uhr,
Mitte Oktober um 23 Uhr.
(Anfang der genannten Monate jeweils
eine Stunde später)

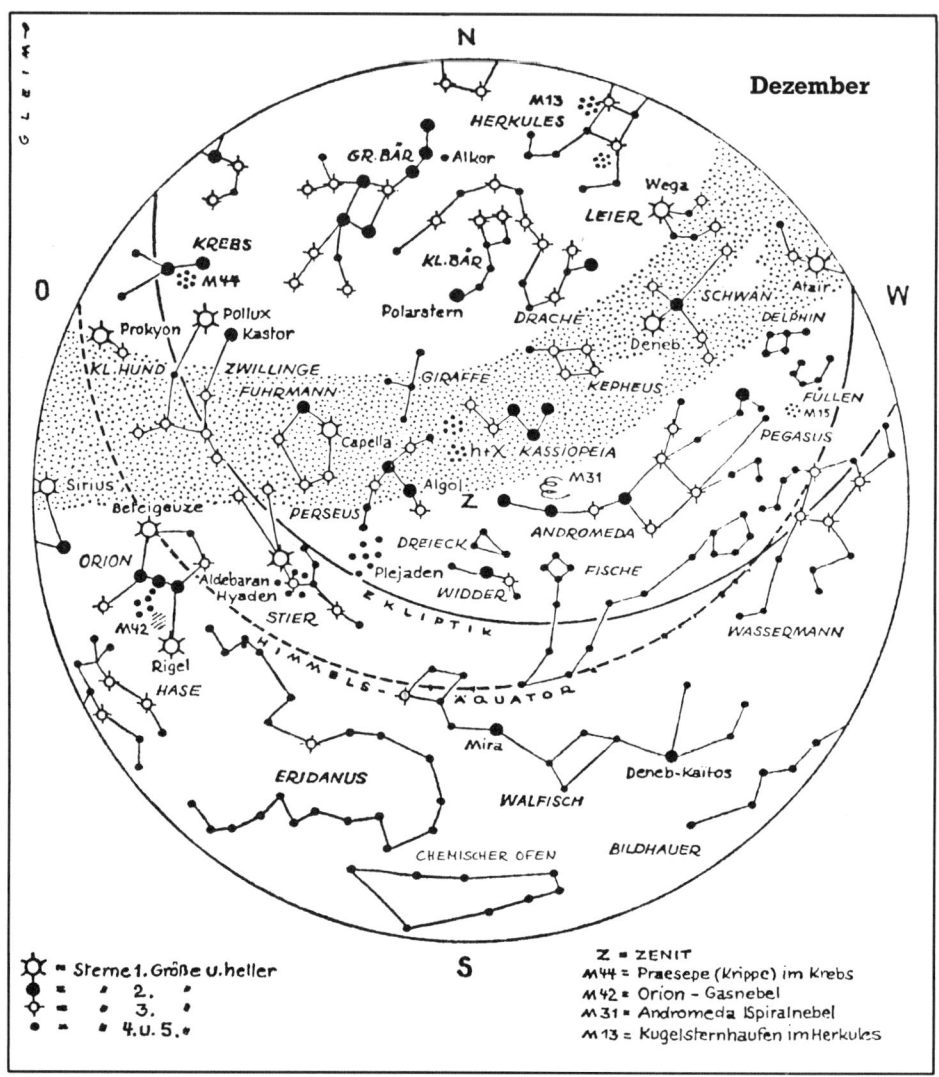

Sternkarte 12

Sie zeigt den Sternenhimmel Mitte
Dezember um 21 Uhr MEZ.
Dieser Sternenhimmel ist zugleich sicht-
bar:

Mitte Januar   um 19 Uhr,
Mitte September um   3 Uhr,
Mitte Oktober   um   1 Uhr,
Mitte November um 23 Uhr.
(Anfang der genannten Monate jeweils
eine Stunde später)

Die Sternbilder der südlichen Himmelshalbkugel

Im Altertum waren nur wenige Sternbilder der südlichen Halbkugel benannt: Centaur, das Südliche Kreuz und das Schiff (mit Hinterdeck, Schiffskiel und Segel). Erst in der Folgezeit der großen **Welt- und Entdeckungsreisen** (besonders im 17. Jahrhundert) wurden verbindliche Benennungen für die Sternbilder des Südens eingeführt. Dabei standen die technischen und wissenschaftlichen Errungenschaften dieser Zeit Pate: Sternbildbezeichnungen wie Oktant und Zirkel (zur Navigation auf See benutzt), Teleskop, Mikroskop, Chemischer Ofen und Pendeluhr weisen darauf hin. So klingen die Namen vieler Sternbilder der südlichen Halbkugel **neuzeitlicher** als die Namen der nördlichen Sternbilder, die ja weithin auf die Mythologie der Antike zurückgehen. Auch gerade erst kennengelernte Tiere wie das Chamäleon, der Pfau oder der Tukan und die Menschenrasse der Indianer gaben Namen für einige Sternbilder ab. So ist auch von dieser Seite her der südliche Sternenhimmel eine interessante Ergänzung des nördlichen.

Heute wird auch der südliche Sternenhimmel mehr und mehr beobachtet und erforscht — die großen Observatorien in Südafrika und Südamerika wie auch in Australien bieten die Voraussetzungen dazu —, nachdem sich die Astronomie jahrhundertelang fast ausschließlich mit den nördlichen Sternen und Sternbildern befaßt hatte.

Die Orientierung am Südpol des Himmels ist nicht ganz einfach. Es fehlt ein Polarstern, es fehlen einprägsame Sternbilder, von denen aus und zu denen hin man in Gedanken hilfreiche Verbindungslinien ziehen könnte. Das dem Himmelssüdpol am nächsten stehende Sternbild Oktant ist zu wenig markant, um als Ausgangspunkt dienen zu können.

Am besten gehen wir vom Band der **Milchstraße** aus, in deren Bereich sich die meisten hellen Sterne des Südhimmels befinden. Ziemlich genau in der Mitte des Milchstraßenarmes versuchen wir, das **Kreuz des Südens** ausfindig zu machen. Wir erkennen es in unmittelbarer Nähe einer Dunkelstelle der Milchstraße, des sogenannten »Kohlensackes«. Dieses schöne Sternbild, das mit seinen vier Hauptsternen die Form eines lateinischen Kreuzes bildet, ist eine Zierde der Tropennächte und hat schon viele Südreisende entzückt. Verlängern wir den »Längsbalken« des Kreuzes beim Stern α beginnend über den Stern γ hinaus um gut das Vierfache (auf unserer Übersichtskarte um etwa das Zweifache), so gelangen wir in etwa zum **Südpol der Himmelskugel**.

Eine andere Möglichkeit, den Pol zu finden, besteht darin, von der **Großen** und der **Kleinen Magellanschen Wolke** auszugehen. Es handelt sich um zwei Nachbar-Galaxien, die mit unserer Galaxis zur Lokalen Gruppe gehören und die auch in einer Mondnacht deutlich als Wolken wahrzunehmen sind. Die beiden Magellanschen Wolken bilden in Richtung Milchstraßenband mit dem Himmelspol ein gleichseitiges Dreieck. Bei einiger Übung dürfte es nicht mehr schwerfallen, auf diese Weise dessen Ort zu finden.

131

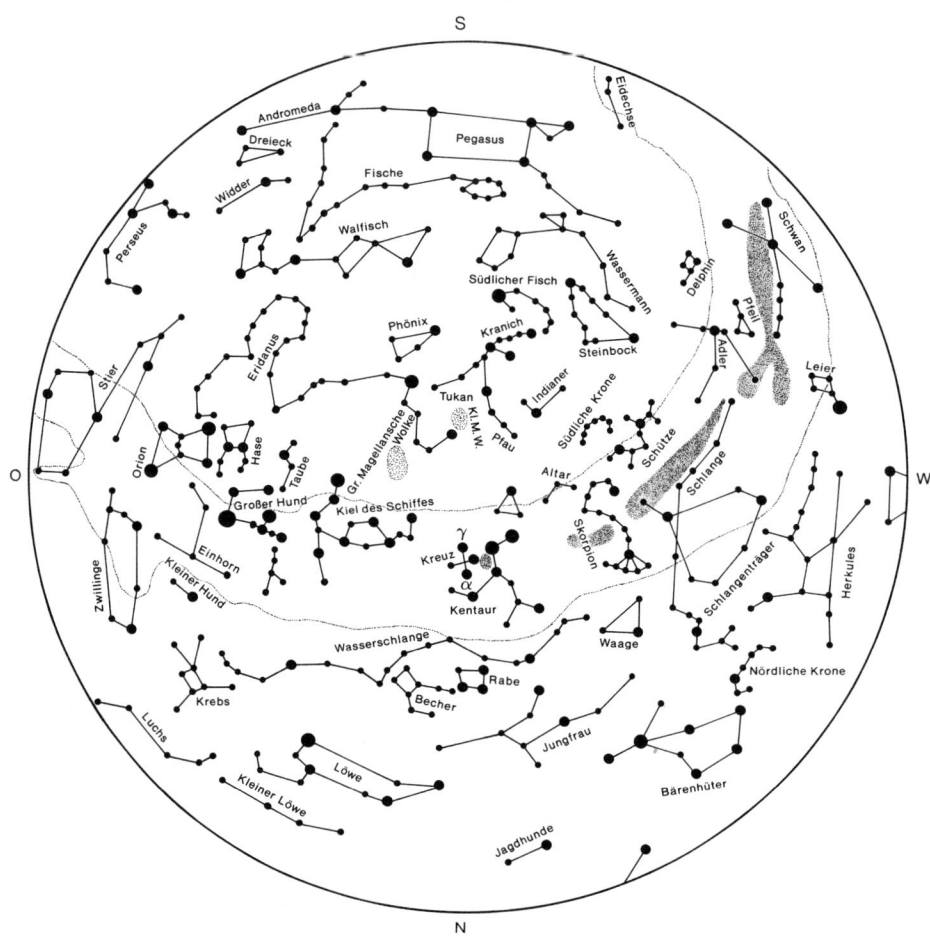

Der Sternenhimmel der südlichen Himmelshalbkugel.

Ganz besonders fällt der helle Stern **Canopus** im Sternbild Carina (Schiffskiel) auf. Er ist nach Sirius der zweithellste Stern am **gesamten** Sternenhimmel und wird in der Astronautik oft als Orientierungspunkt benutzt. Von Canopus führt ein weiter Bogen über den Stern Achernar im Sternbild Eridanus zum Stern Fomalhaut im Südlichen Fisch. Ausgehend von dieser Linie, die durch die drei genannten hellen Sterne gekennzeichnet wird, kann man sich die in ihrer Nachbarschaft gelegenen Sternbilder nach und nach vertraut machen.

Von Mitteleuropa aus — sagen wir: von 50° nördlicher Breite — sehen wir die Sternbilder der nördlichen Himmelshalbkugel, aber die Sternbilder der südlichen Hemisphäre nur bis zu -40°

Lateinischer Name	Genitiv	Deutscher Name	Internat. Abkürzung	Stern- zahl
Antlia	Antliae	Luftpumpe	Ant	85
Apus	Apudis	Paradiesvogel	Aps	67
Aquarius*	Aquarii	Wassermann	Aqr	276
Aquila*	Aquilae	Adler	Aql	146
Ara	Arae	Altar	Ara	86
Caelum	Caeli	Grabstichel	Cae	28
Canis Maior*	Canis Maioris	Großer Hund	CMa	178
Capricornus*	Capricorni	Steinbock	Cap	134
Carina	Carinae	Schiffskiel	Car	268
Centaurus	Centauri	Centaur	Cen	389
Cetus*	Ceti	Walfisch	Cet	321
Chamaeleon	Chamaeleontis	Chamaeleon	Cha	50
Circinus	Circini	Zirkel	Cir	48
Columba	Columbiae	Taube	Col	112
Corona australis	Coronae australis	Südliche Krone	CrA	49
Corvus*	Corvi	Rabe	Crv	53
Crater*	Crateris	Becher	Crt	53
Crux	Crucis	Kreuz	Cru	54
Dorado	Doradus	Schwertfisch	Dor	43
Eridanus*	Eridani	Eridanus	Eri	293
Fornax	Fornacis	Chemischer Ofen	For	110
Grus	Gruis	Kranich	Gru	106
Horologium	Horologii	Pendeluhr	Hor	68
Hydra*	Hydrae	weibliche Wasserschlange	Hya	393
Hydrus	Hydri	männliche Wasserschlange	Hyi	64
Indus	Indi	Indianer	Ind	84
Lepus	Leporis	Hase	Lep	103
Libra*	Librae	Waage	Lib	122
Lupus	Lupi	Wolf	Lup	159
Mensa	Mensae	Tafelberg	Men	44
Microscopium*	Miscroscopii	Mikroskop	Mic	69
Monoceros*	Monocerotis	Einhorn	Mon	165
Musca	Muscae	Fliege	Mus	75
Norma	Normae	Winkelmaß	Nor	64
Octans	Octantis	Oktant	Oct	88
Ophiuchus*	Ophiuchi	Schlangenträger	Oph	209
Orion*	Orionis	Orion	Ori	186
Pavo	Pavonis	Pfau	Pav	129
Phoenix	Phoenicis	Phoenix	Phe	139
Pictor	Pictoris	Maler	Pic	67
Piscis austrinus*	Piscis austrini	Südlicher Fisch	PsA	75
Puppis	Puppis	Hinterdeck	Pup	313
Pyxis	Pyxidis	Kompaß	Pyx	65
Reticulum	Reticuli	Netz	Ret	34
Sagittarius*	Sagittarii	Schütze	Sgr	298
Scorpius*	Scorpii	Skorpion	Sco	185
Sculptor*	Sculptoris	Bildhauer	Scl	131
Scutum	Scuti	Schild	Sct	33
Serpens*	Serpentis	Schlange	Ser	123
Sextans*	Sextantis	Sextant	Sex	75
Telescopium	Telescopii	Fernrohr	Tel	87
Triangulum australe	Trianguli australis	Südliches Dreieck	TrA	46
Tucana	Tucanae	Tukan	Tuc	81
Vela	Velae	Segel	Vel	248
Virgo*	Virginis	Jungfrau	Vir	271
Volans	Volantis	Fliegender Fisch	Vol	46

* Das Sternbild befindet sich zu einem großen Teil auch auf der nördlichen Himmelshalbkugel.

133

NGC 253 (Spiralgalaxie am Südhimmel).

NGC 7293 (Ringnebel am Südhimmel).

Deklination. Anhand einer drehbaren Sternkarte oder eines Himmelsglobus mit Gradnetzeinteilung läßt sich leicht feststellen, daß ein paar Sternbilder, die sich über diese Grenze nach beiden Seiten hinwegziehen, einesteils zum nördlichen und anderenteils zum südlichen Sternenhimmel zählen. Je weiter wir nach Süden gehen, desto kleiner wird der Kreis der **nördlichen Zirkumpolarsterne**.

Machen wir etwa Urlaub an der italienischen Riviera und schauen abends zum vertrauten Sternenhimmel auf, dann stellen wir fest, daß Capella und Deneb — bei uns daheim zu den nie untergehenden Zirkumpolarsternen gehörend — hier bereits unter den Horizont tauchen, und wenn wir uns auf den Kanarischen Inseln erholen und auch dort einen Blick für den Abendhimmel haben, sehen wir, daß selbst der Große Wagen und die Cassiopeia in jenen Breiten untergehen.

Dafür bekommen wir andere Sternbilder deutlicher und vollständiger zu sehen: die Sternbilder der **südlichen** Himmelshalbkugel. Der Skorpion, bei uns »müde« am Horizont »herumkriechend«, erhebt sich strahlend in die Höhe; aber auch Canopus und teilweise das Kreuz steigen hier schon über den Horizont. Von 20° nördlicher Breite aus (Mexiko-City, Bombay, Hawaii) sind die typischen Südsternbilder Kreuz und Centaur (mit Proxima Centauri, dem nächsten Fixsternnachbarn unserer Sonne) ganz über dem Horizont zu sehen; die Große und Kleine Magellansche Wolke sind von 10° nördlicher Breite aus (Costa Rica, Addis Abeba, Nordspitze Ceylons) gut zu beobachten. Am **Äquator** der Erde hat der Sternenhimmel für uns Mitteleuropäer ein ungewöhnliches Aussehen: Es gibt keine Zirkumpolarsterne; alle Sterne und Sternbilder gehen auf und unter, und zwar genau senkrecht zum Horizont. Führt uns eine Reise über den Äquator hinaus noch weiter nach Süden, gehen unsere vertrauten Nordsternbilder nach und nach ganz unter. Spätestens bei Kap Hoorn, dem südlichsten Zipfel Amerikas, ist auch Wega, der äußerste Stern der nördlichen Zirkumpolarsterne, endgültig unter den Horizont gesunken und unbeobachtbar geworden. Dafür zeigt sich im Süden mehr und mehr die neue Gruppe der **südlichen Zirkumpolarsterne**: Sterne und Sternbilder, die um den Himmelssüdpol zu kreisen scheinen und nicht untergehen. Im Bereich 40° südlicher Breite bleiben bereits die Hauptsterne des Centaur, Canopus im Schiffskiel und das Südliche Kreuz über dem Horizont. Am Südpol der Erde sind — wie am Nordpol — alle Sterne zirkumpolar und gehen nicht unter. Die Sternbahnen verlaufen an beiden **Erdpolen** parallel zum Horizont.

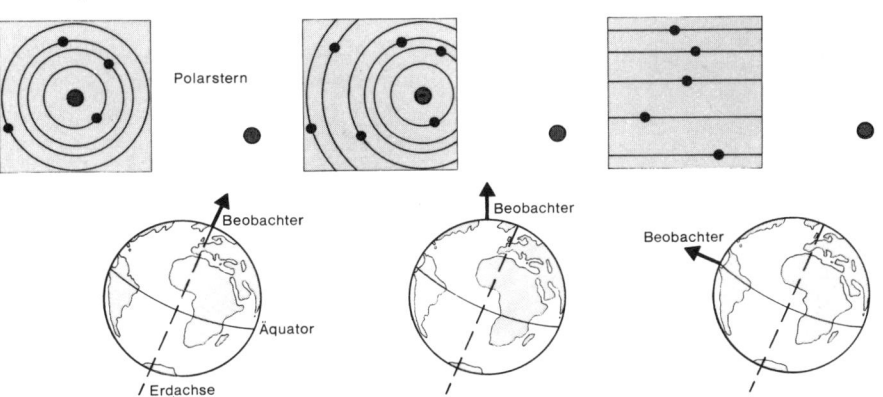

Die scheinbare Bewegung der Sterne, wie sie Beobachter von verschiedenen Breitengraden aus wahrnehmen, wenn sie genau nach oben schauen.
Vom Nord- und Südpol aus gesehen laufen die Sterne am Nachthimmel auf Kreisbahnen. Von mittleren Breitengraden aus beobachtet beschreiben nur wenige Sterne — die nördlichsten — vollständige Kreise.
Liegt der Beobachtungspunkt am Äquator, so bewegen sich die Sterne auf geraden, zueinander parallel verlaufenden Bahnen.

Feldstecher, Fernrohr und andere sternkundliche Hilfsgeräte

Jahrtausendelang gab es Sternbeobachtung **ohne** Fernrohr. Auch heute kann uns der Blick mit unbewaffnetem Auge zum Sternenhimmel viele interessante und schöne Eindrücke vermitteln, wenn wir es nur ein wenig gelernt haben, unsere Augen bewußt und richtig einzusetzen. Kein Instrument bietet uns ein so weites Gesichtsfeld, eine so gute Übersicht wie unsere Augen. Der

Dieses Prismenglas — ein leistungsfähiges Dachkantmodell 9 x 63 — ist hervorragend geeignet für astronomische Beobachtungen aus der freien Hand. Die Gummiarmierung dient zum Schutz der Optik gegen Stöße und Regenwasser. Der Feldstecher besitzt Gummiaugenmuscheln für Brillenträger.

Spruch »**Lob der Augen**« sagt es so:

Das Fernglas, mit dem ich die Milchstraße betrachte, muß ich absetzen, um mich am Himmel zurechtzufinden.

Natürlich steigern und vertiefen sich die Beobachtungsmöglichkeiten durch den Einsatz optischer Geräte. Schon ein normaler **Feldstecher** kann gute Dienste leisten. Er eignet sich nämlich nicht nur zu Erdbeobachtungen, sondern kann auch mit Erfolg als ein kleines Doppelfernrohr auf den Himmel gerichtet werden.

Die Wirkung von Feldstecher und Fernrohr beruht vor allem auf ihrer **lichtsammelnden Funktion.** Die Pupille (=Sehöffnung) eines Menschen im mittleren Alter hat bei völliger Öffnung im Dunkeln einen Durchmesser von 6 mm. Ein durchschnittlicher Feldstecher besitzt einen **Objektivdurchmesser** (das Objektiv ist die Linse, die dem beobachteten Objekt zugewandt ist) von 40 mm. Da nach den Gesetzen der Optik ein Objektiv von doppeltem Durchmesser viermal und ein dreifach größeres neunmal soviel Licht sammelt, bedeutet das, daß der Feldstecher mit einem Objektivdurchmesser von 40 mm immerhin etwa 45mal soviel Licht aufnimmt wie das Auge. Der Lichtgewinn schon bei der Anwendung relativ kleiner optischer Gerä-

Ab 7 x 50 (Frontlinsendurchmesser 50 mm) spricht man von einem Nachtglas. Mit 80 mm Frontlinsenöffnung sind diese drei Celestron-Feldstecher bereits Instrumente für den ernsthaften Amateur, der mit einem großen Gesichtsfeld den Himmel absuchen möchte.

te darf also nicht unterschätzt werden!

Ein praktisches Beispiel dafür: Für das bloße Auge besteht der bekannte Sternhaufen der Plejaden im Stier aus 6-8 Sternen; betrachten wir die Plejaden aber mit dem Feldstecher, erkennen wir in dieser Gruppierung bereits über 30 Sterne!

Die Leistung eines Feldstechers wird durch die Angabe der **Vergrößerung** und des **Objektivdurchmessers** ge-

kennzeichnet. Ist auf einem Feldstecher z. B. »8 x 40« eingraviert, so bedeutet die erste Zahl eine 8fache Vergrößerung und die zweite einen Objektivdurchmesser von 40mm.

Ein guter Feldstecher zeigt bereits einige Einzelheiten auf der Mondoberfläche (Krater), die vier großen Jupitermonde und möglicherweise auch die Lichtphasen der Venus. Besonders eignet er sich wegen seiner beachtlichen lichtsammelnden Leistung für Beobach-

Der größte lieferbare Feldstecher, der »Gigant« von Kosmos, hat einen Objektivdurchmesser von 100 mm. Er vergrößert 14mal. Solch ein Riesenfeldstecher ist nur in Kombination mit einem Stativ verwendbar.

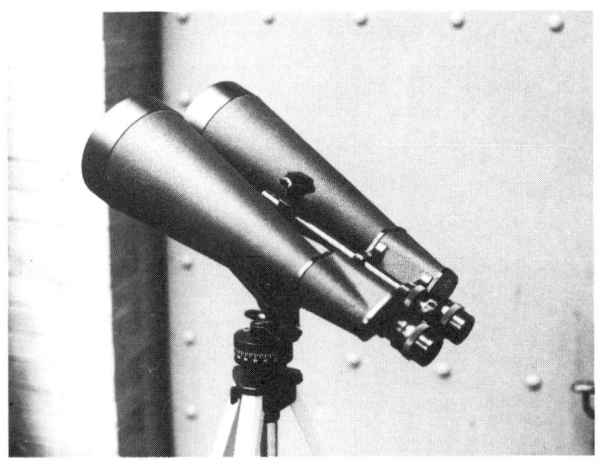

tungen in der Welt der Fixsterne und zeigt Sternfelder in der Milchstraße, Sternhaufen und Nebel sowie leicht zu trennende Doppelsterne.

Bei Geräten ab 10facher Vergrößerung und bei Beobachtungen, die zitterfrei und exakt ausgeführt werden sollen — das ist natürlich eigentlich immer der Fall —, empfiehlt es sich, ein **Fotostativ** zu verwenden, auf das der Feldstecher aufgesetzt wird. In Optikgeschäften kann man eine Zwinge zur Verbindung von Feldstecher und Stativ erhalten.

Die **Vorteile des Feldstechers** im Vergleich zum Fernrohr liegen auf der Hand: Er ist preiswerter und handlicher, ist zugleich für Erdbeobachtungen verwendbar, weil er aufrechte Bilder lie-

fert, während das astronomische Fernrohr auf dem Kopf stehende Bilder zeigt, und ermöglicht das gleichzeitige Sehen mit beiden Augen.

Astronomische Fernrohre gibt es in vielen verschiedenen Größen und Arten, angefangen vom einfachen Rohr des gerade »einsteigenden« Sternfreundes über das anspruchsvollere Gerät des fortgeschrittenen Amateurastronomen bis hin zu den gewaltigen Instrumenten der Sternwarten. Grundsätzlich unterscheiden wir zwischen Linsenfernrohr (Refraktor) und dem Spiegelfernrohr (Reflektor).

Beim **Linsenfernrohr** wird das einfallende Licht von einer Sammellinse im Brennpunkt vereint; das hier entstehende umgekehrte Bild wird mit der

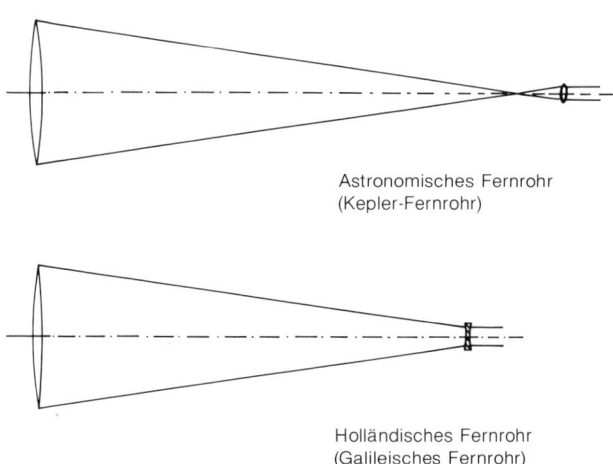

**Verschiedene Fernrohr-
typen.**

Astronomisches Fernrohr
(Kepler-Fernrohr)

Holländisches Fernrohr
(Galileisches Fernrohr)

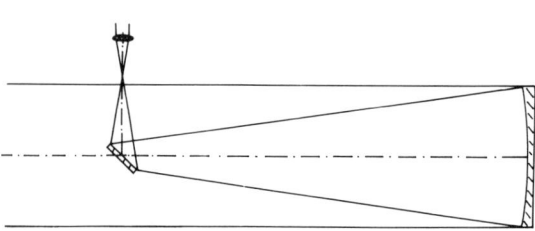

Newton-Spiegelteleskop

Augenlinse betrachtet, die das Bild wie eine Lupe vergrößert. Die Sammellinse ist das dem zu beobachtenden Gegenstand zugewandte Objektiv (lat.: obiectum = Gegenstand), während die Augenlinse, durch die der Gegenstand betrachtet wird, Okular heißt (lat.: oculus = Auge).

Beim **Spiegelfernrohr** tritt an die Stelle der Sammellinse ein Spiegel. Das von ihm erzeugte Bild wird von einem Zusatzspiegel im Strahlengang aufgefangen und zum Okular umgelenkt. Das Spiegelfernrohr, auch Spiegelteleskop genannt, gibt es in verschiedenen Konstruktionen, von denen die gebräuchlichsten das **Newton-Teleskop** und das **Cassegrain-Teleskop** sind.

Schließlich werden in der jüngsten Zeit auch Linsen und Spiegel zu Objektiven kombiniert.

Astronomische Fernrohre liefern seitenverkehrte, auf dem Kopf stehende Bilder. Man kann einen Linsensatz zum Umkehren der Bilder zwischen Brennpunkt und Okular einsetzen, aber weil die Bilder dadurch nur an Schärfe und Helligkeit verlieren, verzichtet man in aller Regel darauf. Außerdem gibt es ja im Weltall kein festes »Oben« und »Unten«, so daß es auf solche Unterschiede nicht ankommt.

Die größten Fernrohre der Welt sind Spiegelteleskope, weil man saubere und funktionsfähige Objektivlinsen für Refraktoren nur bis zu einer bestimmten Größe herstellen kann. Die größten Refraktoren der Welt befinden sich im Yerkes-Observatorium bei Chicago (102 cm Objektivdurchmesser), im Lick-Observatorium bei San Francisco (91 cm Durchmesser) und in der Sternwarte Meudon bei Paris (83 cm Durchmesser). Die beiden größten Spiegel-

teleskope der Welt haben ihren Standort im Astrophysikalischen Spezialobservatorium Selentschuk im Kaukasus (610 cm Spiegeldurchmesser) und auf dem Mount Palomar in Kalifornien (508 cm Durchmesser).

Zum Kennenlernen eines größeren Fernrohrs empfiehlt sich der Besuch einer **Volkssternwarte**, die im Gegensatz zu einer wissenschaftlichen Sternwarte oder einem astronomischen Forschungsinstitut für die interessierte Be-

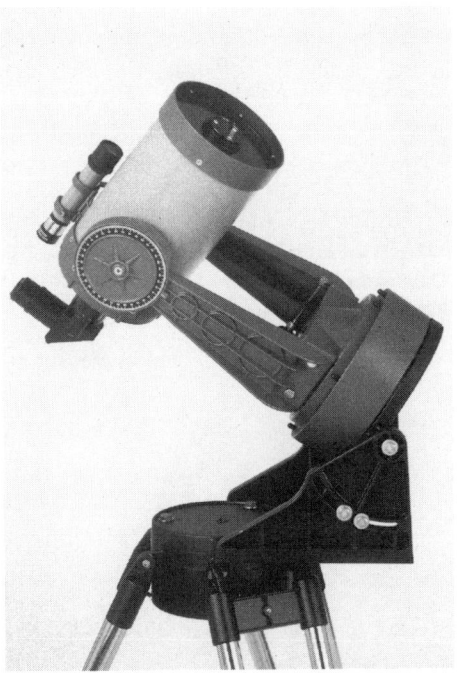

Ein Fernrohr mit großer Öffnung und möglichst geringem Gewicht, das in jeden Kofferraum paßt. Diese Kombination macht ein Schmidt-Cassegrain-Spiegelteleskop so interessant für den Amateur-Astronomen, weil er dadurch die Möglichkeit erhält, auch mit einem Gerät großer Öffnung dem »lichtverschmutzten« Stadthimmel zu entfliehen (Celestron-5-Foto).

Celestron C 8 mit Zubehör für Nebelfotografie.

Newton-Spiegelteleskop.

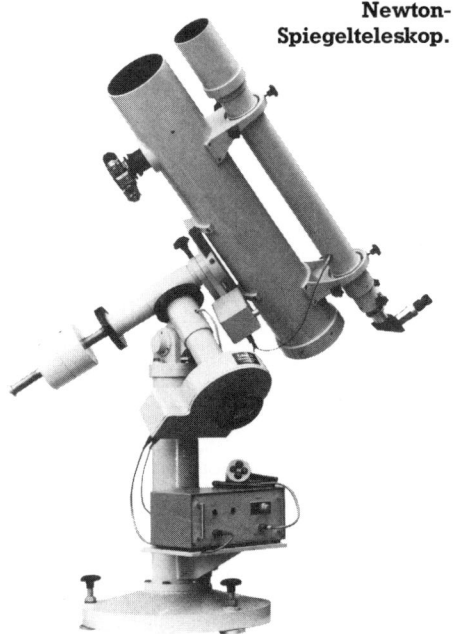

völkerung geöffnet ist sowie Vorführungen und Vorträge für Sternfreunde veranstaltet (vgl. Kap. **»Volkssternwarten und Planetarien«**) Kleinere Fernrohre — als Bausatz wie als Fertiginstrumente — werden von verschiedenen Firmen angeboten. Darunter befinden sich in steigendem Maß ausländische Fabrikate, z. B. japanische, deren Qualität allerdings nicht immer überzeugt.

Was für ein Fernrohr nun soll sich der Sternfreund zulegen? Einen Refraktor oder einen Reflektor? Jeder Fernrohrtyp hat seine Vor- und Nachteile. **Spiegelfernrohre** kosten erheblich weniger als vergleichbare Refraktoren; sie sind leichter gebaut, einfacher zu transportieren, brauchen weniger Platz und benötigen keine so schwere und teure Montierung (Näheres dazu im folgenden) wie ein gutes Linsenfernrohr. Die meisten Amateure, die über etwas größere Instrumente verfügen, besitzen daher Spiegelfernrohre.

Auf der anderen Seite ist ein **Refraktor** leistungsfähiger als ein Spiegelfernrohr gleicher Größe. Er bietet eine höhere Bildqualität, hebt die Kontraste stärker hervor und trennt auch Doppelsterne schärfer. Man kann sagen, daß ein Refraktor in etwa so leistungsfähig ist wie ein Spiegelfernrohr mit 50% mehr Öffnung. Wo die finanziellen Mittel vorhanden sind und auch entsprechende Möglichkeiten der festen Aufstellung bestehen, da sollte das Linsenfernrohr nach Meinung des Autors bei der Wahl den Vorrang erhalten. Aber dazu gibt es auch andere Ansichten.

Die Bildqualität beim Refraktor hängt wesentlich von der Güte des Objektivs ab (Achromat-Vergütung usw.), ansonsten ergeben sich Farbfehler und ein geringerer Kontrast.

Ein handliches und leistungsfähiges Unitron-Fernrohr mit Tischsäule. Dieser Refraktor hat einen Objektivdurchmesser von 80 mm und einen Okularrevolver mit vier verschiedenen Vergrößerungen (20-, 30-, 40-, 60fach). Links ein Himmelsglobus.

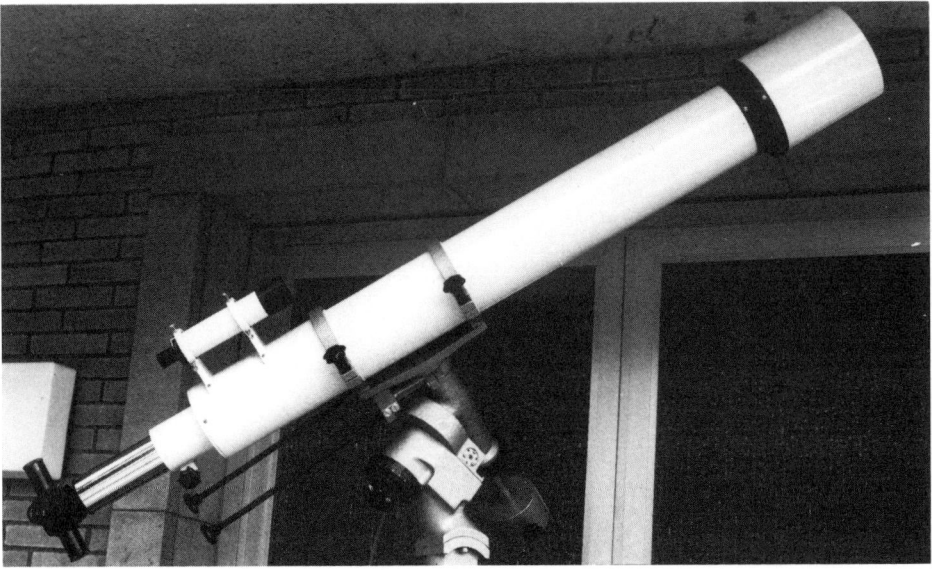

Fernrohrtubus mit Objektivlinse (rechtes Ende) und Okular (linkes Ende). Vor die Objektivlinse ist eine Taukappe gesetzt. Das kleine Fernrohr ist der »Sucher«, mit dem man das gesuchte Himmelsobjekt zunächst in das Gesichtsfeld des Hauptfernrohrs bringt.

Bei Abwägung ergibt sich, daß für den gleichen Betrag die 2fache Öffnung als Spiegel angeschafft werden kann, die überdies **transportabel** ist (Stadtlicht). Bei gleichem Einsatz an Geld ist ein Reflektor wesentlich leistungsstärker.

Nach herkömmlichem Brauch wird der **Durchmesser** eines Fernrohrobjektivs in **englischen Zoll** (inches) angegeben. 1 Zoll entspricht etwa 25 mm (genauer: 25,4 mm). Das abgebildete Fernrohr mit Tischsäule, das einen Objektivdurchmesser von 80 mm besitzt, ist demnach als Dreizöller zu bezeichnen, und bei dem großen Refraktor des Verfassers, der eine freie Öffnung von 125 mm hat, handelt es sich um einen Fünfzöller. Wir haben gesehen, daß der **lichtsammelnde Durchmesser** des Objektives

(freie Öffnung) für die Wirksamkeit eines Fernrohrs von entscheidender Bedeutung ist. Meistens wird der Fernrohrbesitzer von interessierten Zeitgenossen allerdings auf die Stärke der Vergrößerung angesprochen und gefragt: »**Wie stark vergrößert Ihr Fernrohr?**«. Nun, die Vergrößerung, die ein Fernrohr leistet, kann durch den Wechsel des **Okulars** beliebig verändert werden. Dabei kommt es auf dessen Brennweite an. Je kleiner die Brennweite des Okulars ist, desto stärker wird die erzielte Vergrößerung. Die Vergrößerung V eines Fernrohres kann ganz einfach aus der Formel

$$V = \frac{\text{Fernrohrbrennweite}}{\text{Okularbrennweite}}$$

berechnet werden.

Vierteiliger Okularrevolver mit eingebautem Zenitprisma zur besseren Einsicht von oben oder von der Seite.

Die **Brennweite** des Fernrohrs entspricht der Strecke vom Objektiv bzw. Hauptspiegel bis zum Brennpunkt. Wenn also z. B. das Objektiv eines Fernrohres eine Brennweite von 1 000 mm und sein Okular eine Brennweite von 10 mm besitzt, dann ist seine Vergrößerung 100fach. Setzen wir vor dasselbe Fernrohr ein Okular mit einer Brennweite von 5 mm, so erhöht sich die Vergrößerung des Fernrohres auf 200fach.

Jeder Fernrohrbesitzer sollte sich deshalb mindestens **drei Okulare** als Zubehör für sein Fernrohr anschaffen: eins für eine schwache Vergrößerung, eins für eine mittlere und eins für eine starke Vergrößerung. **Schwache Vergrößerungen** haben gegenüber stärkeren in mancher Hinsicht Vorteile. Sie zeigen ein größeres Gesichtsfeld und ermöglichen eine große Helligkeit des Bilds. Mit zunehmender Vergrößerung nehmen Gesichtsfeld und Helligkeit ab. Schwächere Vergrößerungen lassen sich deshalb gut bei der Beobachtung von verstreuten Sternhaufen und Nebeln und schwachen Kometen verwenden, während wir die stärkeren Vergrößerungen mit Erfolg bei der Mond- und Planetenbeobachtung anwenden können.

Welche Vergrößerung wir wählen, hängt auch von der **Witterung** und dem **Zustand der Luft** ab. Ist die Luft unruhig und wallt sie stark auf und ab, lohnt sich keine stärkere Vergrößerung; sie würde die Unruhe der Luft nur mitvergrößern, so daß die Bilder verschwimmen. Die atmosphärischen Verhältnisse können die Leistungsfähigkeit eines Fernrohrs ganz erheblich begrenzen. Selten können darum auch die großen Fernrohre unserer Sternwarten die stärkeren Vergrößerungen voll ausschöpfen.

Eine obere Grenze für die Anwendung von Vergrößerungen ist durch die optische **Faustregel** gegeben: Nicht über das Doppelte der freien Öffnung, ausgedrückt in Millimetern, hinausgehen! Für einen Fünfzöller mit 125 mm Öffnung wäre eine 250fache Vergrößerung die obere Grenze des Sinnvollen. Mit dieser Leistung ist die Möglichkeit des Instrumentes voll ausgenutzt. Jede weitere Vergrößerung ist eine sogenannte »leere« Vergrößerung und bringt keinen wirklichen Gewinn an erkennbaren Einzelheiten.

Ein Fernrohr besteht aber nicht nur aus der Optik, aus dem Tubus (lat.: Röhre), der das Linsensystem mit Objektiv (oder das Spiegelsystem) und Okular umhüllt, sondern es braucht gleichfalls eine gute **Montierung** und **Aufstellung**. Die Montierung sorgt dafür, daß das Fernrohr auf alle Teile des Himmelsgewölbes eingestellt werden kann.

Eine einfache Montierung ist die **azimutale Anbringung** des Fernrohres, bei der sich die Fernrohrachse um eine waagerecht liegende und um eine senkrecht stehende Achse drehen läßt. Da die Sterne jedoch schräge Bewegungen in bezug auf den Horizont vollführen, muß ein Fernrohr, das so montiert ist, ständig um beide Achsen gedreht werden, damit man einen Stern nicht aus dem Gesichtskreis verliert. Das ist bei länger dauernden und exakt gewünschten Beobachtungen sehr lästig. So kommt eine solche Montierung nur für kleinere und gelegentlich benutzte Fernrohre in Frage.

Parallaktische Montierung mit den beiden Teilkreisen. Rechts das Gegengewicht zum Ausgleich für das Fernrohr. Im Hintergrund die »biegsame Welle« zur Feinbewegung im Handbetrieb. In die Montierung eingebaut ist ein Motor zur elektrischen Nachführung.

Eine bessere, aber auch wesentlich kostspieligere Anbringung des Fernrohrs ist die **parallaktische Montierung**. Hierbei läuft eine Achse parallel zur Erdachse und weist damit zum Polarstern (Stunden- oder Polachse). Senkrecht dazu steht die andere Achse des Fernrohrs (Deklinationsachse). Der Vorteil liegt auf der Hand: Durch Drehung um die Stundenachse kann das Fernrohr dem Stern auf seiner Bahnkurve durch Nachstellen in nur einer Drehrichtung folgen. Auf den beiden Drehachsen der Montierung sind Einstellkreise (Teilkreise) angebracht, metallene Ringe mit Gradeinteilung. Diese Teilkreise erlauben es, ein Gestirn nach seinen Höhen- und Breitenkoordinaten (Rektaszension und Deklination) einzustellen.

Zur **automatischen Nachführung** (Ausgleich der Erdumdrehung) gibt es bei den größeren Fernrohren ein Uhrwerk oder einen elektrischen Antrieb. Das ist eine wichtige Voraussetzung für **Himmelsaufnahmen** mit der Fernrohrkamera. Je schwerer (teurer) eine solche parallaktische Montierung gearbeitet ist, desto ruhiger und verwacklungsfreier lassen sich die Beobachtungen und Aufnahmen durchführen.

Himmelsaufnahmen lassen sich nach drei Methoden machen:
- ohne Okular im Brennpunkt des Fernrohrs (Fokalaufnahme — geringe Vergrößerung, Nebelaufnahme);
- durch eine hinter das Okular gesetzte Kamera (nach Entfernen der Kameraoptik — Okularprojektion; starke Vergrößerung für Mond- und Planetenaufnahmen);
- durch Aufsetzen der Kamera auf die Fernrohrachse, die dem Fotoobjekt nachgeführt wird (Sternfeldaufnahmen).

Entscheidend für die Standfestigkeit des Refraktors ist schließlich die Art der **Aufstellung**. Dafür bieten sich verschiedene Formen an: Tischstativ oder -säule, Dreibeinholzstativ zum Ausziehen, fahrbares Pyramidenstativ aus Metall, schwere Säule. Auch hier gilt die Regel: Je mehr Freude man am Beobachten haben will, desto stabiler muß die Aufstellung sein!

Größere Amateurfernrohre mit parallaktischer Montierung gehören unbedingt auf ein festes, gegossenes **Pyramidenstativ** oder auf eine **schwere Säule**. Eine schwere Säule mit Anschlußflansch für die Montierung kann man sich an geeigneter Stelle im Garten, von wo aus man einen möglichst freien Blick auf den Südhimmel hat, selber anfertigen (aus Beton). Man braucht dann zur Beobachtung nur die Montierung und den Fernrohrtubus aufzusetzen, die im Hause aufbewahrt werden.

Voraussetzung für eine solche feste Aufstellung ist freilich ein geeigneter Beobachtungsstandort. Gerade auch aus

Ein stabiles und zugleich bewegliches Stativ: das Pyramidenstativ.

Selbstangefertigte schwere Säule.

diesem Grunde haben sich in den letzten Jahren die leichteren, kürzeren Spiegelfernrohre so durchgesetzt, da sie für jeden Beobachter, der nur eine »Balkonsternwarte« sein eigen nennt oder der vor dem — lichtverschmutzten — Stadthimmel fliehen will, eine ideale Alternative darstellen.

Der **Südhimmel** ist für die Beobachtung zu bevorzugen, da die Sterne, die ja dort am höchsten stehen — kulminieren —, über Häuser und Bäume und auch aus der Dunstschicht des Horizontes emporgestiegen sind.

Ein beleuchtbarer **Himmelsglobus** oder **Sternglobus** ist nicht nur eine Zierde für das Zimmer des Sternfreundes, die an die »größere Welt« erinnert; er vermittelt auch eine anschauliche Orientierung am Sternenhimmel. Er enthält die gesamte Himmelskugel mit den Sternbildern nach internationaler Abgrenzung und das Gradnetz mit Rektaszension und Deklination sowie die Ekliptik und den Verlauf der Milchstraße. Die Sterne, leuchtend gelb auf blauem Grund, sind in der Regel nach den Größenklassen 1-5 (sonst unterscheidet man meist 6 Größenklassen) gekennzeichnet. Ein guter Himmelsglobus zeigt außerdem besondere Objekte wie Sternhaufen und Nebel.

Eigentlich müßten die Sternbilder alle seitenverkehrt auf dem Globus aufgetragen sein, denn es ist ja strenggenommen so, daß wir Erdbewohner von einem scheinbaren Mittelpunkt der Himmelskugel aus auf die Sterne und Sternbilder gucken. Um uns aber die Vertrautheit mit der Lage der Sternbilder nicht zu nehmen, sind die meisten Himmelsgloben für die **seitenrichtige Wiedergabe** der Sternbilder aus der Sicht von außen konstruiert.

Neben den Himmelsgloben gibt es auch **Mondgloben** in verschiedener Ausführung. Sie enthalten die wichtigsten Mondformationen wie Meere (Maria), Krater und Massengebirge samt ihren Namen. Die Umkreisung des Mondes durch Raumsonden hat auch eine genaue Kartierung der Rückseite des Mondes ermöglicht. Mondkarten sind in der Regel genauer; aber für einen raschen Gesamtüberblick wie auch für Größenvergleiche zwischen einzelnen Kratern und der Gesamtkugel bietet sich der Mondglobus als ein brauchbares Hilfsmittel an.

Ein sternkundliches Lehrmittel von hohem Anschaulichkeitswert stellt das **Baader-Kleinplanetarium** dar (beziehbar über Baader Planetarium KG, Zur Sternwarte, 82291 Mammendorf). Es ist dies ein Weltraumglobus aus dunklem Plexiglas, der im Gegensatz zu den oben erwähnten Himmelsgloben den Sternenhimmel **seitenrichtig** zeigen kann. Der Globus ist auf Außen- und Innenfläche bedruckt; bei abgeschalteter Raumbeleuchtung und erleuchtetem Sonnenmodell können wir in den Globus hinein-, aber nicht hindurchsehen. Auf der uns gegenüberliegenden Wandung wird der Himmel seitenrichtig sichtbar und ermöglicht so einen starken räumlichen Eindruck. Mehrere Beobachter können von allen Seiten hineinsehen; keiner sieht jedoch das Gesicht seines Gegenübers. Darüber hinaus zeigt dieses Modell die Bewegungsabläufe von Erde und Mond um die Sonne, und letztlich können die Sternbilder sogar an die Decke oder Wände eines verdunkelten Raumes projiziert werden.

Das Baader-Planetarium des Verfassers ist ein Sternglobus mit einem Kugel-

Das Baader-
Planetarium als Stern-
projektor. Beliebige
Himmelsausschnitte
können an die Zim-
merdecke projiziert
werden.

Baader Planetarium
mit geöffnetem Him-
melsglobus. Im Inne-
ren sieht man eine
Modellsonne mit den
Planeten Merkur,
Venus und Mars auf
Drahtbahnen sowie
Erde und Mond im
Umlauf um die Sonne.

durchmesser von 50 cm. Auf der Kugel sind wie auf einem Himmelsglobus der Fixsternhimmel und die Milchstraße sowie das Gradnetz mit Rektaszension und Deklination und die Ekliptik eingezeichnet. Wenn wir die obere Halbkugel abnehmen, sehen wir im Zentrum das Modell der Sonne, eine von einer Milchglaskugel überdeckte Glühlampe. Um die Sonne herum sind die Bahnen der inneren Planeten Merkur und Venus durch Drahtringe angedeutet. Es folgt die Erde mit dem Mond. Erde und Mond sind als Modelle auf einem beweglichen Arm montiert und können durch einen elektrischen Motor angetrieben werden. Wenn wir den Motor einschalten, bewegt sich eine kleine Erde um ein Sonnenmodell sowie um die eigene Achse. Gleichzeitig dreht sich ein Modellmond um die Erde. Die Bahnen der inneren Planeten Merkur und Venus sowie die Marsbahn sind durch Drahtringe dargestellt, während die Bahnen der äußeren Planeten von Jupiter bis Pluto auf der Innenseite der Halbkugel eingezeichnet sind.

Wollen wir den Sternenhimmel an die Decke und die Wände eines Raumes projizieren, nehmen wir die Milchglashülle vom Sonnenmodell ab und setzen die obere Halbkugel wieder auf. Durch langsame Drehung der Sternkugel können wir die Wanderung der Sterne und Sternbilder nachahmen.

Viele astronomische Vorgänge wie die Drehung der Erde um ihre Achse (Tag und Nacht), den Erdumlauf um die Sonne (Jahresbewegung), den Mondumlauf um die Erde mit Mond- und Sonnenfinsternis und schließlich den gesamten Sternenhimmel können wir mit dem Kleinplanetarium modellhaft darstellen und erläutern.

Schließlich sei noch ein wirklich unentbehrliches Hilfsmittel des Sternfreundes erwähnt: die **drehbare Sternkarte**. Mit ihr kann man ohne Schwierigkeiten den Anblick des Sternenhimmels für jede Jahres- und Nachtzeit ermitteln. Die Sternkarte enthält die Sternbilder unseres Nordhimmels und die Sterne bis etwa zur 5. Größe. Sie besteht aus dem drehbaren Deckblatt mit der Uhrzeitskala, dem Grundblatt mit Kalendarium und Stundenkreis und dem Zeiger mit der Deklination.

Stellen wir die Uhrzeit, zu der wir den Sternenhimmel beobachten wollen, auf den gegebenen Kalendertag ein, dann zeigt der ovale Ausschnitt des Deckblattes den zu diesem Zeitpunkt sichtbaren Teil des Sternenhimmels. Mit dieser Sternkarte können wir feststellen, wann ein bestimmter Stern aufgeht, seine höchste Stellung im Süden erreicht und wann er untergeht.

Wenn uns helle Sterne am Himmel auffallen, die wir **nicht** in der Sternkarte eingezeichnet finden, dann handelt es sich um die **Planeten** Venus, Mars, Jupiter oder Saturn. Diese Wandelsterne verändern oft in kurzer Zeit ihre Stellung, so daß sie in einer Sternkarte keine Berücksichtigung finden können. Die Planeten halten sich aber immer in der Nähe der Ekliptik auf. Wenn wir aus einem der **Himmelskalender**, die jährlich erscheinen, die Rektaszension eines Planeten zu einem bestimmten Zeitpunkt entnehmen und sie mit dem Zeiger der Sternkarte einstellen, dann finden wir den gesuchten Planeten leicht in der Nähe des Schnittpunktes zwischen der Mittellinie des Zeigers und der Ekliptik.

Gerade dem »Anfänger« hilft eine solche drehbare Sternkarte.

Volkssternwarten
und Planetarien

Der Besuch in einer Volkssternwarte oder in einem Planetarium ist immer interessant und lohnend. In manchen Städten des In- und Auslandes gibt es die Möglichkeit dazu. Wir sollten sie nutzen und uns rechtzeitig über die Zeiten der öffentlichen Vorführungen informieren. Ein Blick aus dem Fenster ins All, den das Fernrohr einer Volkssternwarte vermittelt, eine Teilnahme am Sternentheater des Planetariums bleiben unvergeßliche Eindrücke, weil sie anschaulich und elementar in das Erleben des Sternenhimmels und seiner Gesetze einführen. Manche Institute veranstalten auch astronomische Kurse und Seminare, in denen neue Forschungsergebnisse vorgestellt und besprochen werden. Sie dienen der Weiterbildung astronomisch Interessierter. Die Schwäbische Sternwarte und das Planetarium in Stuttgart sind dafür vorbildliche Beispiele. Größere Volkssternwarten befinden sich etwa auch in Berlin-Schöneberg, Bochum, Bremen, Coburg, Köln, Nürnberg, Recklinghausen, München und Stuttgart.

Dieser Projektor des Stuttgarter Planetariums projiziert den Sternenhimmel und die Bewegungen der Planeten auf eine Kuppel, deren Basisdurchmesser 20 m beträgt, und ist damit Mittelpunkt und Motor des »Sternenkinos«.

149

Jüngstes aus der Astronomie

Keine Wissenschaft des Menschen bleibt bei einem bestimmten Stand stehen, denn es gehört zum Wesen der Wissenschaft, daß sie immer fortschreitet, denn jedes Mehr an Wissen wirft auch neue Fragen auf. Gerade in der modernen Astronomie gibt es fast ständig so viel Neues in Theorie und Praxis, daß jedes Buch, das davon im Ausschnitt berichtet, beim Zeitpunkt des Erscheinens in mancher Hinsicht schon wieder überholt ist.

Für die beobachtende Astronomie sind in der letzten Zeit vor allem zwei spektakuläre Ereignisse von Bedeutung: die Entsendung des Hubble-Teleskopes in den Weltraum und die Herstellung eines 8-m-Spiegels, des Very Large Teleskope (VLT), der zukünftig das größte Fernrohr der Welt sein wird.

Das Hubble-Auge im All

Die Idee war beflügelnd. Ein Teleskop im All, in einer bestimmten Höhe um die Erde kreisend, allen Störungen von Wetter, Dunst und Atmosphäre auf der Erde enthoben – was müßte das für Bilder ergeben! Technik und Wissenschaft leisten große Dinge, wenn das Geld dafür bereitgestellt wird. So begann man mit der Arbeit am teuersten Satelliten, der je von der US-Raumfahrtbehörde NASA in Auftrag gegeben worden ist: Das »Hubble-Space-Telescope« (HST), eine Sternwarte im Weltall, benannt nach dem bedeutenden amerikanischen Astronomen Edwin Hubble (1889–1953), wurde Wirklichkeit; damit erfüllte sich ein alter Traum der Astronomen.

Bereits 1978 wurden die Mittel zum Bau der Weltall-Sternwarte bewilligt, übrigens auch unter Beteiligung der europäischen Raumfahrtbehörde ESA, die zugleich Nutzungsrechte für das »Auge im All« hat. 1983 sollte das Teleskop in die Umlaufbahn um die Erde gebracht werden, aber die technischen Probleme, die es zu lösen galt, waren doch größer als erwartet. Nicht zuletzt machte die Katastrophe der »Challenger«-Explosion Ende Januar 1986 zunächst einen Strich durch alle Space-Shuttle-Pläne. Erst im April 1990 brachte die Raumfähre »Discovery« das anderthalb Milliarden Dollar teure Hubble-Teleskop in einer Höhe von 613 Kilometern auf die Umlaufbahn. Es umrundet den Erdball in 90 Minuten einmal. Die hochgesteckten Erwartungen, die man mit dem Spiegelteleskop von 2,44 Meter Durchmesser verband – man sprach schon vom größten Erfolg in der Astronomie seit Erfindung des Fernglases vor 400 Jahren – wurden jedoch enttäuscht: Erst konnte die Verschlußkappe über dem Hauptspiegel nicht geöffnet werden, dann blockierte ein Kabel eine Antenne, und schließlich ließ sich das Weltraum-Teleskop nicht scharf einstellen, so daß zunächst keine besseren Bilder entstanden als von der Erde aus. Ursache: Bei der Herstellung der Spiegel müssen während der Schleifarbeiten Fehler passiert sein, die das Licht fehlleiten. Schon eine minimale Abweichung von 4 Prozent, das entspricht etwa dem Durchmesser eines menschlichen Haares, genügt bereits, um scharfe Aufnahmen von der Tiefe des Weltalls zu verhindern.

Sofort sprachen die Medien von einem Riesenflop, von einem gigantischen Fehlschlag für die Astronomie. Doch die NASA gab nicht auf und startete Ende 1993 eine aufsehenerregende Reparaturaktion. Die Astronauten der amerikanischen Raumfähre »Endeavour« tauschten im All mehrere Teile des Teleskops aus, um den Sehfehler von »Hubble« zu korrigieren.

Nachdem »Hubble« die Korrekturbrille COSTAR erhalten hatte, lieferte das Weltraum-Teleskop hochinteressante Bilder entfernter Urzeit-Galaxien. »Hubble erlaubt uns den ersten Blick auf die eigentliche Gestalt von Galaxien, als sie noch jung waren«, begeisterten sich die Fachexperten und zogen bereits eine Zwischenbilanz:»Die Ergebnisse stellen den zwingenden und direkten visuellen Beweis dafür dar, daß sich das alternde Universum wirklich verändert.« So wird die These vom Urknall bestätigt. Aber auch weitere tiefe Einblicke in Geheimnisse der Sternentwicklung wird das auf 15 Lebensjahre hin konstruierte Teleskop vermitteln.

Das sehr große Teleskop (VLT)

Im März 1991 ging durch die Fach- und Tagespresse die Meldung vom Bau eines Riesenhimmelsauges, das noch die größten Spiegelteleskope in Amerika und in Rußland übertrifft. Gemeint ist das Very Large Teleskope (VLT) der ESO, das zukünftig größte Fernrohr auf der Erde.

Das VLT wird aus vier in Reihe angeordneten Fernrohren bestehen, die zusammenwirken und so die Lichtstärke eines 16-m-Spiegels mit 200 Quadratmeter Fläche aufweisen. Standort wird der Cerro Paranal (2 600 m) in der Atacama-Wüste in Chile sein. Man erhofft sich von diesem Riesenteleskop eine Reichweite von mindestens zehn Milliarden Lichtjahren und somit neue Erkenntnisse über die Größe und Struktur des Weltalls und Aufschluß über die Geschichte der Erde.

Es wird allerdings noch Jahre dauern, bis das neue gewaltige Himmelsauge seinen Dienst tun kann, das mit modernster computergesteuerter Teleskoptechnik ausgerüstet sein wird. Die deutsche Spezialfirma Schott in Mainz arbeitet an der Erstellung der weltweit größten Teleskopspiegelträger aus Glaskeramik. Es gelang der Firma, einen monolithischen Glaskeramikrohling von 8,6 Metern für einen solchen Teleskopspiegelträger zu gießen.

Ein weiterer spektakulärer Plan besteht im Bau eines Weltraum-Teleskops auf dem Mond. Auf einer Arbeitstagung in Baltimore im US-Bundesstaat Maryland wurde vor einiger Zeit ein Fernrohr von 10–16 m Spiegeldurchmesser diskutiert und befürwortet. Die

100 Wissenschaftler, Astronomen und Ingenieure sprachen von einer 20jährigen Planungs- und Bauphase, in der ein solcher fester Beobachtungs-stützpunkt auf dem Mond errichtet werden könnte. Man würde mit einem solchen Mond-Observatorium nicht nur fremde Planetensysteme außerhalb unseres Sonnensystems ausmachen können, sondern auch klarer erken-nen, wie sich Galaxien bilden und ent-wickeln, wie Sterne entstehen – alles Dinge, die wir durch unsere Telesko-pe auf der Erde lediglich erahnen können.

So wird schon längst eine neue Ent-wicklung auf dem Gebiet der beob-achtenden Astronomie eingeleitet, noch bevor die Möglichkeiten des Space-Shuttle voll ausgeschöpft sind.

Die vier größten Spiegelfernrohre der Welt

Observatorium/Ort Teleskop	Freie Öffnung (äquivalent)	Inbetrieb-nahme
W.-M. Keck-Observatory Mauna Kea, Hawaii Keck I-Telescope	982 cm	1991
Special Astrophys. Observatory Mt. Pastukow, Selentschukskaja (Kaukasus) Bolschoi-Teleskop	610 cm	1975
Palomar-Observatory Palomar Mountain, (Kalifornien) Hale-Telescope	508 cm	1948
Multiple Mirror Telescope-Observatory Mount Hopkins (Arizona) MMT	446 cm	1979

Die vier größten Linsenfernrohre der Welt

Observatorium/Ort Teleskop	Freie Öffnung (äquivalent)	Inbetrieb-nahme
Yerkes-Observatory Williams Bay (Wisconsin) Yerkes 40 inch-Refractor	102 cm	1897
Lick-Observatory Mount Hamilton (Kalifornien) 36 inch-Refractor	90 cm	1888
Observatoire de Paris Meudon/Frankreich 33 inch-Meudon-Refractor	83 cm	1889
Potsdamer Sternwarte; Potsdam, Telegrafenberg Potsdam-Refraktor	80 cm	1899

Im Bau befindliche Großteleskope

Observatorium/Ort Teleskop	Freie Öffnung (äquivalent)	Voraussichtliche Inbetriebnahme
European Southern Observatory (ESO), Cerro Paranal (Chile) Very Large Telescope (VLT)	1600 cm	2000
Columbus Project Mount Graham, (Arizona) Large Binocular Telescope	1180 cm	1997
McDonald Observatory Mount Locke (Texas) Spectroscopic Survey Telescope (SST)	1100 cm	1996
W. M. Keck Observatory Mauna Kea (Hawaii) Keck II-Telescope	982 cm	1996
National Astronomy Observatory of Japan Mauna Kea (Hawaii)	830 cm	1999
Joint Astronomy Center Mauna Kea (Hawaii) Gemini Telescope North	810 cm	1999
Inter-American Observatory (AURA) of Cerro Tololo Cerro Pachon (Chile) Gemini Telescope South	810 cm	2001
Las Campanas Observatory, Las Camas (Chile) Magellan Project	605 cm	1998

Kometeneinschlag auf dem Jupiter

Eine Reihe von Bruchstücken des Kometen **Shoemaker-Levy 9** schlugen zwischen dem 16. und 22. Juli 1994 auf dem **Jupiter** ein – die Fachwelt der Astronomen hielt den Atem an. Es war **das** Jahrhundertereignis der beobachtenden Astronomie. Bereits 1992, so ließ sich rekonstruieren, muß der einst etwa vier bis fünf Kilometer große Kometkörper bei einem nahen Vorbeiflug am Jupiter in mindestens 20 Brocken zerbrochen sein. Der Einschlag der Brockenkette auf dem größten Planeten unseres Sonnensystems war bereits 15 Monate vorher absehbar. Über die Raumsonde »Galileo«, 240 Millionen Kilometer vom Jupiter entfernt, und die Sonde »Voyager 2«, 6,2 Milliarden Kilometer vom Jupiter entfernt, sowie über den Sonnendetektiv »Ulysses« über dem Südpol der Sonne konnten die Einschläge wahrgenommen werden. Dabei ragten Feuerbälle 3.200 Kilometer über die Wolkendecke des Jupiter hinaus. Sie verloren ihre runde Form, dehnten sich aus und flachten dann wieder ab. Nach etwa einer halben Stunde verwandelten sich die Feuerbälle in schwarze Wolken, die bis zu 10.000 Kilometern groß waren. Der ESO-Experte **Dr. Richard West,** der 1976 einen nach ihm benannten Kometen entdeckte, urteilte: »Wir sind bei dieser Gelegenheit Zeugen für eine äußerst intensive Bildung großer Mengen von organischen Molekülen geworden. Nun kann man darüber rätseln, was mögliche Kometeneinschläge seit Bildung des Sonnensystems vor siebeneinhalb Milliarden Jahren auf der jungen Erde bewirkt haben könnten.« Der zerbrochene und auf dem Jupiter eingeschlagene Komet ist benannt nach dem Entdeckerehepaar **Eugene** und **Carolyn Shoemaker** und dem Amateur-Astronom **David Levy.** Noch nie zuvor ist ein so weit von der Erde entferntes Ereignis von einem so breiten Interesse der Öffentlichkeit begleitet worden.

Kosmogonie und Kosmologie: Vom Werdegang und Aufbau des Universums

Kosmogonie (Entstehung und Entwicklung des Alls) und Kosmologie (Aufbau und Struktur des Alls) greifen ineinander. Beide Bereiche lassen sich nicht streng voneinander trennen. Wer nach der Entwicklung des Weltalls fragt, fragt auch nach seinem gegenwärtigen Bestand und Zustand. Und wer sich für den Aufbau des Weltalls, so wie es sich uns gegenwärtig zeigt, interessiert, der fragt früher oder später auch nach dem Woher und Wohin (siehe auch Seite 21).

In der jüngsten Zeit hat die Vorstellung vom All noch gewaltigere Formen angenommen. Die Ordnung und Struktur des Weltalls – Monde umkreisen Planeten, Planeten umlaufen die Sonne, hundert Milliarden Sonnen bilden eine Milchstraße (Galaxie), Gruppen von Galaxien gesellen sich zu Haufen, Gruppen von Galaxiehaufen zu Superhaufen – wird von einigen Denk- und Testmodellen noch weiter differenziert. Es scheint nach neuen Beobachtungen einiges dafür zu sprechen, daß sich nun auch die gigantischen Superhaufen von Galaxien zu »Höherem« gruppieren, zu einer Art »Seifenschaum« im Universum. Zu »Blasenwänden« zusammengeschlossen umfassen sie gewaltige leere Regionen. Einige Kosmologen unter den Astronomen und Astrophysikern fragen noch weiter: Sollte das, was wir das Weltall oder das Universum nennen, nach allen Stufungs- und Ordnungsprinzipien, die wir zu erkennen meinen, wirklich das einzige Universum sein? Hier begeben wir uns auf das Gebiet der Spekulation. Eine Spekulation (von dem lateinischen spekulatio = Ausspähen) ist der Versuch, viele reale Einzelbeobachtungen und Einzelfragen unter das – zugegeben nicht sichtbare – Dach einer Gesamtschau zu bringen. Solche Spekulationen können in die Irre führen, sie können aber auch hilfreiche Impulse auslösen, und nicht selten hat es sich gerade in der Geschichte der Astronomie gezeigt, daß zunächst als zu gewagt und phantastisch beurteilte Behauptungen sich hinterher als richtig erwiesen haben. Bei wissenschaftlichen Auseinandersetzungen um die Frühphase des Universums stieß man fast zwangsläufig auf die Frage, was sich denn vor dieser Frühphase abgespielt hat. Ist der Kosmos »aus dem Nichts« hervorgegangen oder – und das ist die hier gemeinte Hypothese – ist unser Kosmos nur einer von unzähligen anderen Universen? Hier versagen unsere Begriffe und Vorstellungen. Man kann es nur in unangemessenen Bildern andeuten, worum es gehen könnte.

Sind die Universen, die in einer beliebigen Anzahl nebeneinander existieren, mit Blasen zu vergleichen, von denen manche nur auftauchen und wieder verschwinden, andere sich aber zu einem ganzen »Kosmos« aufblähen können? Nach neuesten Berechnungen wäre unser Kosmos 30–40 Milliarden Jahre alt. Zu Beginn erfolgte der »Urknall«, wodurch der Kosmos eine größere Dimension erhielt. Werden am Ende die »Lichter« erlöschen, die Galaxien zugrunde gehen? Viele Astronomen teilen diese Ansicht. Aber was hieße dann »am Ende«? Vielleicht bläht sich, während unser Kosmos erlischt und vergeht, in der Nachbarregion oder weit dahinter gleichzeitig ein anderer Kosmos auf und bringt Galaxien und möglicherweise irgendwo darin auch Leben hervor. Das wäre ein schöner und tröstlicher Gedanke.

Außerirdisches Leben im All?

Mit ziemlicher Sicherheit können wir sagen, daß es im Bereich unseres Planetensystems außerhalb der Erde kein **höherentwickeltes** Leben gibt. Es erscheint gegenwärtig sogar als wenig aussichtsreich, Leben in irgendwelchen **einfachen** Formen auf einem Planeten oder Mond unseres Sonnensystems zu suchen, wenn auch gewissermaßen das letzte Wort darüber noch nicht gesprochen ist.

Als mögliche Träger von primitiven Lebensformen standen die Venus und der Mars als unsere beiden Nachbarn im Brennpunkt des Interesses; außerdem der Jupiter, in dessen Atmosphäre man organische Verbindungen oder einfachstes Leben in Form von »Schwebe-

wesen« für möglich hielt, und Titan, der größte Saturnmond, auf dem eine Atmosphäre (Gashülle) nachgewiesen wurde und der trotz der großen Sonnenferne vielleicht noch keine lebensfeindliche Temperatur besitzt. **Bruno Stanek** schreibt in seinem umfassenden **»Planetenlexikon«** von 1979, das über den jüngsten Stand der Planetenforschung informiert: »Der Schlüssel für die Beantwortung der Frage nach der Einmaligkeit irdischen Lebens braucht keineswegs auf Mars zu liegen, sondern er könnte sehr wohl auf Titan liegen.«

Die **Venus** scheidet mit an Sicherheit grenzender Wahrscheinlichkeit schon wegen der sehr hohen Oberflächentemperatur von 500 °C, die noch größere Gluthitze als auf dem sonnennächsten Planeten Merkur bedeutet, aus der Diskussion aus. Aktives Leben, wie wir es kennen und von dem wir zunächst ausgehen müssen, damit wir uns nicht zu sehr in Spekulationen verlieren, ist — abgesehen von anderen Voraussetzungen — nur innerhalb eines äußerst begrenzten Temperaturbereichs möglich. Die Marssonden »Viking 1« und »Viking 2« haben trotz anfänglicher Hoffnungen die Existenz organischen Lebens auf dem **Mars** nicht nachweisen können. Es kann aber sein, daß die Landestellen der »Viking«-Sonden für die Suche nach Leben ungünstig waren und daß spätere Forschungen an anderen Orten des Mars zu anderen Ergebnissen führen. Wir dürfen nicht vergessen, daß die bisherigen Marsforschungen zu diesem Thema, so beachtlich sie sind, erst bescheidene Anfangsschritte darstellen. Das »Viking«-Programm mit seinen Versuchen, Leben nachzuweisen, hat uns zwar wertvolle Erkenntnis-

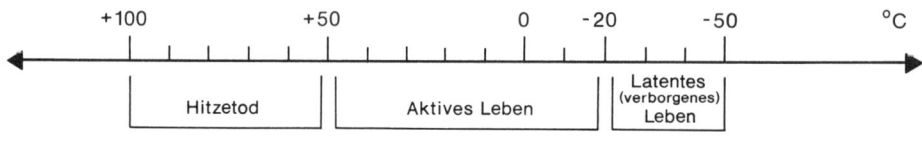

+100   +50   0   -20   -50   °C

Hitzetod   Aktives Leben   Latentes (verborgenes) Leben

Moleküle zerbrechen   Moleküle frieren ein

Nur im Bereich zwischen + 50 ° C und — 20 ° C kann das aktive Leben gedeihen.

se über die Chemie der Marsoberfläche eingebracht, aber die biologische Frage bleibt im Hinblick auf Mars nach wie vor offen. Einfachstes pflanzliches Leben — wie Flechten und Algen — könnte von Atmosphäre und Temperatur her auf dem Mars durchaus im Bereich des Möglichen liegen. Aber was sein **kann**, muß deshalb noch nicht **Realität** sein. Das Vorhandensein bestimmter Voraussetzungen für eine Entwicklung bedeutet noch nicht, daß die Entwicklung auch wirklich stattgefunden hat. Das gilt auch von den Vorstellungen möglicher primitiver Lebensformen in der Atmosphäre des **Jupiter** und auf dem Saturnmond **Titan**.

Etwas anderes ist es, ob wir eines Tages irgendwo in unserem Planetensystem auf Spuren **vergangenen** Lebens stoßen oder zumindest an die Stelle, an der die Entwicklung zum Leben stehengeblieben ist. Oder weiter in die Zukunft! Hat nicht der Gedanke etwas Faszinierendes, daß der Mensch bestimmte pflanzliche Lebensformen der Erde auf dem Mars **ansiedelt** und dort zur Entfaltung bringt, ganz abgesehen von den langfristigen Plänen der Industrialisierung des Mondes oder des Mars? Es gibt wissenschaftlich untermauerte Zukunftsvisionen, nach denen ein Umbereiten der Atmosphäre der benachbarten Himmelskörper und das

Auswandern eines Teils der Menschheit auf den Mars oder die Venus nicht nur in den Bereich des Möglichen, sondern in den Bereich des Notwendigen gehören, z. B. aus Gründen der Übervölkerung der Erde. Das wäre dann zwar Leben in unserem Planetensystem, außerhalb der Erde aber kein vorgefundenes fremdes Leben, sondern ein von der Erde abgezweigtes und verpflanztes Leben im All. Ein nicht minder interessantes und abenteuerliches Kapitel zum Thema »Leben im All«!

Unsere Sonne mit ihren Planeten ist freilich nur **eine** Sonne unter vielen Milliarden anderer Sonnen in unserer Milchstraße, und unsere Milchstraße ist wiederum nur **eine** unter vielen Milliarden anderer Milchstraßen. Wie steht es mit der Bewohnbarkeit von Himmelskörpern im großen All, jenseits unseres Sonnensystems?

Hier wachsen die Zahlen der Sterne so rasch ins Unermeßliche, daß selbst dann, wenn man von einer äußerst geringen Prozentzahl angenommener fremder Planeten ausgeht, die Zahl der bewohnbaren Himmelskörper noch riesengroß sein müßte. Entscheidend für die Beantwortung unserer Frage nach Leben in den Tiefen des Alls ist die Frage nach der **Häufigkeit von Planetensystemen**. Hielt man in früheren Zeiten in der Sternwissenschaft die Entstehung unseres Planetensystems für einen Sonderfall und versuchte sie durch allerlei Ausnahme- und Katastrophentheorien zu begründen, so geht man heute davon aus, daß eine Sonne selten für sich allein, sondern **meistens in Gemeinschaft** mit anderen Himmelskörpern entsteht, mögen es nun andere Sonnen sein, die ein Doppel- oder Mehrfachsystem bilden, oder eben eine Vielzahl kleinerer Himmelskörper, die wir Planeten nennen.

Trotzdem müssen wir dabei bleiben, daß wir bis zur Stunde nur ein einziges Planetensystem **kennen**, nämlich unser eigenes. Immerhin aber sprechen für das häufigere Vorkommen solcher Planetensysteme die heutige Theorie von der Sternentstehung und die indirekten Hinweise bei der Beobachtung bestimmter Sterne. Die gewaltigen Entfernungen, die Kleinheit und das nicht vorhandene Leuchtvermögen der vermuteten Planeten fremder Sonnen machen die Schwierigkeiten aus, sie mit den zur Zeit zur Verfügung stehenden Mitteln optisch zu erfassen.

Nehmen wir aber einmal an, wir würden ein fremdes Planetensystem entdecken, vielleicht mit Hilfe des künftigen Weltraumfernrohrs (Space Telescope)!

Dann käme es bei der Frage nach möglichem Leben in diesem Planetensystem auf **verschiedene Voraussetzungen** an, selbst wenn wir diesem Leben in seiner Entwicklung und in seinen Arten und Formen eine sehr große Spielbreite zugestehen. Einmal müßte das Zentralgestirn ein **sonnenähnlicher Stern** sein, dessen Licht- und Wärmestrahlung eine langfristige Beständigkeit gewährleistet. Dann dürfte es sich bei den begleitenden Himmelskörpern nicht nur um vornehmlich aus Wasserstoff bestehende Planeten nach Art des Jupiters und der anderen großen Planeten unseres Sonnensystems handeln, sondern es müßte darunter auch **erdähnliche Wandelsterne** geben. Des weiteren käme es sehr darauf an, ob zumindest einer dieser Planeten sich innerhalb einer Zone bewegt, in der lebensfreundliche Oberflächentemperaturen möglich sind, in einer **bewohnbaren Zone** also (grch.: Ökosphäre), die sich weder zu nah am Zentralgestirn noch zu weit ab von ihm befindet. Stünde unsere Erde am Platz der Venus oder des Mars, hätte auf ihr höchstwahrscheinlich gar kein Leben entstehen können!

Schließlich: Selbst wenn alle diese Voraussetzungen gegeben wären, brauchte das noch nicht die **tatsächliche** Existenz von Leben in irgendeiner Form auf dem angenommenen Planeten zu bedeuten. Denn es ist ja nicht so, daß da, wo die chemischen Grundlagen und annehmbare Umweltbedingungen gegeben sind, die Entwicklung zum Leben unbedingt stattgefunden haben **muß**! Auch kann der stillschweigend vorausgesetzte Gedanke der Gleichzeitigkeit irrig sein.

Vielleicht gab es in unserer Michstraße hier oder da **vor** der Geschichte des Lebens auf unserem Planeten lebenstragende Himmelskörper, vielleicht wird es sie hier oder da in den Tiefen des Alls **nach** der Lebensgeschichte unseres Planeten geben. Leben im All, wenn es eine Wirklichkeit auch außerhalb von uns ist, muß nicht überall zur gleichen Zeit existieren.

Wir sehen, diese Überlegungen vermindern die aus dem vollen gegriffene

Zahl der als Lebensträger in Frage kommenden Planeten ganz erheblich, und wir verstehen, daß manche Wissenschaftler die Frage nach außerirdischem Leben im All heute wieder skeptischer beantworten, bis hin zu der Vermutung, die Erde könnte — zumindest in **unserer** Milchstraße — im gegenwärtigen Zeitraum der einzige bewohnte Planet sein. Um so nachdrücklicher werden wir auf uns selbst zurückverwiesen und dazu angehalten, mit dem Geheimnis des Lebens auf unserem Heimatplaneten behutsam und verantwortungsbewußt umzugehen!

Gäbe es während der Dauer des menschlichen Lebens auf der Erde in den Tiefen des Alls irgendwo ein höherentwickeltes oder gar menschenähnliches Leben, wäre es sehr zweifelhaft, ob wir jemals **auf raketentechnischem Wege** mit diesen »Brüdern und Schwestern im All« in Verbindung treten könnten. Selbst wenn uns eine Fortbewegung mit halber Lichtgeschwindigkeit möglich wäre, wären die Raketen Hunderte und Tausende von Jahren unterwegs.

Mehr Chancen hätte auf weite Sicht vielleicht die **funktechnische Methode**, nach der künstliche Radiosignale fremder Zivilisationen aufgefangen und beantwortet würden. Einen ersten Versuch dieser Art gab es 1960, als das Projekt **»Ozma«** mit Hilfe des 25-m-Radiospiegels des Observatoriums Green Bank in West Virginia/USA durchgeführt wurde. Dabei wurden die Sterne ϵ Eridani und τ Ceti auf künstliche Radiosignale abgehorcht, um eventuell auf diese Weise technisch entwickelte Kulturen nachzuweisen. Der Versuch ging negativ aus, regte aber eine Reihe weiterer Projekte dieser Art an.

Solch ein Abhör- und Funkkontakt zwischen der Erde und bewohnten Planeten von Sternen, die unserer Sonne nahestehen, wäre technisch in Zukunft durchaus vorstellbar. Es sind sogar schon **Verständigungssysteme** ausgearbeitet, die durch einfache Zeichen (Punkte und Striche wie beim Morsen) logische und mathematische Aussagen machen. Dazu gehört unter anderem die »Lincos«-Sprache (lat.: lingua cosmica = kosmische Sprache) des niederländischen Mathematikers **Hans Freudenthal**.

Daneben werden den Raumsonden, die auf einen über unser Sonnensystem hinausführenden Weg gebracht werden, in Bild, Ton, Zeichen und Formeln Informationen über unser Sonnensystem und die Erde mitgegeben. Ob sie als **kosmische Botschaft** irgendwann einmal in die Hände einer fremden Zivilisation geraten? Wir wissen es nicht, aber der Gedanke daran hat etwas Fesselndes...

Gebräuchliche astronomische Begriffe

Äquinoktium
Tagundnachtgleiche; wenn die Sonne im März den Frühlingspunkt und im September den Herbstpunkt erreicht.

Albedo
Reflexionsvermögen eines nicht selbstleuchtenden Himmelskörpers (Planet, Mond).

Apex
Die Richtung im All, auf die sich unsere Sonne zubewegt: Bereich im Sternbild Herkules.

Aphel
Punkt größter Entfernung von der Sonne in der Bahn eines Planeten.

Asteroiden
Die kleinen Planeten, die sich in einer großen Anzahl im Raum zwischen Mars und Jupiter um die Sonne bewegen. Sie werden auch Planetoiden genannt.

azimutal
Fernrohrmontierung, bei der sich die Achse nicht parallel zur Erdachse bewegt, sondern am Horizontbogen (Azimut) orientiert ist.

Deklination
Abstand eines Gestirnes vom Himmelsäquator, in Winkelgraden. Nördlich des Äquators wird die Gradzahl mit einem Pluszeichen versehen; befindet sich der Stern südlich des Himmelsäquators, wird die Gradzahl mit einem Minuszeichen versehen. Abkürzung δ.

Doppelsterne
Optische Doppelsterne stehen nur scheinbar beieinander, erscheinen nur perspektivisch als zusammengehörig. In Wirklichkeit sind sie weit voneinander entfernt und haben nichts miteinander zu tun. **Physische** Doppelsterne sind echte Doppelsterne, die zu einem System zusammengehören und um einen gemeinsamen Mittelpunkt kreisen. Solche Doppelsterne stellen eine Normalerscheinung im All dar. Es gibt auch Mehrfachsysteme, in denen mehrere Sonnen zueinander gehören.

Eigenbewegung
Abgekürzt EB. Von der Erde aus gesehen die seitliche Eigenbewegung der Fixsterne, die sich nur in ganz langen Zeiträumen an der Veränderung der Sternbilder bemerkbar macht. Nicht zu verwechseln mit der Wanderung der Sterne und Sternbilder zwischen Aufgang und Untergang, die durch die Drehung der Erde um sich selbst verursacht wird.

Ekliptik
Erweiterung der Erdbahnebene in den Himmel; die scheinbare Bahn der Sonne, des Mondes und der Planeten. Der Begriff stammt aus dem Griechischen und heißt »Finsternislinie«; denn Sonnen- und Mondfinsternisse können nur entstehen, wenn sich der Neumond bzw. Vollmond in unmittelbarer Nähe der Ekliptik befindet.

Fixstern
Bezeichnung aus dem Weltbild des Altertums. Fix = festgeheftet. Man stellte sich die Sterne am Firmament festgeheftet vor. Heute wissen wir, daß jeder

Stern eine große Sonne mit eigener Bewegung durchs All ist. Fixstern = Sonne.

Frühlingspunkt

Schnittpunkt der Ekliptik und des Himmelsäquators im Sternbild Fische, an dem sich die Sonne am 20. oder 21. März befindet (Frühlingsbeginn). Die Sonne tritt in das Tierkreiszeichen Widder.

Galaxie

Milchstraßensystem mit mehreren Milliarden Sonnen, Sternsystem nach Art unserer Milchstraße. Die ältere Bezeichnung »Spiralnebel« stammt aus der Zeit, in der man die Galaxien für echte Nebel hielt.

Galaxienhaufen

Vergesellschaftung von Galaxien, Ansammlung von einigen Milchstraßensystemen zu einer höheren Einheit im Kosmos. Zum Virgo-Haufen — einem Galaxienhaufen im Sternbild der Jungfrau —, dem größten, den wir kennen, gehören beispielsweise 2 500 Galaxien.

Galaxis

Bezeichnung für unser eigenes Milchstraßensystem.

Gravitation

Schwerkraft, Anziehungskraft. Je mehr Masse ein Körper besitzt, desto mehr Anziehungskraft übt er aus.

Großer Roter Fleck

abgekürzt GRF. Ovales Turbulenzgebiet auf der Südhalbkugel des Jupiter, eine Art Dauergewitter mit wechselnder Farbintensität.

Halo

grch.: = Hof. Ringerscheinung um Sonne und Mond. Sie entsteht durch Beugung des Lichtes an Eiskristallen in der Luft. Ähnliche Erscheinungen sind die Nebensonnen. — In einem anderen Sinn wird der Ausdruck gebraucht für

den Umkreis unserer Galaxis, um die herum die Kugelsternhaufen eine Art Halo bilden.

Helligkeit eines Sternes

a) scheinbare Helligkeit (Größenklasse):

Je nach ihrer Helligkeit — von der Erde aus gesehen — sind die Sterne in verschiedene Größenklassen eingeteilt. Das menschliche Auge sieht gerade noch die Sterne sechster Größe. Die Sterne erster Größe (geschrieben 1^m, mit hochgestelltem »m« von lat. magnitudo = Größe) sind die hellsten. Noch hellere Objekte wie manche Planeten und die Sonne werden mit einer Null gekennzeichnet oder sogar mit einem Minuszeichen vor der Zahl versehen. Von einer Größenklasse zur anderen besteht ein 2,5facher Helligkeitsunterschied.

b) absolute Helligkeit:

Die Helligkeit, die ein Stern in einer Einheitsentfernung von 32,6 Lichtjahren (10 parsec) haben würde. Sie wird in der Regel mit »M« bezeichnet.

Herbstpunkt

Schnittpunkt der Ekliptik und des Himmelsäquators im Sternbild Jungfrau, an dem sich die Sonne am 23. September befindet (Herbstbeginn). Die Sonne tritt in das Tierkreiszeichen Waage.

Himmelsäquator

Projektion (Erweiterung) des Erdäquators auf die Himmelskugel.

Hyaden

offener Sternhaufen im Sternbild Stier um den Hauptstern Aldebaran, der allerdings nur ein Vordergrundstern ist und nicht zur Gruppe gehört. Hyaden = Regengestirn.

Kometen

wörtlich: Schweif- oder Haarsterne. In Wirklichkeit kleinere Himmelskörper aus Gestein und Gas, die in Sonnennähe durch den Strahlungsdruck der Sonne einen Schweif entwickeln, der der Sonne abgewandt ist.

Korona

Lichtkranz der äußersten Sonnenatmosphäre, bei Sonnenfinsternis oder bei künstlicher Abdeckung der Sonnenscheibe zu betrachten.

Kosmogonie

Entstehung und Entwicklung des Kosmos.

Kosmologie

Lehre vom Aufbau und Zustand des Kosmos.

Kulmination

höchste Stellung eines Sternes im Süden. Lediglich die Zirkumpolarsterne erreichen ihre Kulmination im Norden.

leuchtende Nachtwolken

Staub- und Eisschichten, die sich in der Erdatmosphäre in einer Höhe von etwa 80 bis 85 km befinden, reflektieren das Sonnenlicht noch, wenn es auf der Erde selbst bereits dunkle Nacht geworden ist. Ein Vorgang, der dem Alpenglühen vergleichbar ist.

Libration

Pendelbewegung des Mondes, die zur Folge hat, daß wir am östlichen und westlichen Rand des Mondes sowie an den beiden Mondpolen von Zeit zu Zeit etwas mehr Mondoberfläche sehen können (59 % der gesamten Oberfläche).

Lichtjahr

keine Zeitangabe, sondern ein Entfernungsmaß. Das Licht, das in einer Sekunde 300 000 km zurücklegt, bewältigt in einem Jahr eine Strecke von 9,5 Billionen km.

Lokale Gruppe

ein kleinerer Galaxienhaufen, zu dem unser eigenes Milchstraßensystem gehört. Er umfaßt etwa 25 Galaxien; darunter sind der berühmte Andromedanebel sowie die Große und Kleine Magellansche Wolke.

Meridian

Mittags- oder Südlinie. Ein Stern, der sie erreicht, kulminiert, d. h., er erreicht seinen höchsten Stand.

Meteorit

Kleinstkörper aus dem All, vermutlich abgebröckelte Teile von Kometen. Ein Meteorit wird beim Eintritt in die Erdatmosphäre als Meteor (Sternschnuppe) sichtbar. Größere Stücke, die unverglüht die Erdoberfläche erreichen, nennt man ebenfalls Meteoriten.

Meteorströme

Zu bestimmten Zeiten im Jahr passiert die Erde bestimmte Meteorströme. Es sind Schwärme von Meteoriten, die beim Eintritt in die Erdatmosphäre Leuchterscheinungen hervorrufen (Sternschnuppen). Sie werden nach den Sternbildern benannt, aus denen sie zu kommen scheinen.

Nadir

Punkt, der genau dem Zenit entgegengesetzt ist, unterhalb des Fußpunktes des Beobachters.

NASA

Abkürzung für die Weltraumbehörde der USA: National Aeronautics und Space Administration.

Nebel

Gas- oder Staubwolke, leuchtend oder lichtverschluckend. Interstellare Materie, aus der sich neue Sterne bilden können.

Neutronenstern

Endstadium eines Sternes. Ergebnis eines Zusammenbruchs einer Sonne, die zuletzt mehr als 1,4 Sonnenmassen enthielt. Ein Neutronenstern besteht im wesentlichen aus Neutronen und hat nur einen Radius von wenigen Kilometern.

Nova

»Neuer Stern«. Diese Bezeichnung ist irreführend. Es handelt sich nicht um einen neuentstandenen Stern, sondern um eine gewaltige Lichtsteigerung eines vorher »normalen« und vielleicht von der Erde aus nicht gesehenen Sternes.

Objektiv

Linse am Fernrohr, die auf das zu beobachtende Objekt eingestellt wird. Je größer der Durchmesser, desto leistungsfähiger das Fernrohr. Beim Spiegelfernrohr ist das Objektiv ein Spiegel.

Okular

Linse am Fernrohr, durch die das Auge beobachtet. Eine Art Vergrößerungsglas oder Lupe.

parallaktisch

Montierung eines Fernrohres, wobei die Hauptachse parallel zur Erdachse eingestellt ist und damit auf den Himmelspol weist.

Perihel

Punkt größter Sonnennähe eines Planeten.

Planeten

Wandelsterne, die wie die Erde eine Sonne umkreisen. Nicht selbstleuchtende, mehr oder weniger feste Körper. Unser Planetensystem umfaßt neun große und eine Vielzahl kleiner Planeten. Es spricht einiges dafür, daß auch andere Fixsterne planetenartige Begleiter haben.

Planetoiden

→ Asteroiden

Plejaden

schönster offener Sternhaufen des nördlichen Sternenhimmels; im Stier. Plejaden = Tauben. Weitere volkstümliche Namen: Siebengestirn, Glucke, Leiterwagen.

Polarlicht

auch Nordlicht und Südlicht genannt. Verschiedenfarbige Leuchterscheinung in der irdischen Hochatmosphäre: rot, blauweiß, grün. Als Lichtbogen oder Strahlenbündel zu beobachten, vor allem in den Bereichen um den nördlichen und südlichen magnetischen Erdpol. Hervorgerufen wird das Polarlicht durch Ausbrüche und Entladungen auf der Sonne. Dabei werden elektrisch geladene Teilchen in den Raum geschleudert (Sonnenwind). Sie gelangen zur Erde, werden zu den Magnetpolen abgelenkt, dringen hier in die hohe Atmosphäre ein und regen die Sauerstoff- und Stickstoffatome zum Leuchten an.

Polarstern

der letzte Deichselstern des Kleinen Wagens (Alrukaba). Wegen der Präzession der Erdachse kommt mit der Zeit immer wieder ein anderer Stern in die Himmelspolstellung. Vor ca. 5 000 Jahren stand der Hauptstern im Sternbild Drache dem Pol am nächsten. In 5 000 Jahren wird Alderamin, der Hauptstern im Kepheus, Polarstern sein und in 12 000 Jahren die helle Wega in der Leier.

Population I

junge Sterne. Sie befinden sich z. B. in den spiralartigen Armen der Galaxien.

Population II

ältere Sterne. Sie befinden sich z. B. in den Kernen der Galaxien oder in den Kugelsternhaufen, die die Galaxien begleiten.

Präzession

Kreiselbewegung der (gedachten) Erdachse. Sie dauert etwa 26 000 Jahre (Platonisches Jahr) und ist die Ursache dafür, daß es im Laufe der Jahrtausende verschiedene Polarsterne gibt, aber auch dafür, daß sich die Tierkreis**stern-bilder** gegen die Tierkreis**zeichen**, mit denen heute fast nur noch die Astrologen arbeiten, verschoben haben.

Protuberanzen

wörtlich: Hervorschwellungen. Gewaltige Gasausbrüche am Sonnenrand (Wasserstoff-, Helium- und Calciumgas sowie Gas verschiedener Metalle), die Höhen über 1 Million km erreichen.

Pulsar

ein Neutronenstern, der Radiowellen aussendet und dabei einen »An-Aus-Effekt« vortäuscht, wie ein Leuchtturm nach einem bestimmten Rhythmus aufblinkt und wieder verlöscht.

Pulsation

Aufblähen und Zusammenziehen eines Sternes in einer bestimmten Periode.

Quasar

Abkürzung für »quasistellares Radioobjekt« = sternähnliche Radioquelle. Die Quasare senden gewaltige Energiemengen aus und sind die hellsten Objekte, die wir kennen. Dabei dürfte ein Quasar kaum größer sein als unser Planetensystem. Möglicherweise sind sie explodierende Kerne bestimmter Radiogalaxien.

Radarastronomie

Senden von Funkimpulsen zu bestimmten benachbarten Himmelskörpern (z. B. zu den Planeten) und Auffangen und Untersuchen der reflektierten Signale. Wichtig für die Bestimmung der Entfernung und der Rotationszeit sowie für die Erforschung der Oberflächenstruktur eines Planeten.

Radialgeschwindigkeit

Geschwindigkeit der Bewegung eines Sternes zur Erde hin oder von der Erde fort.

Radiant

scheinbarer Ausgangspunkt eines Meteorstromes.

Radioastronomie

Erforschung der kosmischen Radiostrahlung.

Reflektor

Spiegelfernrohr. Die größten Fernrohre der Welt sind Reflektoren.

Refraktor

Linsenfernrohr. Leistungsfähiger, aber auch teurer als ein Spiegelfernrohr gleichen Objektivdurchmessers.

Rektaszension

neben der Deklination die zweite Koordinate zur Ortsbestimmung eines Gestirnes. Ascensio recta (lat. = gerade Aufsteigung). Abkürzung AR oder α. Auf dem Himmelsäquator gemessener Abstand eines Sternes vom Frühlingspunkt, meist im Zeitmaß von 0 bis 24 Uhr gezählt, und zwar der täglichen Himmelsdrehung entgegen.

Rotation

Drehung eines Himmelskörpers um die eigene Achse.

Roter Riese

ausgedehnter, riesiger Stern mit großer Masse, aber sehr niedriger Dichte und kühlerer Oberflächentemperatur. Das Licht leuchtet rötlich.

Rotverschiebung

Verschiebung der Spektrallinien zum Rot des Spektrums. Ein Stern, dessen Spektrum diese Rotverschiebung zeigt, bewegt sich von der Erde weg.

Satellit

Bezeichnung sowohl für den natürlichen Begleiter eines Himmelskörpers (z. B. für den Mond eines Planeten) als auch für einen vom Menschen im Zeitalter der Astronautik künstlich geschaffenen Begleiter der Erde.

Schwarzes Loch

Ergebnis eines totalen Zusammenbruchs (Kollaps) eines Sternes. Endstadium (?) eines Sternes, dessen Gravitationsfeld so stark ist, daß keine Strahlung und keine Materieteilchen mehr nach außen dringen. Der Zusammenbruch zum Schwarzen Loch ist wahrscheinlich mit der Explosion einer Supernova verbunden. Er wird angenommen bei Sternen, deren Restmasse größer ist als 2,2 Sonnenmassen.

Sonnenflecken

dunkle Stellen auf der Oberfläche der Sonne, die sich nach bestimmten Gesetzen verändern, entstehen und verschwinden. Es sind Unruhezonen, die von starken Magnetfeldern begleitet sind. Die Sonnenflecken treten mit Maximum und Minimum innerhalb einer etwa elfjährigen Periode auf und beeinflussen das Wetter und andere Vorgänge auf der Erde.

Sonnentag

Zeit, die die Erde für eine Umdrehung um ihre Achse braucht — bezogen auf die Sonne. Länge: 24 Stunden.

Spektralanalyse

Erforschung der Sternspektren, die etwas aussagen über den chemischen Aufbau und die Bewegungen der Sterne.

Spektralklasse

Klassifikation der Sterne auf Grund der Spektralanalyse nach Farben, Oberflächentemperatur, Masse und Radius. Kühlere Sterne senden mehr langwelliges, rotes Licht aus, heißere Sterne mehr kurzwelliges, blaues Licht. Die Einteilung erfolgt nach den Buchstaben O, B, A, F, G, K und M, wobei die Oberflächentemperatur in dieser Reihenfolge sinkt. Zur Feineinteilung werden die Buchstabengruppen noch mit den Zahlen 0 bis 9 spezifiziert.

Spektrum

durch Brechung eines Lichtstrahles hervorgerufenes Regenbogenfarbband, das eine für die Forschung aufschlußreiche Anordnung von Spektrallinien zeigt.

Spiralnebel

keine echten Nebel, sondern frühere Bezeichnung für Galaxien (Sternsysteme).

Sterntag

Zeit, die die Erde für eine Umdrehung um ihre Achse braucht — bezogen auf den Sternenhimmel. Länge: 23 Stunden und 56 Minuten.

Supernova

instabil gewordener Stern, der explodiert und zum Schwarzen Loch wird.

Terminator

Lichtgrenze (z. B. auf dem Mond), Grenze zwischen dem von der Sonne beleuchteten und nicht beleuchteten dunklen Gelände. Hier fallen die Sonnenstrahlen schräg ein und lassen die Mondberge besonders plastisch hervortreten.

Transpluto

Bezeichnung für einen vermuteten zehnten Planeten unseres Planetensystems: Planet »jenseits von Pluto«. Bisher blieb er Theorie.

Veränderliche Sterne

Sterne, die ihre Helligkeit verändern. Es gibt physische Veränderliche (der Grund für die Lichtschwankung liegt im Aufbau des Sterns), und es gibt Bedeckungsveränderliche (sie werden durch einen Begleitstern von Zeit zu Zeit teilweise verdeckt).

Violettverschiebung

Verschiebung der Spektrallinien zum Violett des Spektrums hin. Ein Stern, dessen Spektrum Violettverschiebung zeigt, bewegt sich auf die Erde zu.

Weißer Zwerg

kleiner Stern mit gewaltiger Masse. Endstadium der Sternentwicklung für einen Stern, dessen Masse 1,4 Sonnenmasse nicht übersteigt. Ein Weißer Zwerg besitzt sehr hohe Oberflächentemperatur, aber eine nur geringe Leuchtkraft.

Zenit

Punkt genau senkrecht zur Horizontebene, über dem Scheitel des Beobachters.

Zirkumpolarsterne

Sterne und Sternbilder in unmittelbarer Nähe des scheinbaren Himmelspoles (Polarstern), die niemals untergehen. Welche Sterne dazugehören, hängt von der jeweiligen geographischen Breite des Beobachtungsorts ab.

Zodiakallicht

Tierkreislicht; eine Leuchterscheinung in Pyramidenform, abends über der Untergangsstelle der Sonne und morgens vor Sonnenaufgang zu beobachten. Das Tierkreislicht entsteht an der interplanetaren Materie (staubförmige Wolken in der Umlaufebene der Planeten), die durch das Sonnenlicht zum Leuchten angeregt wird.

Zodiakus

Tierkreis; der Bereich zu beiden Seiten der Ekliptik, in dem sich die bekannten Sternbilder befinden, die zumeist nach Tieren benannt sind. Um diesen Tierkreis herum bewegen sich die Sonne, der Mond und die Planeten.

Zoll

englisches Maß, beim Objektivdurchmesser eines Fernrohres gebräuchlich. 1 Zoll = ca. 2,5 cm. Man spricht von einem Zwei-, Drei- und Vierzöller usw. Ein Vierzöller ist ein Fernrohr mit einem Objektivdurchmesser von ca. 10 cm.

Tabellarischer Anhang

Mitglieder der Lokalen Gruppe

Name des Systems	Durchmesser in Lichtjahren	Entfernung in Lichtjahren	Radialgeschwindigkeit in km/s
Milchstraßensystem	100 000	—	—
Große Magellansche Wolke	21 000	165 000	+ 280
Kleine Magellansche Wolke	10 000	165 000	+ 167
M 31 (Andromedanebel)	150 000	2 250 000	−310
M 32 } Begleiter des Andro-	2 300	2 250 000	−210
NGC 205 } medanebels	7 800	2 250 000	−240
M 33 (Dreiecksnebel)	46 000	2 450 000	−190
LGS 3 (Begl. von M 33?)	~ 1 000	2 700 000	−280
Sculptor-System	6 300	280 000	—
Fornax-System	20 000	600 000	+ 40
NGC 6822	7 500	1 600 000	— 40
NGC 147	4 600	2 250 000	—
NGC 185	3 250	2 250 000	−340
IC 1613	10 000	2 250 000	−240
Wolf—Lundmark-System	5 000?	1 600 000?	— 80
Leo-System I	6 000	850 000	—
Leo-System II	4 200	600 000	—
Draco-System	3 300	260 000	—
Ursa-Minor-System	1 000	165 000	—
Maffei 1	?	3 300 000?	+ 17?
And I } neu entdeckte Begleiter	~ 3 000	2 250 000	—
And II* } des Andromedanebels	~ 3 000	2 250 000	—
And III }	~ 3 000	2 250 000	—
And IV }	~ 3 000	2 250 000	—

* möglicherweise ein Begleiter von M 33

Die Buchstaben vor den Nummern bezeichnen bestimmte Kataloge. So bedeutet z. B. M Messier-Katalog und NGC New General Catalogue of Nebulae and Clusters of Stars.

Doppelsterne zum Testen des Fernrohres

Freie Öffnung des Fernrohrs in inches	Stern	Helligkeiten der Komponenten		gegenseitiger Abstand	Positionswinkel
1	α Herculis	var.	5,5 m	4,6''	110°
2	β Orionis (Rigel)	0,1 m	6,7	9,5	202
	γ Leonis	2,6	3,8	4,3	121
	ε Bootis	3,0	6,3	2,8	334
3	α Ursae Minoris (Polaris)	2,1	9,0	18,3	217
	ϑ Virginis	4,0	9,0	7,2	343
4	ϑ Aurigae	2,7	7,2	2,8	332
	η Orionis	3,8	4,8	1,4	79
	δ Cygni	3,0	7,9	1,9	263
	ι Ursae Maioris	3,1	10,3	7,4	2
5	ζ Bootis	4,4	4,8	1,0	137
	ω Leonis	5,9	6,7	1,0	129

Die Komponenten sind die beiden Sterne, die zu einem Doppelsternsystem gehören. Zuerst ist der Hauptstern aufgeführt, dann der lichtschwächere Begleiter.
Der Positionswinkel gibt die Richtung an, in der sich der lichtschwächere Begleiter in bezug auf den Hauptstern befindet. Es ist der Winkel zwischen der Verbindungslinie beider Sterne und der Richtung zum Himmelspol. Er wird gezählt von 0° bis 360° Nord über Ost, Süd und West.

Doppel- und Mehrfachsterne

	Name	Helligkeiten der Komponenten	Positionswinkel	Abstand	Farben
α	Cassiopeiae	3,0/9,0	281	63''	gelb, bläulich
η	Cassiopeiae	3,7/7,4	279	9	gelb, purpur
α	Ursae Minoris (Polaris)	2,0/9,0	217	18	B: bläulich
γ	Andromedae	3,0/5,0	63	10	gold, blau
ι	Cassiopeiae	4,2/7,1/8,1	AB 251 AC 112	2 8	gelb, blau, blau
23	Ursae Maioris	3,8/9,0	271	23	grün-weiß, aschgrau
ζ	Ursae Maioris (Mizar)	2,1/4,2	150	15	beide grün-weiß
δ	Cygni	3,0/7,9	261	2	grünlich aschfarben
o²	Cygni	3,7/6,5/5,0	AB 174 AC 323	107 337	A: stark gelb AC: blau
β	Cephei	3,3/8,0	250	14	grün-weiß, blau, gelblich

	Name	Helligkeiten der Komponenten	Posi-tions-winkel	Ab-stand	Farben
γ	Ceti	3,0/6,8	293	3	aschfarben gold, orange
α	Tauri (Aldebaran)	1,0/11,2	33	122	gelb-weiß
β	Orionis (Rigel)	1,0/0,9	202	9	orange
δ	Orionis	2,0/6,8	0	53	grün-weiß, weiß oder lila
δ^1	Orionis	7,0/8,0/4,7/ 6,3/11,3	AB 32 AC 131 AD 96 AE 351	9 13 22 4	weiß, lila granat, rötlich
δ	Orionis	4,0/10,3/ 7,5/6,3	AB 236 AC 85 AD 61	11 13 42	grau, weiß blau, rot
ζ	Orionis	2,0/5,7/10,0	AB 158 AC 10	3 58	gelb, rötlich-olive
α	Geminorum (Castor)	2,7/3,7/9,5	AB 213 AC 165	5 73	AB: grünlich-weiß
α	Leonis (Regulus)	1,5/8,0	307	177	blau-weiß, weiß
γ	Leonis	2,6/3,6	119	4	gold, grün-rot
γ	Virginis	3,6/3,7	318	6	beide gelb
α	Oanum Venati-corum	3,2/5,7	228	20	gelb-weiß, lila
ε	Bootis	3,0/6,3	334	3	stark gelb, grün
α	Herculis	3,0/6,1	110	5	stark gelb, intensiv blau
α	Lyrae (Wega)	1,0/10,5	169	56	blau-weiß, orange
$\varepsilon^1, \varepsilon^2$	Lyrae	4,6/4,9	173	208	grün-weiß, blau-weiß
ζ	Lyrae	4,2/5,5	150	44	gelb-grün, weiß
β	Lyrae	3,0/6,7/13,0/ 14,3/9,2/9,0	AB 149 AC 247 AD 68 AE 318 AF 19	47 46 64 69 86	AB: gelb-weiß
β	Cygni (Albireo)	3,0/5,3	55	35	gelb, blau

Veränderliche Sterne

	Stern	Helligkeits-schwankungen	Periode
γ	Cassiopeiae	1,6/2,6	wechselnd
o	Ceti (Mira)	1,7/9,5	331 d
R	Trianguli	5,3/12,0	226 d
β	Persei	2,3/3,5	2 d 20 h 48 m
τ	Tauri	3,8/4,1	3 d 22 h 52 m

Stern	Helligkeits-schwankungen	Periode
ε Aurigae	3,0/4,5	9883 d
ζ Aurigae	4,9/5,6	972 d
α Orionis	0,7/1,5	unregelmäßig
U Orionis	5,4/12,2	373 d
η Geminorum	3,2/4,2	231 d
R Canis Maioris	5,9/6,7	1 d 3h 15m
R Leonis	5,0/10,8	310 d
R Hydrae	3,5/10,1	406 d
δ Librae	4,8/6,2	2 d 3h
R Coronae Borealis	5,9/15,0	wechselnd
u Herculis	4,8/5,3	2 d 05h
R Scuti	4,9/9,0	145 d
β Lyrae	3,5/4,1	12,91 d
χ Cygni	4,2/13,7	409 d
η Aquilae	3,7/4,5	7 d 18h
S (= 10) Sagittae	5,4/6,1	8 d 4h
T Vulpeculae	5,5/6,5	4 d 10h 27m
μ Cephei	4,0/5,5	430 d
δ Cephei	3,6/4,3	5 d 8h 47m
R Aquarii	5,8/11,0	387 d, wechselnd
R Cassiopeiae	4,8/13,6	426 d

d (dies) = Tag
h (hora) = Stunde
m   = Minute

Sternhaufen und Nebel (nach Patrick Moore)

Diese Übersicht bezieht sich auf den 1784 von dem französischen Astronomen Charles Messier (1730—1817) aufgestellten Katalog von Sternhaufen und Nebeln. Man kann diese fast alle mit kleinen und mittleren Fernrohren erkennen. Die Nummern 40 und 91 sind ausgeklammert, weil es sich bei ihnen vermutlich um Kometen handelte. Die Identifizierung der Nummern 47, 48 und 102 ist unklar.

Messier-Nr.	Sternbild	Typus	Bemerkung
1	Taurus	Überreste einer Supernova	Crabnebel
2	Aquarius	kugelförmig	
3	Canes Venatici	kugelförmig	
4	Scorpio	kugelförmig	
5	Serpens	kugelförmig	
6	Scorpio	offen	
7	Scorpio	offen	
8	Sagittarius	Nebel	Lagunennebel
9	Ophiuchus	kugelförmig	

Messier-Nr.	Sternbild	Typus	Bemerkung
10	Ophiuchus	kugelförmig	
11	Scutum	offen	
12	Ophiuchus	kugelförmig	
13	Hercules	kugelförmig	
14	Ophiuchus	kugelförmig	
15	Pegasus	kugelförmig	
16	Serpens	offen	
17	Sagittarius	Nebel	Hufeisennebel
18	Sagittarius	offen	
19	Ophiuchus	kugelförmig	
20	Sagittarius	Nebel	
21	Sagittarius	offen	
22	Sagittarius	kugelförmig	
23	Sagittarius	offen	
24	Sagittarius	offen	
25	Sagittarius	offen	
26	Scutum	offen	
27	Vulpecula	planetarisch	Hantelnebel
28	Sagittarius	kugelförmig	
29	Cygnus	offen	
30	Capricornus	kugelförmig	
31	Andromeda	Spiralnebel	
32	Andromeda	elliptischer Spiralnebel	
33	Triangulum	Spiralnebel	
34	Perseus	offen	
35	Gemini	offen	
36	Auriga	offen	
37	Auriga	offen	
38	Auriga	offen	
39	Cygnus	offen	
41	Canis Maior	offen	
42	Orion	Nebel	Orionnebel
43	Orion	Nebel	
44	Cancer	offen	Krippe
45	Taurus	offen	Plejaden
46	Argo Navis	offen	
47	Argo Navis	offen	
48	Hydra	offen	
49	Virgo	elliptischer Spiralnebel	
50	Monoceros	offen	
51	Canes Venatici	Spiralnebel	
52	Cassiopeia	offen	
53	Coma Berenices	kugelförmig	
54	Sagittarius	kugelförmig	
55	Sagittarius	kugelförmig	
56	Lyra	kugelförmig	
57	Lyra	planetarisch	Ringnebel
58	Virgo	Spiralnebel	
59·	Virgo	elliptischer Spiralnebel	
60	Virgo	elliptischer Spiralnebel	
61	Virgo	Spiralnebel	

Messier-Nr.	Sternbild	Typus	Bemerkung
62	Ophiuchus	kugelförmig	
63	Canes Venatici	Spiralnebel	
64	Coma Berenices	Spiralnebel	
65	Leo	Spiralnebel	
66	Leo	Spiralnebel	
67	Cancer	offen	
68	Hydra	kugelförmig	
69	Sagittarius	kugelförmig	
70	Sagittarius	kugelförmig	
71	Sagitta	kugelförmig	
72	Aquarius	kugelförmig	
73	Aquarius	offen	
74	Pisces	Spiralnebel	
75	Sagittarius	kugelförmig	
76	Perseus	planetarisch	
77	Cetus	Spiralnebel	
78	Orion	Nebel	
79	Lepus	kugelförmig	
80	Scorpio	kugelförmig	
81	Ursa Maior	Spiralnebel	
82	Ursa Maior	unregelmäßiger Spiralnebel	
83	Hydra	Spiralnebel	
84	Virgo	elliptischer Spiralnebel	
85	Coma Berenices	Spiralnebel	
86	Virgo	elliptischer Spiralnebel	
87	Virgo	elliptischer Spiralnebel	
88	Coma Berenices	Spiralnebel	
89	Virgo	elliptischer Spiralnebel	
90	Virgo	Spiralnebel	
92	Hercules	kugelförmig	
93	Argo Navis	offen	
94	Canes Venatici	Spiralnebel	
95	Leo	Spiralnebel	
96	Leo	Spiralnebel	
97	Ursa Maior	planetarisch	
98	Coma Berenices	Spiralnebel	
99	Coma Berenices	Spiralnebel	
100	Coma Berenices	Spiralnebel	
101	Ursa Maior	Spiralnebel	
102	Draco	Spiralnebel	
103	Cassiopeia	offen	
104	Virgo	Spiralnebel	
105	Leo	elliptischer Spiralnebel	
106	Canes Venatici	Spiralnebel	
107	Ophiuchus	kugelförmig	
108	Ursa Maior	Spiralnebel	
109	Ursa Maior	Spiralnebel	

Sonnenfinsternisse 1997 bis 2010, in Mitteleuropa sichtbar

In jedem Jahr ereignen sich 2 bis höchstens 5 Sonnenfinsternisse.

Jahr	Datum	Art
1997	2. September	partiell
1998	—	—
1999	11. August	total
2000	5. Februar	partiell
2000	1. Juli	partiell
2000	31. Juli	partiell
2000	25. Dezember	partiell
2001	—	—
2002	—	—
2003	31. Mai	partiell
2004	—	—
2005	3. Oktober	partiell
2006	29. März	partiell
2007	—	—
2008	1. August	partiell
2009	—	—
2010	—	—

Mondfinsternisse 1997 bis 2010, in Mitteleuropa sichtbar

Nicht in jedem Jahr gibt es eine Mondfinsternis. Tritt sie ein, kann sie überall dort beobachtet werden, wo der Mond über dem Horizont steht.

Jahr	Datum	Art
1997	24. März	partiell
1997	16. September	total
1998	—	—
1999	—	—
2000	21. Januar	total
2001	9. Januar	total
2002	—	—
2003	16. Mai	total
2003	9. November	total
2004	4. Mai	total
2004	28. Oktober	total
2005	—	—
2006	7. September	partiell
2007	3. März	total
2008	21. Februar	total
2008	16. August	partiell
2009	31. Dezember	partiell
2010	21. Dezember	total

Volks- und Schulsternwarten, astronomische Beobachtungsstationen, Planetarien, Vereinigungen und Kontaktstellen

Die mit einem Stern gekennzeichneten Institute werden von hauptberuflichem Fachpersonal geleitet. Die anderen Organisationen sind privater und amateur-astronomischer Art; die Anschriften beziehen sich vielfach auf den Wohnsitz eines Vorstandsmitgliedes, so daß mit kurzfristigen Adressenänderungen zu rechnen ist.

Aachen:	Volkssternwarte, Am Hangeweiher, 52068 Aachen
Aalen:	Schul- und Volkssternwarte, Rombacher Straße 30, 73430 Aalen
Albstadt:	Astronomische Vereinigung, Albstadt e.V., Hartmannstraße 140, 72458 Albstadt (Ebingen)
Augsburg:	s-Planetarium, Im Thäle 3, 86152 Augsburg
Bad Driburg:	Sternwarte der F.-W.-Weber-Realschule, Elsterweg 13, 33014 Bad Driburg
Bad Mergentheim:	Astronomische Vereinigung Weikersheim, Marienstraße 38, 97980 Bad Mergentheim
Bad Nauheim:	Volkssternwarte, Kurverwaltung Staatsbad, 61231 Bad Nauheim
Bad Pyrmont:	Astronomische Beobachtungsstation, Friedrichstraße 8/9, 31812 Bad Pyrmont
Bad Salzschlirf:	Sternwarte, Dr.-Martiny-Straße 1, 36364 Bad Salzschlirf
Bad Salzuflen:	Schulsternwarte im Zentrum Lohfeld, Wasserfuhr 25 e, 32108 Bad Salzuflen
Basel:	Astronomischer Verein, Venusstraße 7, CH-4102 Binningen
Bautzen:	*Sternwarte Johannes Franz, Czornebohstraße 82, 02625 Bautzen
Berlin:	*Archenhold-Sternwarte, Alt-Treptow 1, 12435 Berlin-Treptow *Wilhelm-Foerster-Sternwarte und Planetarium, Munsterdamm 90, 12169 Berlin *ZEISS-Großplanetarium, Prenzlauer Allee 80, 10405 Berlin
Bernkastel-Kues:	Privatsternwarte ERZ, Cusanusstraße 35, 54470 Bernkastel-Kues
Bielefeld:	Schulsternwarte, Brackweder Gymnasium, Beckumer Straße 10, 33647 Bielefeld
Blaibach:	Amateurastronomische Vereinigung Hohebogenwinkel-Regental, Pechlergasse 36, 79261 Gutach Blaibach
Bochum:	*Planetarium und Sternwarte, Castroper Straße 67, 44791 Bochum
Bonn:	Volkssternwarte Bonn e.V., Poppelsdorfer Allee 47, 53115 Bonn
Braunschweig:	Sternfreunde Braunschweig-Hondelage e.V., Ackerweg 1 B, 38108 Braunschweig
Bremen:	*Planetarium und Sternwarte der OLBERS-Gesellschaft, Hochschule für Nautik, Werderstraße 73, 28199 Bremen
Buchloe:	Volkssternwarte der VHS, Adolf-Müller-Straße 7, 86807 Buchloe
Bülach:	Schul- und Volkssternwarte Bülach, Rotzibüch bei Eschenmosen, CH-8180 Bülach
Carona:	Feriensternwarte CALINA, Osservatorio Calina, CH-6914 Carona
Cottbus:	Raumflugplanetarium Juri Gagarin, Heinrich-Mosler-Straße 39, 03042 Cottbus
Crimmitschau:	Interessengemeinschaft Astronomie, Sternwarte »Johannes Kepler«, Straße der Jugend 8, 08451 Crimmitschau
Cuxhaven:	Feriensternwarte, Haydnstraße 16, 27474 Cuxhaven
Darmstadt:	Volkssternwarte e. V., Helfmannstraße 26, 64293 Darmstadt
Dortmund:	Astronomischer Verein / Volkssternwarte, Flamingoweg 2, 44139 Dortmund
Drebach:	Jugend- und Feriensternwarte, 09430 Drebach (Erzgebirge)

Düsseldorf:	Astronomische Vereinigung, Steinkaul 4, 40589 Düsseldorf
Duisburg:	Rudolf-Römer-Sternwarte, Schwarzenberger Straße 147, 47226 Duisburg
Durmersheim:	Sternfreunde Durmersheim, Würmersheimer Straße 25, 76448 Durmersheim
Eilenburg:	Volks- und Schulsternwarte, Am Mansberg, 04838 Eilenburg
Eisenstadt:	Burgenländische Landessternwarte, Dr.-Karl-Renner-Straße 1, A-7000 Eisenstadt
Emmendingen:	Sternfreunde Breisgau e.V., Theodor-Fontane-Weg 2, 79312 Emmendingen
Ennepetal:	Volkssternwarte, Am Hinnenberg 80, 58256 Ennepetal
Erkrath:	Sternwarte Neanderhöhe, Hochdahl, Stellarium, Hildener Straße 17, 40699 Erkrath
Essen:	Verein für volkstümliche Astronomie, Weberplatz 1, 45127 Essen
	Walter-Hohmann-Sternwarte, Wallneyer Str. 159, 45133 Essen
Frankfurt/Main:	Volkssternwarte des Physikalischen Vereins Frankfurt, Robert-Mayer-Straße 2–4, 60325 Frankfurt/Main
Freiburg:	*Richard-Fehrenbach-Planetarium in der Gewerbeschule II, Friedrichstraße 51, 79098 Freiburg i. Breisgau
	Volkssternwarte Freiburg, Staudinger Straße 10, 79115 Freiburg i. Breisgau
Fürstenfeldbruck:	Planetarium und Sternwarte, Schöngeisingerstraße 6/II, 82256 Fürstenfeldbruck
Fulda:	Hans-Nüchter-Sternwarte, Domänenweg 2, 36037 Fulda
Gescher:	Sternwarte, Holtwickerstraße 8, 48653 Coesfeld
Geseke:	Amateur-Astronomische Arbeitsgemeinschaft, Erwitter Straße 16a, 59590 Geseke
Glücksburg:	Planetarium und Sternwarte, Fördestraße 35, 24960 Glücksburg
Gmunden:	Eisner-Sternwarte, Kalvarienberg, A-4810 Gmunden
Hagen:	Volkssternwarte, Eugen-Richter-Turm, 58135 Hagen
Halle:	*Raumflugplanetarium, Peißnitzstraße, 06108 Halle
Hamburg:	*Planetarium, Hindenburgstraße Öl, 22303 Hamburg
	Gesellschaft für volkstümliche Astronomie (GvA), Hindenburgstraße Öl, 22303 Hamburg
Hamm:	Astronomische Arbeitsgemeinschaft der VHS, Westenwall 2, 57577 Hamm
Hannover:	Planetarium der Bismarckschule, An der Bismarckschule 5, 30173 Hannover
	Volkssternwarte, Am Lindener Berge 27, 30449 Hannover
Heidelberg:	*Landessternwarte, Königstuhl, 69117 Heidelberg
Heilbronn:	Robert-Mayer-Sternwarte, Bismarckstraße 10, 74072 Heilbronn
Heppenheim:	Starkenburg-Sternwarte, Kl. Bach 3, 64646 Heppenheim
Herford:	Sternwarte Friedrichsgymnasium, Werrestraße 9, 32049 Herford
Herne:	Astronomische Arbeitsgemeinschaft, Tulpenweg 48, 44651 Herne
Herzberg:	Schulsternwarte, Am Wasserturm, 19374 Herzberg
Heuberg-Baar:	Astronomische Vereinigung Heuberg-Baar e.V., Eisenbahnstraße 53, 78549 Spaichingen
Hof:	Volkssternwarte Hof, Egerländerweg 25, 95032 Hof

Hoyerswerda:	Schulsternwarte Oberschule X, Geschwister-Scholl-Straße 23, 02977 Hoyerswerda
Ingolstadt:	Volkssternwarte Schulzentrum Südwest, Maximilianstraße, 85051 Ingolstadt
Jena:	*Planetarium, Am Planetarium 5, 07743 Jena Urania-Volkssternwarte, Schillergäßchen 2a, 07745 Jena
Kaiserslautern:	Stud. AG Astronomie e.V., Universität Kaiserslautern, Erwin-Schrödinger-Straße, Bau 46, 67663 Kaiserslautern
Karlsruhe:	Sternwarte des Max-Planck-Gymnasiums, Krokusweg, 76199 Karlsruhe-Rüppurr
Kassel:	Astronomischer Arbeitskreis Kassel e.V., Erich-Klabunde-Straße 81, 34121 Kassel Sternwarte Calden, Planetarium, An der Karlsaue, 34121 Kassel
Kiel:	*Planetarium, Knooper Weg 62, 24103 Kiel
Klagenfurt:	*Raumflugplanetarium, Villacher Straße 239, A-9020 Klagenfurt, Sternwarte Kreuzbergl
Köln:	Planetarium, Blücherstraße 17, 50733 Köln Club für Raumfahrt und Astronomie, Gernsheimer Straße 21, 51107 Köln
Krefeld:	Krefelder Sternfreunde e.V., Lutherplatz 40, 47805 Krefeld
Kreuzlingen:	Sternwarte Kreuzlingen, Breitenreinstraße 21, CH-8280 Kreuzlingen
Kufstein:	Astro-Club Planetarium, Schützenstraße 16, A-6332 Kufstein
Langwedel:	Volkssternwarte, Moorstraße 10, 27299 Langwedel
Laupheim:	Planetarium, Parkweg 44, 88471 Laupheim Volkssternwarte e.V., Leibnizstraße 35, 88471 Laupheim
Leinfelden:	Schul- und Volkssternwarte, Stuttgarter Straße 65, 70469 Leinfelden-Echterdingen
Leipzig:	*Planetarium im Zoologischen Garten, Dr.-Kurt-Fischer-Straße 29, 04275 Leipzig
Lemgo:	Sternwarte Lemgo der FH Lippe, Liebigstraße 87, 32657 Lemgo
Linz:	Volkssternwarte, Sternwarteweg 5, A-4020 Linz
Lübeck:	Sternwarte, Am Ährenfeld, 23564 Lübeck
Luxemburg:	Amateurs-Astronomes du Luxembourg, 16B, rue Emile Mayrisch, L-3522 Dudelange
Luzern:	*Planetarium im Verkehrshaus der Schweiz, Lidostraße 5, CH-6000 Luzern
Magdeburg:	Astronomisches Zentrum, Pablo-Picasso-Straße 20, 39128 Magdeburg
Mainz:	Volkssternwarte, Karmeliterplatz 1, 55116 Mainz
Mammendorf:	Baader Planetarium GmbH, Zur Sternwarte, 82291 Mammendorf
Mannheim:	*Planetarium, W.-Varnholt-Platz 1, 68165 Mannheim
Moers:	Moerser Astronomische Organisation, Bergstraße 21 e, 47443 Moers
Mönchengladbach:	Astronomischer Arbeitskreis, Bökelstraße 138, 41063 Mönchengladbach
München:	*Planetarium und Bayerische Volkssternwarte, Anzinger Straße 1, 81671 München *Planetarium im Deutschen Museum, Museumsinsel 1, 80538 München

Münster:	*Planetarium im Naturkundemuseum, Sentruper Straße 285, 48161 Münster
	Sternfreunde Münster e.V., Am Nubbenberg 23, 48159 Münster
Neuenkirchen:	Club der Sternfreunde Damme e.V., Wenstrup 19, 49434 Neuenkirchen
Neumarkt:	Bayerische Volkssternwarte, Altenhofweg 33, 92318 Neumarkt
Nordenham:	Planetarium, Bahnhofstraße 52, 26954 Nordenham
Norderstedt:	Volkssternwarte Norderstedt e.V., Alsterstieg 11, 22851 Norderstedt
Nordhausen:	Planetarium, Wendenstraße 1, 34132 Kassel
Nürnberg:	*Planetarium, Am Plärrer 41, 90429 Nürnberg
	*Sternwarte, Regiomontanusweg 1, 90491 Nürnberg
Osnabrück:	*Naturwissenschaftliches Museum / Planetarium, Am Schölerberg 8, 49082 Osnabrück
Papenburg:	Astronomischer Verein, Wilhelm-Leuschner-Straße 48, 26871 Papenburg
Paderborn:	Volkssternwarte, Im Schloßpark, 33104 Paderborn
Passau:	Volkssternwarte, Oberhaus, 94034 Passau
Pforzheim:	Astronomischer Arbeitskreis, Huchenfelder Hauptstraße 220, 75181 Pforzheim
Potsdam:	Planetarium – Beobachtungsstation, Neuer Garten 6, 14469 Potsdam
Radebeul:	Volkssternwarte Adolph Diesterweg, Auf den Ebenbergen, 01445 Radebeul
Ravenstein:	Sternwarte, Goethestraße 16, 74747 Ravenstein
Recklinghausen:	*Westfälische Volkssternwarte und Planetarium, Stadtgarten Cäcilienhöhe, 45657 Recklinghausen
Regensburg:	Volkssternwarte, Ägidienplatz 2, 93047 Regensburg
Remscheid:	Volkssternwarte, Diederichstraße 10, 42855 Remscheid
Reutlingen:	Planetarium und Sternwarte, Karlstraße 40, 72764 Reutlingen
Rodewisch:	Schulsternwarte, Rützengrüner Straße 41a, 08228 Rodewisch (Vogtland)
Rostock:	Astronomische Station, Nelkenweg, 18057 Rostock
Rüsselsheim:	Rüsselsheimer Sternfreunde e.V., Am Brongraben 40, 65428 Rüsselsheim
Salzburg:	Sternwarte am Voggenberg, Höfelgasse 6, A-5200 Salzburg
Schkeuditz:	Astronomisches Zentrum, An der Bergbreite, 04435 Schkeuditz
Schneeberg:	Planetarium und Schulsternwarte, Heinrich-Heine-Straße, 15848 Schneeberg
Schriesheim:	Arbeitsgemeinschaft Volkssternwarte e.V., Ladenburger Fußweg 3, 69198 Schriesheim
Schwerin:	Schulsternwarte und Planetarium, Weinbergstraße 17, 19061 Schwerin
Seewalchen:	Astronomischer Arbeitskreis Salzkammergut, Sachsenstraße 2, A-4863 Seewalchen
Singen:	Volkssternwarte, Rielasingerstraße 37, 78224 Singen
Soest:	Volkssternwarte, Steinkuhlenweg 6, 59494 Soest
Sohland:	Volks- und Schulsternwarte, 02689 Sohland
Solingen:	Sternwarte, Sternstraße 5, 42719 Solingen
Solothurn:	Sternwarte der Kantonsschule, CH-4500 Solothurn

Spandau:	Bruno-H.-Bürgel-Sternwarte, Beermannstraße 12 A, 12435 Berlin
Steißlingen:	Sternwarte, Silcherstraße 1, 78256 Steißlingen
Stuttgart:	*Planetarium, Neckarstraße 47, 70173 Stuttgart
	Schwäbische Sternwarte, Zur Uhlandshöhe 41, 70188 Stuttgart
	Sternwarte der Universität, Institut für Plasmaforschung, Pfaffenwaldring 31, 70569 Stuttgart
Suhl:	Volks- und Schulsternwarte, Hoheloh, 98527 Suhl
Tübingen:	*Astronomisches Institut der Universität, Waldhäuser Straße 64, 72076 Tübingen
Viersen:	Viersener Astronomischer Arbeitskreis, Goethestraße 22, 41747 Viersen
Wertheim:	Johann-Kern-Sternwarte e.V., Mittlere Flur 20, 97877 Wertheim
Wetzlar:	Sternwarte Burgsolms, Lindenstraße 1, 35606 Solms
Wien:	Astronomischer Jugendclub, Richard-Wagner-Platz 2/7, A-1160 Wien
	Kuffner Sternwarte, Johann-Staud-Straße 10, A-1160 Wien
	*Planetarium, Oswald-Thomas-Platz 1, A-1020 Wien
	*Universitäts-Sternwarte, Türkenschanzstraße 17, A-1180 Wien
	*URANIA-Sternwarte, Uraniastraße 1, A-1010 Wien
Wiesbaden:	Sternwarte, Auf dem Oberstufengymnasium am Moltkering, 65189 Wiesbaden
Winterthur:	Sternwarte Eschenberg der AG Winterthur, Breitenstraße 2, CH-8542 Wiesendangen
Wolfach:	Astronomische Beobachtungsstation, Schmelzegrün 27, 77709 Wolfach
Wolfsburg:	*Planetarium, Uhlandweg 2, 38440 Wolfsburg
	Sternwarte der VHS, Walter-Flex-Weg 8, 38446 Wolfsburg
Würzburg:	*Sternwarte der Universität, Johannes-Kepler-Straße, 97074 Würzburg
Wuppertal:	Bergische Volkssternwarte e.V., Mainzer Straße 10, 42119 Wuppertal
Zürich:	URANIA-Sternwarte, Uraniastraße 9, CH-8000 Zürich

Astronomische Vereinigungen (überregional)

Berliner Arbeitsgemeinschaft für Veränderliche Sterne e.V. (BAV), Munsterdamm 90, 12169 Berlin

Österreichischer Astronomischer Verein, Seegasse 8, A-1090 Wien

Schweizerische Astronomische Gesellschaft (SAG), Zentralsekretariat, Hirtenhofstraße 9, CH-6005 Luzern

Vereinigung der Sternfreunde e.V. (VdS), Volkssternwarte, Anzingerstraße 1, 81671 München

Datum	Jupiter				Saturn			
	α			δ	α			δ
	h	m	s	° '	h	m	s	° '
1997 Jan 30	20	17	15	-20 05	0	16	08	-0 43
1997 Feb 9	20	26	54	-19 34	0	19	38	-0 19
1997 Feb 19	20	36	19	-19 01	0	23	30	0 07
1997 Mar 1	20	45	24	-18 28	0	27	39	0 35
1997 Mar 11	20	54	04	-17 55	0	32	01	1 04
1997 Mar 21	21	02	14	-17 23	0	36	33	1 34
1997 Mar 31	21	09	48	-16 52	0	41	09	2 03
1997 Apr 10	21	16	41	-16 23	0	45	46	2 32
1997 Apr 20	21	22	46	-15 57	0	50	19	3 00
1997 Apr 30	21	27	59	-15 34	0	54	46	3 27
1997 May 10	21	32	14	-15 16	0	59	01	3 53
1997 May 20	21	35	24	-15 03	1	03	01	4 16
1997 May 30	21	37	26	-14 56	1	06	43	4 37
1997 Jun 9	21	38	14	-14 54	1	10	02	4 55
1997 Jun 19	21	37	48	-14 59	1	12	55	5 10
1997 Jun 29	21	36	08	-15 10	1	15	18	5 22
1997 Jul 9	21	33	18	-15 27	1	17	08	5 30
1997 Jul 19	21	29	28	-15 47	1	18	23	5 35
1997 Jul 29	21	24	53	-16 11	1	19	01	5 36
1997 Aug 8	21	19	50	-16 36	1	19	00	5 33
1997 Aug 18	21	14	42	-17 00	1	18	21	5 26
1997 Aug 28	21	09	51	-17 23	1	17	05	5 16
1997 Sep 7	21	05	37	-17 41	1	15	17	5 02
1997 Sep 17	21	02	21	-17 55	1	13	00	4 47
1997 Sep 27	21	00	13	-18 03	1	10	22	4 29
1997 Oct 7	20	59	22	-18 06	1	07	30	4 11
1997 Oct 17	20	59	52	-18 03	1	04	35	3 53
1997 Oct 27	21	01	40	-17 55	1	01	46	3 36
1997 Nov 6	21	04	44	-17 41	0	59	12	3 22
1997 Nov 16	21	08	56	-17 22	0	57	01	3 10
1997 Nov 26	21	14	11	-16 57	0	55	21	3 02
1997 Dec 6	21	20	19	-16 29	0	54	16	2 58
1997 Dec 16	21	27	14	-15 56	0	53	50	2 58
1997 Dec 26	21	34	48	-15 19	0	54	04	3 02
1998 Jan 5	21	42	53	-14 38	0	54	59	3 11
1998 Jan 15	21	51	23	-13 55	0	56	33	3 23

Datum	Venus				Mars			
	α			δ	α			δ
	h	m	s	° '	h	m	s	° '
1997 Jan 30	19	47	05	-21 37	12	25	51	0 47
1997 Feb 9	20	39	36	-19 14	12	27	06	0 53
1997 Feb 19	21	30	16	-15 56	12	23	38	1 28
1997 Mar 1	22	19	01	-11 53	12	15	24	2 28
1997 Mar 11	23	06	07	-7 19	12	03	06	3 47
1997 Mar 21	23	52	06	-2 25	11	48	37	5 10
1997 Mar 31	0	37	36	2 37	11	34	33	6 21
1997 Apr 10	1	23	18	7 33	11	23	19	7 07
1997 Apr 20	2	09	53	12 13	11	16	30	7 22
1997 Apr 30	2	57	53	16 23	11	14	30	7 06
1997 May 10	3	47	40	19 52	11	17	01	6 24
1997 May 20	4	39	15	22 27	11	23	30	5 19
1997 May 30	5	32	14	23 59	11	33	12	3 56
1997 Jun 9	6	25	54	24 22	11	45	33	2 18
1997 Jun 19	7	19	13	23 33	12	00	06	0 26
1997 Jun 29	8	11	17	21 36	12	16	27	-1 34
1997 Jul 9	9	01	27	18 39	12	34	22	-3 43
1997 Jul 19	9	49	26	14 52	12	53	42	-5 58
1997 Jul 29	10	35	23	10 27	13	14	19	-8 15
1997 Aug 8	11	19	42	5 36	13	36	13	-10 34
1997 Aug 18	12	02	54	0 30	13	59	21	-12 51
1997 Aug 28	12	45	38	-4 39	14	23	45	-15 05
1997 Sep 7	13	28	32	-9 41	14	49	26	-17 11
1997 Sep 17	14	12	09	-14 23	15	16	25	-19 08
1997 Sep 27	14	56	50	-18 34	15	44	42	-20 52
1997 Oct 7	15	42	47	-22 05	16	14	16	-22 21
1997 Oct 17	16	29	42	-24 44	16	45	00	-23 30
1997 Oct 27	17	16	47	-26 23	17	16	45	-24 17
1997 Nov 6	18	02	51	-27 00	17	49	20	-24 39
1997 Nov 16	18	46	07	-26 36	18	22	29	-24 36
1997 Nov 26	19	24	34	-25 19	18	55	53	-24 05
1997 Dec 6	19	55	52	-23 21	19	29	16	-23 07
1997 Dec 16	20	17	01	-21 01	20	02	22	-21 43
1997 Dec 26	20	24	21	-18 40	20	34	58	-19 55
1998 Jan 5	20	15	04	-16 40	21	06	55	-17 45
1998 Jan 15	19	51	52	-15 20	21	38	09	-15 16

Datum	Jupiter		Saturn	
	α	δ	α	δ
	h m s	° '	h m s	° '
1998 Jan 25	22 00 11	-13 08	0 58 43	3 40
1998 Feb 4	22 09 12	-12 19	1 01 26	3 59
1998 Feb 14	22 18 19	-11 29	1 04 39	4 21
1998 Feb 24	22 27 28	-10 37	1 08 18	4 45
1998 Mar 6	22 36 34	-9 44	1 12 18	5 11
1998 Mar 16	22 45 33	-8 52	1 16 35	5 39
1998 Mar 26	22 54 19	-7 59	1 21 06	6 07
1998 Apr 5	23 02 50	-7 08	1 25 45	6 35
1998 Apr 15	23 10 59	-6 19	1 30 29	7 03
1998 Apr 25	23 18 43	-5 31	1 35 13	7 31
1998 May 5	23 25 57	-4 47	1 39 54	7 57
1998 May 15	23 32 36	-4 07	1 44 27	8 22
1998 May 25	23 38 34	-3 31	1 48 49	8 46
1998 Jun 4	23 43 46	-3 00	1 52 55	9 07
1998 Jun 14	23 48 05	-2 35	1 56 42	9 26
1998 Jun 24	23 51 27	-2 16	2 00 05	9 43
1998 Jul 4	23 53 44	-2 04	2 03 01	9 56
1998 Jul 14	23 54 54	-2 00	2 05 27	10 07
1998 Jul 24	23 54 52	-2 04	2 07 17	10 14
1998 Aug 3	23 53 38	-2 15	2 08 31	10 18
1998 Aug 13	23 51 16	-2 33	2 09 06	10 18
1998 Aug 23	23 47 53	-2 58	2 09 00	10 15
1998 Sep 2	23 43 41	-3 27	2 08 15	10 08
1998 Sep 12	23 38 59	-3 58	2 06 52	9 59
1998 Sep 22	23 34 06	-4 30	2 04 55	9 46
1998 Oct 2	23 29 25	-5 00	2 02 29	9 32
1998 Oct 12	23 25 17	-5 25	1 59 42	9 16
1998 Oct 22	23 21 59	-5 44	1 56 43	8 59
1998 Nov 1	23 19 46	-5 56	1 53 42	8 43
1998 Nov 11	23 18 45	-6 00	1 50 48	8 28
1998 Nov 21	23 19 00	-5 56	1 48 12	8 15
1998 Dec 1	23 20 31	-5 43	1 46 02	8 05
1998 Dec 1	23 20 34	-5 43	01 46 05	+8 05
1998 Dec 11	23 23 16	-5 23	01 44 27	+7 58
1998 Dec 21	23 27 04	-4 57	01 43 27	+7 56
1998 Dec 31	23 31 52	-4 23	01 43 07	+7 57

Datum	Venus				Mars			
	α			δ	α			δ
	h	m	s	° ′	h	m	s	° ′
1998 Jan 25	19	27	40	-14 49	22	08	39	-12 32
1998 Feb 4	19	16	15	-15 00	22	38	28	-9 37
1998 Feb 14	19	21	28	-15 31	23	07	41	-6 32
1998 Feb 24	19	40	30	-15 54	23	36	26	-3 23
1998 Mar 6	20	09	04	-15 49	0	04	50	-0 13
1998 Mar 16	20	43	43	-15 03	0	33	01	2 56
1998 Mar 26	21	22	03	-13 30	1	01	07	6 00
1998 Apr 5	22	02	21	-11 11	1	29	17	8 58
1998 Apr 15	22	43	34	-8 12	1	57	35	11 44
1998 Apr 25	23	25	15	-4 40	2	26	09	14 19
1998 May 5	0	07	11	-0 45	2	55	00	16 39
1998 May 15	0	49	33	3 22	3	24	10	18 42
1998 May 25	1	32	41	7 32	3	53	38	20 27
1998 Jun 4	2	16	56	11 32	4	23	21	21 52
1998 Jun 14	3	02	42	15 12	4	53	14	22 56
1998 Jun 24	3	50	16	18 21	5	23	09	23 39
1998 Jul 4	4	39	41	20 46	5	52	57	24 00
1998 Jul 14	5	30	43	22 17	6	22	30	24 00
1998 Jul 24	6	22	49	22 48	6	51	39	23 39
1998 Aug 3	7	15	13	22 14	7	20	17	23 00
1998 Aug 13	8	07	04	20 36	7	48	16	22 02
1998 Aug 23	8	57	46	17 58	8	15	33	20 49
1998 Sep 2	9	46	57	14 30	8	42	05	19 21
1998 Sep 12	10	34	39	10 21	9	07	51	17 41
1998 Sep 22	11	21	10	5 43	9	32	52	15 50
1998 Oct 2	12	07	00	0 48	9	57	10	13 52
1998 Oct 12	12	52	47	-4 12	10	20	47	11 46
1998 Oct 22	13	39	12	-9 05	10	43	45	9 36
1998 Nov 1	14	26	53	-13 37	11	06	08	7 23
1998 Nov 11	15	16	19	-17 36	11	27	58	5 10
1998 Nov 21	16	07	47	-20 48	11	49	16	2 56
1998 Dec 1	17	01	07	-23 01	12	10	02	0 46
1998 Dec 1	17	01	00	-23 01	12	10	01	+0 46
1998 Dec 11	17	55	37	-24 05	12	30	15	-1 21
1998 Dec 21	18	50	38	-23 56	12	49	54	-3 22
1998 Dec 31	19	44	56	-22 33	13	08	52	-5 16

Datum	Jupiter		Saturn	
	α h m s	δ ° ′	α h m s	δ ° ′
1999 Jan 10	23 37 32	-3 45	01 43 29	+8 02
1999 Jan 20	23 43 58	-3 01	01 44 33	+8 11
1999 Jan 30	23 51 02	-2 14	01 46 17	+8 24
1999 Feb 9	23 58 37	-1 23	01 48 37	+8 40
1999 Feb 19	00 06 39	-0 30	01 51 32	+8 59
1999 Mar 1	00 15 01	+0 25	01 54 56	+9 20
1999 Mar 11	00 23 39	+1 22	01 58 46	+9 43
1999 Mar 21	00 32 27	+2 19	02 02 58	+10 07
1999 Mar 31	00 41 20	+3 16	02 07 27	+10 32
1999 Apr 10	00 50 16	+4 13	02 12 08	+10 58
1999 Apr 20	00 59 09	+5 08	02 16 59	+11 24
1999 Apr 30	01 07 55	+6 02	02 21 54	+11 49
1999 May 10	01 16 30	+6 53	02 26 50	+12 14
1999 May 20	01 24 49	+7 42	02 31 41	+12 37
1999 May 30	01 32 48	+8 28	02 36 25	+12 59
1999 Jun 9	01 40 20	+9 10	02 40 56	+13 19
1999 Jun 19	01 47 22	+9 48	02 45 12	+13 38
1999 Jun 29	01 53 46	+10 22	02 49 06	+13 54
1999 Jul 9	01 59 26	+10 51	02 52 37	+14 08
1999 Jul 19	02 04 15	+11 15	02 55 38	+14 19
1999 Jul 29	02 08 05	+11 33	02 58 07	+14 28
1999 Aug 8	02 10 51	+11 45	02 59 59	+14 33
1999 Aug 18	02 12 26	+11 51	03 01 13	+14 36
1999 Aug 28	02 12 45	+11 50	03 01 45	+14 36
1999 Sep 7	02 11 47	+11 43	03 01 35	+14 33
1999 Sep 17	02 09 34	+11 29	03 00 43	+14 27
1999 Sep 27	02 06 14	+11 10	02 59 12	+14 19
1999 Oct 7	02 01 58	+10 46	02 57 05	+14 08
1999 Oct 17	01 57 05	+10 19	02 54 29	+13 56
1999 Oct 27	01 51 56	+9 51	02 51 32	+13 42
1999 Nov 6	01 46 55	+9 25	02 48 23	+13 28
1999 Nov 16	01 42 24	+9 01	02 45 14	+13 14
1999 Nov 26	01 38 45	+8 43	02 42 14	+13 02
1999 Dec 6	01 36 10	+8 31	02 39 34	+12 51
1999 Dec 16	01 34 50	+8 26	02 37 22	+12 43
1999 Dec 26	01 34 48	+8 30	02 35 45	+12 38

Datum	Venus		Mars	
	α h m s	δ ° '	α h m s	δ ° '
1999 Jan 10	20 37 39	-20 03	13 27 01	-7 01
1999 Jan 20	21 28 17	-16 35	13 44 08	-8 37
1999 Jan 30	22 16 46	-12 21	13 59 56	-10 01
1999 Feb 9	23 03 24	-7 34	14 14 02	-11 12
1999 Feb 19	23 48 42	-2 28	14 25 56	-12 10
1999 Mar 1	00 33 21	+2 45	14 34 59	-12 53
1999 Mar 11	01 17 58	+7 53	14 40 29	-13 19
1999 Mar 21	02 03 15	+12 43	14 41 38	-13 28
1999 Mar 31	02 49 39	+17 04	14 37 51	-13 17
1999 Apr 10	03 37 26	+20 43	14 29 06	-12 48
1999 Apr 20	04 26 34	+23 30	14 16 15	-12 03
1999 Apr 30	05 16 31	+25 16	14 01 29	-11 10
1999 May 10	06 06 22	+25 57	13 47 32	-10 21
1999 May 20	06 54 59	+25 32	13 36 54	-9 49
1999 May 30	07 41 08	+24 05	13 31 04	-9 41
1999 Jun 9	08 23 40	+21 47	13 30 23	-10 00
1999 Jun 19	09 01 42	+18 50	13 34 32	-10 43
1999 Jun 29	09 34 12	+15 27	13 42 56	-11 47
1999 Jul 9	09 59 51	+11 57	13 54 55	-13 06
1999 Jul 19	10 16 45	+8 38	14 10 01	-14 36
1999 Jul 29	10 21 59	+5 57	14 27 49	-16 14
1999 Aug 8	10 13 08	+4 27	14 47 58	-17 54
1999 Aug 18	09 52 09	+4 34	15 10 18	-19 32
1999 Aug 28	09 29 10	+6 05	15 34 36	-21 04
1999 Sep 7	09 16 50	+7 59	16 00 42	-22 28
1999 Sep 17	09 20 01	+9 20	16 28 29	-23 37
1999 Sep 27	09 36 31	+9 45	16 57 44	-24 30
1999 Oct 7	10 02 32	+9 08	17 28 13	-25 03
1999 Oct 17	10 34 41	+7 34	17 59 42	-25 12
1999 Oct 27	11 10 41	+5 09	18 31 49	-24 57
1999 Nov 6	11 49 15	+2 03	19 04 17	-24 17
1999 Nov 16	12 29 35	-1 32	19 36 48	-23 10
1999 Nov 26	13 11 28	-5 25	20 09 03	-21 39
1999 Dec 6	13 54 58	-9 21	20 40 50	-19 45
1999 Dec 16	14 40 16	-13 09	21 12 01	-17 30
1999 Dec 26	15 27 33	-16 33	21 42 31	-14 58

Datum	Jupiter				Saturn			
	α			δ	α			δ
	h	m	s	° ′	h	m	s	° ′
2000 Jan 5	01	36	04	+8 40	02	34	49	+12 37
2000 Jan 15	01	38	34	+8 58	02	34	36	+12 39
2000 Jan 25	01	42	14	+9 22	02	35	06	+12 44
2000 Feb 4	01	46	57	+9 51	02	36	19	+12 53
2000 Feb 14	01	52	36	+10 26	02	38	13	+13 05
2000 Feb 24	01	59	03	+11 03	02	40	46	+13 20
2000 Mar 5	02	06	14	+11 44	02	43	53	+13 37
2000 Mar 15	02	14	00	+12 26	02	47	30	+13 56
2000 Mar 25	02	22	17	+13 10	02	51	34	+14 16
2000 Apr 4	02	30	58	+13 54	02	55	59	+14 37
2000 Apr 14	02	39	59	+14 38	03	00	42	+14 58
2000 Apr 24	02	49	15	+15 21	03	05	37	+15 20
2000 May 4	02	58	41	+16 03	03	10	42	+15 42
2000 May 14	03	08	12	+16 43	03	15	51	+16 02
2000 May 24	03	17	43	+17 21	03	21	00	+16 22
2000 Jun 3	03	27	11	+17 57	03	26	05	+16 41
2000 Jun 13	03	36	30	+18 30	03	31	01	+16 59
2000 Jun 23	03	45	34	+19 00	03	35	44	+17 15
2000 Jul 3	03	54	19	+19 27	03	40	10	+17 29
2000 Jul 13	04	02	37	+19 50	03	44	15	+17 41
2000 Jul 23	04	10	23	+20 11	03	47	53	+17 52
2000 Aug 2	04	17	30	+20 29	03	51	01	+18 00
2000 Aug 12	04	23	50	+20 43	03	53	35	+18 06
2000 Aug 22	04	29	15	+20 55	03	55	30	+18 10
2000 Sep 1	04	33	37	+21 03	03	56	44	+18 12
2000 Sep 11	04	36	49	+21 09	03	57	14	+18 11
2000 Sep 21	04	38	42	+21 12	03	57	00	+18 09
2000 Oct 1	04	39	13	+21 12	03	56	02	+18 04
2000 Oct 11	04	38	18	+21 10	03	54	22	+17 58
2000 Oct 21	04	36	00	+21 05	03	52	05	+17 50
2000 Oct 31	04	32	24	+20 57	03	49	19	+17 41
2000 Nov 10	04	27	45	+20 48	03	46	11	+17 30
2000 Nov 20	04	22	22	+20 36	03	42	52	+17 20
2000 Nov 30	04	16	38	+20 23	03	39	34	+17 10
2000 Dec 10	04	11	01	+20 11	03	36	27	+17 01
2000 Dec 20	04	05	56	+19 59	03	33	42	+16 53
2000 Dec 30	04	01	46	+19 50	03	31	29	+16 48

Datum	Venus				Mars				
	α			δ		α			δ
	h	m	s	°	'	h	m	s	°	'
2000 Jan 5	16	16	55	-19	20	22	12	20	-12	12
2000 Jan 15	17	08	09	-21	19	22	41	31	-9	15
2000 Jan 25	18	00	44	-22	18	23	10	08	-6	11
2000 Feb 4	18	53	54	-22	13	23	38	19	-3	02
2000 Feb 14	19	46	44	-21	02	00	06	11	+0	07
2000 Feb 24	20	38	26	-18	49	00	33	51	+3	15
2000 Mar 5	21	28	33	-15	42	01	01	28	+6	17
2000 Mar 15	22	16	56	-11	51	01	29	10	+9	12
2000 Mar 25	23	03	48	-7	28	01	57	01	+11	57
2000 Apr 4	23	49	37	-2	44	02	25	07	+14	30
2000 Apr 14	00	34	57	+2	08	02	53	33	+16	48
2000 Apr 24	01	20	27	+6	57	03	22	18	+18	51
2000 May 4	02	06	47	+11	32	03	51	22	+20	35
2000 May 14	02	54	30	+15	39	04	20	44	+22	00
2000 May 24	03	43	57	+19	08	04	50	17	+23	04
2000 Jun 3	04	35	14	+21	46	05	19	55	+23	48
2000 Jun 13	05	28	03	+23	24	05	49	31	+24	10
2000 Jun 23	06	21	41	+23	53	06	18	55	+24	11
2000 Jul 3	07	15	16	+23	13	06	47	59	+23	52
2000 Jul 13	08	07	52	+21	24	07	16	37	+23	13
2000 Jul 23	08	58	47	+18	33	07	44	40	+22	16
2000 Aug 2	09	47	47	+14	52	08	12	07	+21	03
2000 Aug 12	10	34	55	+10	30	08	38	55	+19	34
2000 Aug 22	11	20	36	+5	41	09	05	01	+17	52
2000 Sep 1	12	05	23	+0	37	09	30	29	+15	58
2000 Sep 11	12	49	58	-4	32	09	55	20	+13	55
2000 Sep 21	13	35	02	-9	32	10	19	38	+11	44
2000 Oct 1	14	21	15	-14	12	10	43	26	+9	26
2000 Oct 11	15	09	07	-18	19	11	06	50	+7	04
2000 Oct 21	15	58	54	-21	40	11	29	54	+4	39
2000 Oct 31	16	50	30	-24	04	11	52	43	+2	12
2000 Nov 10	17	43	19	-25	21	12	15	20	-0	14
2000 Nov 20	18	36	23	-25	25	12	37	51	-2	39
2000 Nov 30	19	28	31	-24	16	13	00	19	-5	01
2000 Dec 10	20	18	39	-22	00	13	22	46	-7	19
2000 Dec 20	21	06	00	-18	48	13	45	14	-9	30
2000 Dec 30	21	50	12	-14	50	14	07	44	-11	34

Sichtbarkeit der Planeten bis zum Jahr 2000

Jahr	Merkur	Venus	Mars	Jupiter	Saturn	Uranus	Neptun	Pluto
1993	W Jan., März, Juli, Nov. / O Feb., Mai, Sept.	W April / O Jan.	Jan.–April: Gemini / April–Mai: Cancer / Mai– Aug.: Leo / Aug.–Sept.: Virgo / Okt.–Nov. Libra	Jan.–Sept., Nov.–Dez.: Virgo	Jan., März, April–Dez.: Aquarius	Jan.–Nov.: SO von π Sagittarii	Jan.–Nov.: O von π Sagittarii	Jan.– Okt., Dez.: SSW von μ Serpentis Caput
1994	W Feb., Juni, Okt. / O Jan., April, Aug., Dez.	W Nov. / O Jan.	März: Aquarius / April–Mai: Pisces / Mai–Juni: Aries / Juli–Aug.: Taurus / Aug.–Sept.: Gemini / Okt.–Nov.: Cancer / Nov.–Dez.: Leo	Jan.–Okt., Dez.: Libra	Jan., März–Dez.: Aquarius	Jan.–Nov.: N von Ω Sagittarii	Jan.–Nov.: N von Ω Sagittarii	Jan.–Okt., Dez.: SO von μ Serpentis Caput
1995	W Feb., Juni, Okt. / O Jan., April, Aug., Nov.	W Jan. / O Aug.	Jan.–März: Leo / März: Cancer / April–Juli: Leo / Juli–Sept.: Virgo / Sep.–Okt.: Libra / Nov.: Ophiuchus / Dez.: Sagittarius	Jan.: Scorpius / Feb.–Nov.: Ophiuchus	Jan.–Feb., April–Dez.: Aquarius	Jan.–Nov.: SW von β Capricorni	Jan.–Nov.: NNO von Ω Sagittarii	Jan.–Okt., Dez.: WSW von δ Ophiuchi
1996	W Jan., Mai, Sept., Dez. / O Jan., April, Juli, Nov.	W Juni / O Jan.	Jan.: Capricornus / Mai: Aries / Juni–Juli: Taurus / Juli–Sept.: Gemini / Sept.–Okt.: Cancer / Okt.–Dez.: Leo	Jan.–Dez.: Sagittarius	Jan.: Aquarius / März–Dez.: Pisces	Jan.–Nov.: SW von β Capricorni	Jan.–Nov.: N von 62 Sagittarii	Jan.–Okt., Dez.: SW von δ Ophiuchi
1997	W Jan., Mai, Sept., Dez. / O Jan., März, Juli, Okt.	W Jan. / O April	Jan.–Aug.: Virgo / Aug.–Sept.: Libra / Sept.–Nov.: Ophiuchus / Nov.–Dez.: Sagittarius / Dez.: Capricornus	Ende Jan.–Dez.: Capricornus	Jan.–Feb., April–Dez.: Pisces	Jan.–Nov.: Nahe bei ν Capricorni	Jan.–Nov.: SW von β Capricorni	Jan.–Okt., Dez.: SO von ε Ophiuchi
1998	W Jan., April, Aug., Dez. / O Feb., Juni, Okt.	W Jan. / O Jan., Nov.	Jan.: Capricornus / Jan.–Feb.: Aquarius / Feb.: Pisces / Aug.: Gemini / Aug.–Sept.: Cancer / Sept.–Nov.: Leo / Nov.–Dez.: Virgo	Jan.: Capricornus / März–Dez.: Aquarius	Jan.–März: Pisces / Mai–Dez.: Aries	Jan.–Nov.: NW von θ Capricorni	Jan.–Nov.: SSW von β Capricorni	Jan.–Okt., Dez.: Nahe bei ν Ophiuchi
1999	W Jan., März, Juli, Nov. / O Feb., Juni, Okt.	W Aug. / O Jan.	Jan.–Feb.: Virgo / Feb.–April: Libra / April–Juli: Virgo / Juli–Aug.: Libra / Aug.–Sept.: Scorpius / Sept.–Okt.: Ophiuchus / Okt.–Nov.: Sagittarius / Nov.–Dez.: Capricornus	Jan.–Feb., April–Dez.: Pisces	Jan.–Mitte April / Juni–Dez.: Aries	Jan.–Nov.: NO von θ Capricorni	Jan.–Nov.: SSO von β Capricorni	Jan.–Okt., Dez.: Nahe bei ζ Ophiuchi
2000	W Jan., Juli, Nov. / O Jan., Mai, Aug.	W Jan. / O Juni	Jan.: Capricornus, Aquarius / Feb.–März: Pisces / März–April: Aries / Mai: Taurus / Aug.: Cancer / Sept.–Okt.: Leo / Nov.: Virgo	Jan.: Pisces / Feb.–April: Aries / Juni–Dez.: Taurus	Jan.–April, Juni–Nov.: Aries / Dez.: Taurus	Jan.–Nov.: NW von γ Capricorni	Jan.–Nov.: Nahe bei β Capricorni	Jan.–Okt., Dez.: Nahe bei 20 Ophiuchi

Die international festgelegten 88 Sternbilder am nördlichen und südlichen Sternenhimmel

Lateinischer Name	Genitiv	Deutscher Name	Abkürzung
Andromeda	Andromedae	Andromeda	And
Antlia	Antliae	Luftpumpe	Ant
Apus	Apodis	Paradiesvogel	Aps
Aquarius	Aquarii	Wassermann	Aqr
Aquila	Aquilae	Adler	Aql
Ara	Arae	Altar	Ara
Aries	Arietis	Widder	Ari
Auriga	Aurigae	Fuhrmann	Aur
Bootes	Bootis	Bärenhüter	Boo
Caelum	Caeli	Grabstichel	Cae
Camelopardalis	Camelopardalis	Giraffe	Cam
Cancer	Cancri	Krebs	Cnc
Canes Venatici	Canum Venaticorum	Jagdhunde	CVn
Canis Maior	Canis Maioris	Großer Hund	CMa
Canis Minor	Canis Minoris	Kleiner Hund	CMi
Capricornus	Capricorni	Steinbock	Cap
Carina	Carinae	Kiel des Schiffes	Car
Cassiopeia	Cassiopeiae	Kassiopeia	Cas
Centaurus	Centauri	Zentaur	Cen
Cepheus	Cephei	Cepheus	Cep
Cetus	Ceti	Walfisch	Cet
Chamaeleon	Chamaeleontis	Chamäleon	Cha
Circinus	Circini	Zirkel	Cir
Columba	Columbae	Taube	Col
Coma Berenices	Comae Berenices	Haar der Berenike	Com
Corona Australis	Coronae Australis	Südliche Krone	CrA
Corona Borealis	Coronae Borealis	Nördliche Krone	CrB
Corvus	Corvi	Rabe	Crv
Crater	Crateris	Becher	Crt
Crux	Crucis	Kreuz des Südens	Cru
Cygnus	Cygni	Schwan	Cyg
Delphinus	Delphini	Delphin	Del
Dorado	Doradus	Schwertfisch	Dor
Draco	Draconis	Drache	Dra
Equuleus	Equulei	Füllen	Equ
Eridanus	Eridani	Fluß Eridanus	Eri
Fornax	Fornacis	Ofen	For
Gemini	Geminorum	Zwillinge	Gem
Grus	Gruis	Kranich	Gru
Hercules	Herculis	Herkules	Her
Horologium	Horologii	Pendeluhr	Hor
Hydra	Hydrae	Wasserschlange	Hya
Hydrus	Hydri	Kleine Wasserschlange	Hyi
Indus	Indi	Indianer	Ind
Lacerta	Lacertae	Eidechse	Lac
Leo	Leonis	Löwe	Leo
Leo Minor	Leonis Minoris	Kleiner Löwe	LMi
Lepus	Leporis	Hase	Lep
Libra	Librae	Wage	Lib

Lateinischer Name	Genitiv	Deutscher Name	Abkürzung
Lupus	Lupi	Wolf	Lup
Lynx	Lyncis	Luchs	Lyn
Lyra	Lyrae	Leier	Lyr
Mensa	Mensae	Tafelberg	Men
Microscopium	Microscopii	Mikroskop	Mic
Monoceros	Monocerotis	Einhorn	Mon
Musca	Muscae	Fliege	Mus
Norma	Normae	Winkelmaß	Nor
Octans	Octantis	Oktant	Oct
Ophiuchus	Ophiuchi	Schlangenträger	Oph
Orion	Orionis	Orion	Ori
Pavo	Pavonis	Pfau	Pav
Pegasus	Pegasi	Pegasus	Peg
Perseus	Persei	Perseus	Per
Phoenix	Phoenicis	Phönix	Phe
Pictor	Pictoris	Maler	Pic
Pisces	Piscium	Fische	Psc
Piscis Austrinus	Piscis Austrini	Südlicher Fisch	PsA
Puppis	Puppis	Hinterdeck	Pup
Pyxis	Pyxidis	Schiffskompaß	Pyx
Reticulum	Reticuli	Netz	Ret
Sagitta	Sagittae	Pfeil	Sge
Sagittarius	Sagittarii	Schütze	Sgr
Scorpius	Scorpii	Skorpion	Sco
Sculptor	Sculptoris	Bildhauer	Scl
Scutum	Scuti	Schild	Sct
Serpens	Serpentis	Schlange	Ser
Sextans	Sextantis	Sextant	Sex
Taurus	Tauri	Stier	Tau
Telescopium	Telescopii	Fernrohr	Tel
Triangulum	Trianguli	Dreieck	Tri
Triangulum Australe	Trianguli Australis	Südliches Dreieck	TrA
Tucana	Tucanae	Tukan	Tuc
Ursa Maior	Ursae Maioris	Großer Bär	UMa
Ursa Minor	Ursae Minoris	Kleiner Bär	UMi
Vela	Velorum	Segel	Vel
Virgo	Virginis	Jungfrau	Vir
Volans	Volantis	Fliegender Fisch	Vol
Vulpecula	Vulpeculae	Füchschen	Vul

Register

Für Ihre Hobbys

So macht man bessere Fotos
Von G. Koshofer, 144 S.,
258 Farbfotos, 27 s/w-
Fotos, kartoniert
ISBN: 3-8068-**1158**-X
DM 19,90

Moderne Fotopraxis
Von G. Koshofer, Prof. H.
Wedegardt, 224 S., 363 Farb-
fotos, 106 s/w-Fotos,
29 Zeichnungen, gebunden
ISBN: 3-8068-**4401**-1
DM 39,90

Videofilmen wie ein Profi
Von T. Pehle, 232 S., 444 Farb-
fotos, 61 Farbzeichnungen,
gebunden
ISBN: 3-8068-**4506**-9
DM 45,-

Gitarre spielen
Von W. Ruß, 79 S., mit
Begleit-CD, ca. 60 Min.
Laufzeit, zahlreiche Fotos
und Illustrationen, geb.
ISBN: 3-8068-**1437**-6
DM 49,90

Heimwerken
Von T. Pochert, 416 S.,
1.032 Farbfotos, gebunden
ISBN: 3-8068-**4983**-8
DM 49,90

Satelliten-Antennen
Von P. Röbke-Doerr,
U. Hilgefort, 88 S.,
119 Farbfotos, kartoniert
ISBN: 3-8068-**1359**-0
DM 19,90

Stand der Preise 1.1.1997 · Änderungen vorbehalten

Der Spezialist für nützliche Bücher